QUANGUO YIYAO ZHONGDENG ZHIYE JISHU XUEXIAO JIAOCAI

全国医药中等职业技术学校教材

无机化学基础

全国医药职业技术教育研究会　组织编写

陈艳　主编　　黄如杖　主审

 化学工业出版社

生物·医药出版分社

·北京·

本教材是由全国医药职业技术教育研究会组织编写的。全书的内容包括基本理论、重要元素及其化合物和实验三部分。基本理论部分主要介绍物质的量、溶液、原子结构、分子结构、氧化还原反应、化学反应速率和化学平衡、电解质溶液、胶体溶液和配合物。重要元素及其化合物部分结合专业特点，主要介绍重要的、在医药上常见的有代表性的元素和化合物的性质及用途，还介绍了常见无机离子的鉴别。实验部分介绍了实验规则、实验安全守则及事故处理、无机化学实验常用仪器和无机化学实验基本操作等。

本书为医药中等职业学校药物制剂专业和药物分析检验专业的专业基础课教材，也可供其他专业如化学制药专业、中药制药专业、医药营销专业等使用。

图书在版编目（CIP）数据

无机化学基础/陈艳主编. —北京：化学工业出版社，2005.6（2022.9重印）

全国医药中等职业技术学校教材

ISBN 978-7-5025-7332-4

Ⅰ. 无⋯　Ⅱ. 陈⋯　Ⅲ. 无机化学-专业学校-教材　Ⅳ. O61

中国版本图书馆 CIP 数据核字（2005）第 074647 号

责任编辑：余晓捷　孙小芳　陈燕杰　　　　　　　　文字编辑：徐雪华
责任校对：凌业男　　　　　　　　　　　　　　　　装帧设计：关　飞

出版发行：化学工业出版社　现代生物技术与医药科技出版中心
　　　　　（北京市东城区青年湖南街 13 号　邮政编码 100011）
印　　装：三河市双峰印刷装订有限公司
787mm×1092mm　1/16　印张 12¼　字数 288 千字　2022 年 9 月北京第 1 版第 18 次印刷

购书咨询：010-64518888　　　　　　　售后服务：010-64518899
网　　址：http://www.cip.com.cn
凡购买本书，如有缺损质量问题，本社销售中心负责调换。

定　　价：30.00 元

《无机化学基础》编审人员

主　编　陈　艳（广州市医药中等专业学校）

主　审　黄如枕（华南理工大学）

编写人员　（按姓氏笔画排序）

冯俊阳（河南省医药学校）

吕颖捷（河南省医药学校）

闫四清（杭州市医药学校）

肖腊梅（湖南省医药中等专业学校）

陈　艳（广州市医药中等专业学校）

相　燕（江苏省徐州医药中等专业学校）

全国医药职业技术教育研究会委员名单

会　长　苏怀德　国家食品药品监督管理局

副会长（按姓氏笔画排序）

　　　　王书林　成都中医药大学峨眉学院
　　　　严振　　广东化工制药职业技术学院
　　　　陆国民　上海市医药学校
　　　　周晓明　山西生物应用职业技术学院
　　　　缪立德　湖北省医药学校

委　员（按姓氏笔画排序）

　　　　马孔琛　沈阳药科大学高等职业技术学院
　　　　王吉东　江苏省徐州医药高等职业学校
　　　　王自勇　浙江医药高等专科学校
　　　　左淑芬　河南中医学院药学高职部
　　　　白　钢　苏州市医药职工中等专业学校
　　　　刘效昌　广州市医药中等专业学校
　　　　闫丽霞　天津生物工程职业技术学院
　　　　阳　欢　江西中医学院大专部
　　　　李元富　山东中医药高级技工学校
　　　　张希斌　黑龙江省医药职工中等专业学校
　　　　林锦兴　山东省医药学校
　　　　罗以密　上海医药职工大学
　　　　钱家骏　北京市中医药学校
　　　　黄跃进　江苏省连云港中医药高等职业技术学校
　　　　黄庶亮　福建食品药品职业技术学院
　　　　黄新启　江西中医学院高等职业技术学院
　　　　彭　敏　重庆市医药技工学校
　　　　彭　毅　长沙市医药中等专业学校
　　　　谭骁彧　湖南生物机电职业技术学院药学部

秘书长（按姓氏笔画排序）

　　　　刘　佳　成都中医药大学峨眉学院
　　　　谢淑俊　北京市高新职业技术学院

全国医药中等职业技术教育教材
建设委员会委员名单

主 任 委 员　苏怀德　国家食品药品监督管理局

常务副主任委员　王书林　成都中医药大学峨眉学院

副 主 任 委 员（按姓氏笔画排序）

李松涛　山东省药材技工学校

陆国民　上海市医药学校

林锦兴　山东省医药学校

缪立德　湖北省医药学校

顾　　　问（按姓氏笔画排序）

齐宗韶　广州市医药中等专业学校

路振山　天津市药科中等专业学校

委　　　员（按姓氏笔画排序）

王质明　江苏省徐州医药中等专业学校

王建新　河南省医药学校

石　磊　江西省医药学校

冯维希　江苏省连云港中药学校

刘　佳　四川省医药学校

刘效昌　广州市医药中等专业学校

闫丽霞　天津市药科中等专业学校

李光锋　湖南省医药中等专业学校

彭　敏　重庆市医药技工学校

董建慧　杭州市医药学校

潘　雪　北京市医药器械学校

秘　　　书（按姓氏笔画排序）

王建萍　上海市医药学校

冯志平　四川省医药学校

张　莉　北京市医药器械学校

前　言

半个世纪以来，我国中等医药职业技术教育一直按中等专业教育（简称为中专）和中等技术教育（简称为中技）分别进行。自20世纪90年代起，国家教育部倡导同一层次的同类教育求同存异。因此，全国医药中等职业技术教育教材建设委员会在原各自教材建设委员会的基础上合并组建，并在全国医药职业技术教育研究会的组织领导下，专门负责医药中职教材建设工作。

鉴于几十年来全国医药中等职业技术教育一直未形成自身的规范化教材，原国家医药管理局科技教育司应各医药院校的要求，履行其指导全国药学教育、为全国药学教育服务的职责，于20世纪80年代中期开始出面组织各校联合编写中职教材。先后组织出版了全国医药中等职业技术教育系列教材60余种，基本上满足了各校对医药中职教材的需求。

为进一步推动全国教育管理体制和教学改革，使人才培养更加适应社会主义建设之需，自20世纪90年代末，中央提倡大力发展职业技术教育，包括中等职业技术教育。据此，自2000年起，全国医药职业技术教育研究会组织开展了教学改革交流研讨活动。教材建设更是其中的重要活动内容之一。

几年来，在全国医药职业技术教育研究会的组织协调下，各医药职业技术院校认真学习有关方针政策，齐心协力，已取得丰硕成果。各校一致认为，中等职业技术教育应定位于培养拥护党的基本路线，适应生产、管理、服务第一线需要的德、智、体、美各方面全面发展的技术应用型人才。专业设置必须紧密结合地方经济和社会发展需要，根据市场对各类人才的需求和学校的办学条件，有针对性地调整和设置专业。在课程体系和教学内容方面则要突出职业技术特点，注意实践技能的培养，加强针对性和实用性，基础知识和基本理论以必需够用为度，以讲清概念，强化应用为教学重点。各校先后学习了《中华人民共和国职业分类大典》及医药行业工人技术等级标准等有关职业分类、岗位群及岗位要求的具体规定，并且组织师生深入实际，广泛调研市场的需求和有关职业岗位群对各类从业人员素质、技能、知识等方面的基本要求，针对特定的职业岗位群，设立专业，确定人才培养规格和素质、技能、知识结构，建立技术考核标准、课程标准和课程体系，最后具体编制为专业教学计划以开展教学活动。教材是教学活动中必须使用的基本材料，也是各校办学的必需材料。因此研究会首先组织各学校按国家专业设置要求制订专业教学计划、技术考核标准和课程标准。在完成专业教学计划、技术考核标准和课程标准的制订后，以此作为依据，及时开展了医药中职教材建设的研讨和有组织的编写活动。由于专业教学计划、技术考核标准和课程标准都是从现实职业岗位群的实际需要中归纳出来的，因而研究会组织的教材编写活动就形成了以下特点：

1. 教材内容的范围和深度与相应职业岗位群的要求紧密挂钩，以收录现行适用、成熟规范的现代技术和管理知识为主。因此其实践性、实用性较强，突破了传统教材以理论知识为主的局限，突出了职业技能特点。

2. 教材编写人员尽量以产学结合的方式选聘，使其各展所长、互相学习，从而有效地克服了内容脱离实际工作的弊端。

3. 实行主审制，每种教材均邀请精通该专业业务的专家担任主审，以确保业务内容正确无误。

4. 按模块化组织教材体系，各教材之间相互衔接较好，且具有一定的可裁减性和可拼接性。一个专业的全套教材既可以圆满地完成专业教学任务，又可以根据不同的培养目标和地区特点，或市场需求变化供相近专业选用，甚至适应不同层次教学之需。

本套教材主要是针对医药中职教育而组织编写的，它既适用于医药中专、医药技校、职工中专等不同类型教学之需，同时因为中等职业教育主要培养技术操作型人才，所以本套教材也适合于同类岗位群的在职员工培训之用。

现已编写出版的各种医药中职教材虽然由于种种主客观因素的限制仍留有诸多遗憾，上述特点在各种教材中体现的程度也参差不齐，但与传统学科型教材相比毕竟前进了一步。紧扣社会职业需求，以实用技术为主，产学结合，这是医药教材编写上的重大转变。今后的任务是在使用中加以检验，听取各方面的意见及时修订并继续开发新教材以促进其与时俱进、臻于完善。

愿使用本系列教材的每位教师、学生、读者收获丰硕！愿全国医药事业不断发展！

全国医药职业技术教育研究会

2005 年 6 月

编 写 说 明

《无机化学基础》是根据药物制剂中级工和药物检验中级工的工种标准，根据 2002 年教育部颁发的中等职业学校药剂专业教学指导方案和 2003 年由全国医药职业技术教育研究会组织编写的全国医药中等职业技术学校药物制剂专业和药物分析检验专业指导性教学计划的要求进行编写的。

无机化学是中等职业学校的一门重要的专业基础课，通过无机化学理论课的学习可以为专业课的学习打好化学理论基础，通过实验掌握一些基本实验技能，而且无机化学的内容也是今后从事专业工作所必需的。因此，我们在编写时，注重与学生所学专业相联系，努力提高教材的"思想性、科学性、先进性、实用性"。

本教材有以下特点：

(1) 突出"药"味，体现出是医药中等职业学校的教材；

(2) 理论知识以应用为目的，以够用为度，多举实例，培养学生解决问题的能力；

(3) 在理论内容中编写了一些演示实验，培养学生学习的兴趣并加深对理论知识的理解；

(4) 在实验内容中编写了一些与学生所学专业有关的实验，让学生对所学专业有初步的认识，并培养学生的动手能力；

(5) 本教材有关内容基本上按《中华人民共和国药典》2005 版的要求编写。

各学校可根据实际情况对内容进行适当的选择。

本教材由陈艳担任主编，黄如杕教授担任主审。参加本教材编写的老师有河南省医药学校讲师吕颖捷（第一章、无机化学实验基本操作和实验八、九、十、十一、十二），广州市医药中等专业学校高级讲师陈艳（第二章、第八章、实验一和附录），湖南省医药中等专业学校高级讲师肖腊梅（第三章和第四章），江苏省徐州医药中等专业学校讲师相燕（第五章、第七章、第十章、第十一章和实验五、六），杭州市医药学校讲师闫四清（第六章），河南省医药学校讲师冯俊阳（第九章、无机化学实验基本知识和实验二、三、四、七）。陈艳拟定本书的编写提纲，并负责全书的修改和统稿。

华南理工大学黄如杕教授细心、认真审阅了本教材，提出了许多宝贵意见。在此，深表谢意。

由于编者水平有限，加上时间仓促，书中难免有错误及不当之处，敬请读者批评指正。

编　者
2005 年 3 月

目　　录

第一章 物 质 的 量

物质的量是国际单位制中七个基本物理量之一，它的单位是摩尔。

物质的量在工农业生产、科学研究、医药卫生等方面有广泛应用。通过物质的量的学习，可以进一步深入理解微观粒子和宏观物质之间的联系。

第一节 物 质 的 量

一、物质的量的单位——摩尔

物质是由分子、原子或离子等微粒构成的，对于这些肉眼看不见的粒子，单个的质量非常小且难以称量。然而，在实验室和生产上取用的物质是看得见、可以称量的。物质之间所发生的化学反应，是由肉眼看不到的原子、离子或分子按一定的数目关系进行的，又是以可称量的物质之间按一定的质量关系进行的。所以，在分子、原子或离子与可称量的物质之间一定存在着某种联系。

为了把一定数目的分子、原子或离子等微观粒子与可称量的物质联系起来，引入了一个新的物理量——"物质的量"。

"物质的量"的符号是 n，表示含有一定数目粒子的集体。

"物质的量"是一个专有名词，是一个整体，不能分开和任意简化，如不能简化为"物质量"，也不能把"物质的"和"量"分开。

在日常生活、生产和科学研究中，人们常常根据需要使用不同的计量单位。例如，质量的单位为千克，时间的单位为秒。"物质的量"的单位是什么呢？1971 年，在第十四届国际计量大会上决定用"摩尔"作为计量原子、分子或离子等微观粒子的"物质的量"的单位。摩尔简称摩，符号为 mol。

1mol 粒子含有多少个粒子呢？如果在一定量的粒子集体中所含有的粒子数与 0.012kg ^{12}C（原子核内有 6 个质子和 6 个中子的碳原子）中所含有的碳原子数目相等，我们就说它为 1mol。0.012kg ^{12}C 里所含的碳原子数究竟是多少呢？实验表明，0.012kg ^{12}C 里所含的碳原子数约为 $6.02×10^{23}$ 个。意大利科学家阿伏加德罗在这方面做出了重大贡献。阿伏加德罗常数的符号为 N_A，通常使用 $6.02×10^{23}mol^{-1}$ 这个近似值。

综上所述，摩尔是"物质的量"的单位，1mol 任何物质中含有阿伏加德罗常数（约为 $6.02×10^{23}$）个粒子。或者说某物质所含有的粒子的数目为 $6.02×10^{23}$ 个时，该物质的"物质的量"就是 1mol。例如，

1mol C 原子中约含有 $6.02×10^{23}$ 个 C 原子；

1mol O_2 中约含有 $6.02×10^{23}$ 个 O_2；

1mol OH^- 中约含有 $6.02×10^{23}$ 个 OH^-；

$6.02×10^{23}$ 个 H^+ 的物质的量是 1mol。

粒子集体中的粒子既可以是分子、原子、离子，又可以是电子等，因此，在使用摩尔

时，应该指明粒子的种类。例如 1mol Na，2mol H_2O，3mol Cl^- 等。

物质的量、阿伏加德罗常数与粒子数（符号为 N）之间的关系如下：

$$n=\frac{N}{N_A}=\frac{N}{6.02\times10^{23}}$$

例如，3.01×10^{24} 个 H_2 的物质的量是 5mol。

由上式可知，凡是"物质的量"相等的物质，它们所含有的粒子数相同。若要比较几种物质所含有粒子数的多少，只需比较它们的"物质的量"的大小即可，n 值越大，该物质所含有的粒子数越多，反之亦然。

二、摩尔质量

1mol 物质所具有的质量是多少呢？

虽然 1mol 不同物质中所含有的分子、原子或离子的数目相同，但是由于不同粒子的质量不同，因此，1mol 不同物质的质量也不同。

0.012kg ^{12}C 和 1mol ^{12}C 含有的碳原子数目相等，都是 6.02×10^{23} 个，因此，1mol ^{12}C 的质量是 0.012kg。利用 1mol 任何粒子集体中都含有相同数目的粒子这个关系，我们可推知 1mol 任何粒子的质量。例如，1 个 ^{12}C 和 1 个 N 原子的质量之比为 12∶14，又因为 1mol ^{12}C 和 1mol N 原子所含原子数相同，都是 6.02×10^{23} 个，因此，1mol ^{12}C 和 1mol N 原子的质量之比为 12∶14，而 1mol ^{12}C 的质量是 12g，所以 1mol N 原子的质量就是 14g。同理推知，1mol 任何原子的质量，以克为单位时，数值上就等于该原子的相对原子质量。例如：

硫的相对原子质量是 32，1mol S 的质量是 32g；

钙的相对原子质量是 40，1mol Ca 的质量是 40g。

同样可以推知，1mol 任何分子（或化合物）的质量，以克为单位时，数值上等于该分子（或化合物）的相对分子质量。例如：

氮气的相对分子质量是 28，1mol N_2 的质量是 28g；

二氧化碳的相对分子质量是 44，1mol CO_2 的质量是 44g。

对于离子来说，由于电子的质量非常小，失去或得到的电子的质量可以忽略不计，因而 1mol 任何离子的质量，以克为单位时，数值上等于其相对应的原子的相对原子质量或根中各原子的相对原子质量的总和。例如：

1mol K^+ 的质量是 39g；

1mol OH^- 的质量是 17g。

我们将 1mol 物质所具有的质量称为摩尔质量，用符号 M 表示，常用单位是 g/mol 或 kg/mol。

根据上面的分析，我们知道任何原子的摩尔质量，以 g/mol 为单位时，数值上等于该原子的相对原子质量；任何分子（或化合物）的摩尔质量，以 g/mol 为单位时，数值上等于该分子（或化合物）的相对分子质量；任何离子的摩尔质量，以 g/mol 为单位时，数值上等于其相对应的原子的相对原子质量或根中各原子的相对原子质量的总和。

【例 1】 写出下列物质的摩尔质量。

(1) Mg　　(2) H_2O　　(3) Na^+　　(4) SO_4^{2-}

解：(1) Mg 的相对原子质量是 24，Mg 的摩尔质量是 24g/mol 或 $M_{Mg}=24\text{g/mol}$。

(2) H_2O 的相对分子质量$=1\times2+16=18$，H_2O 的摩尔质量是 18g/mol 或 $M_{H_2O}=$

18g/mol。

（3）Na^+ 的摩尔质量是 23g/mol 或 $M_{Na^+}=23g/mol$。

（4）SO_4^{2-} 的摩尔质量是 96g/mol 或 $M_{SO_4^{2-}}=96g/mol$。

三、有关计算

物质的量、物质的质量和物质的摩尔质量之间存在着下式所表示的关系：

$$n=\frac{m}{M} \quad 或 \quad m=n\cdot M$$

式中　n——物质的量，mol；

m——物质的质量，g；

M——摩尔质量，g/mol。

【例2】 117g NaCl 的物质的量是多少？

解： NaCl 的相对分子质量＝23＋35.5＝58.5，$M_{NaCl}=58.5g/mol$。

$$n_{NaCl}=\frac{m_{NaCl}}{M_{NaCl}}=\frac{117g}{58.5g/mol}=2mol$$

答：117g NaCl 的物质的量是 2mol。

【例3】 20g NaOH 的物质的量是多少？含有多少个 NaOH，多少个 OH^-？

解： NaOH 的相对分子质量＝23＋16＋1＝40，$M_{NaOH}=40g/mol$。

$$n_{NaOH}=\frac{m_{NaOH}}{M_{NaOH}}=\frac{20g}{40g/mol}=0.5mol$$

$$N_{NaOH}=n_{NaOH}\cdot N_A=0.5mol\times6.02\times10^{23}个/mol=3.01\times10^{23}个$$

因为 1 个 NaOH 里含有 1 个 Na^+ 和 1 个 OH^-，也就是说 1mol NaOH 里含有 1mol Na^+ 和 1mol OH^-，所以 0.5mol NaOH 里含有 0.5mol Na^+ 和 0.5mol OH^-。

$$N_{OH^-}=n_{OH^-}\cdot N_A=0.5mol\times6.02\times10^{23}个/mol=3.01\times10^{23}个$$

答：20g NaOH 的物质的量是 0.5mol，含有 3.01×10^{23} 个 NaOH，3.01×10^{23} 个 OH^-。

【例4】 0.5mol 硫酸中，含有多少摩尔 H^+ 和多少摩尔 SO_4^{2-}？

解： 因为 1mol H_2SO_4 中含有 2mol H^+ 和 1mol SO_4^{2-}，所以 0.5mol H_2SO_4 中含有 1mol H^+ 和 0.5mol SO_4^{2-}。

答：0.5mol 硫酸中，含有 1mol H^+ 和 0.5mol SO_4^{2-}。

【例5】 0.2mol 铁的质量是多少？

解： $M_{Fe}=56g/mol$

$$m_{Fe}=n_{Fe}\cdot M_{Fe}=0.2mol\times56g/mol=11.2g$$

答：0.2mol 铁原子的质量是 11.2g。

【例6】 多少克铜和 1.2g 碳含有的原子数相同？

解： $M_C=12g/mol$，$M_{Cu}=63.5g/mol$。

$$n_C=\frac{m_C}{M_C}=\frac{1.2g}{12g/mol}=0.1mol$$

∵ 当两种物质的物质的量相等时，它们所含有的微粒数也相同

∴ $n_{Cu}=n_C=0.1mol$

∴ $m_{Cu}=n_{Cu}\cdot M_{Cu}=0.1mol\times63.5g/mol=6.35g$

答：6.35g 铜和 1.2g 碳含有的原子数相同。

通过上述知识的学习，我们认识到物质的量像一座桥梁，它把单个肉眼看不见的微粒跟很大数值的微粒集团、物质的质量联系起来了，三者的关系如下：

$$\text{物质的质量(g)}\ \underset{\times\text{摩尔质量(g/mol)}}{\overset{\div\text{摩尔质量(g/mol)}}{\rightleftharpoons}}\ \text{物质的量(mol)}\ \overset{\times 6.02\times 10^{23}}{\underset{\div 6.02\times 10^{23}}{\longrightarrow}}\ \text{微粒数}$$

第二节　物质的量应用于化学方程式的计算

我们知道，物质是由原子、分子或离子等粒子构成的，物质之间的化学反应是这样的粒子按一定的数目进行的。化学反应方程式可以明确地表示出化学反应中这些粒子之间的数目关系，这些粒子之间的数目关系，也就是化学计量数的关系。例如，

	2CO	+	O_2	$\xrightarrow{\text{点燃}}$	2CO$_2$
化学计量数之比	2	:	1	:	2
扩大 6.02×10^{23} 倍	$2\times 6.02\times 10^{23}$	:	$1\times 6.02\times 10^{23}$	:	$2\times 6.02\times 10^{23}$
物质的量之比	2mol	:	1mol	:	2mol

从这个例子中，我们可以看出，化学方程式中各物质的化学计量数之比，等于组成各物质的粒子数之比，因而也等于各物质的物质的量之比。因此，将物质的量应用于化学方程式中进行计算，对于研究化学反应中各物质之间的关系，会更加方便。

【例7】　需要多少摩尔氯化钠和硝酸银完全反应，才能生成 430.5g 氯化银？

解：AgCl 的相对分子质量 $=108+35.5=143.5$，$M_{AgCl}=143.5\text{g/mol}$；$M_{NaCl}=58.5\text{g/mol}$。

解法一：设需要 xg 氯化钠和硝酸银完全反应，才能生成 430.5g 氯化银。

$$AgNO_3 + NaCl == AgCl\downarrow + NaNO_3$$

$$\begin{array}{cc} 58.5\text{g} & 143.5\text{g} \\ x\text{g} & 430.5\text{g} \end{array}$$

$$\frac{58.5}{x}=\frac{143.5}{430.5}$$

$$x=175.5\text{g}$$

$$n_{NaCl}=\frac{m_{NaCl}}{M_{NaCl}}=\frac{175.5\text{g}}{58.5\text{g/mol}}=3\text{mol}$$

解法二：设需要 x mol 氯化钠和硝酸银完全反应，才能生成 430.5g 氯化银。

$$n_{AgCl}=\frac{m_{AgCl}}{M_{AgCl}}=\frac{430.5\text{g}}{143.5\text{g/mol}}=3\text{mol}$$

$$AgNO_3 + NaCl == AgCl\downarrow + NaNO_3$$

$$\begin{array}{cc} 1\text{mol} & 1\text{mol} \\ x\text{mol} & 3\text{mol} \end{array}$$

$$x=3\text{mol}$$

答：需要 3mol 氯化钠和硝酸银完全反应，才能生成 430.5g 氯化银。

【例8】　完全中和 0.2mol 硫酸需要 NaOH 多少克？

解：$M_{NaOH}=40\text{g/mol}$

解法一：设完全中和 0.2mol 硫酸需要 NaOH $x$mol

$$2NaOH + H_2SO_4 =\!=\!= Na_2SO_4 + 2H_2O$$

$$2mol \qquad 1mol$$

$$x\,mol \qquad 0.2mol$$

$$x = 0.4mol$$

$$m_{NaOH} = n_{NaOH}M_{NaOH} = 0.4mol \times 40g/mol = 16g$$

解法二：设完全中和 0.2mol 硫酸需要 NaOH xg

$$2NaOH + H_2SO_4 =\!=\!= Na_2SO_4 + 2H_2O$$

$$2 \times 40g \qquad 1mol$$

$$x\,g \qquad 0.2mol$$

$$x = 16g$$

答：完全中和 0.2mol 硫酸需要 NaOH 16g。

习　　题

1. 计算下列物质的摩尔质量。

(1) Fe　　(2) H_2　　(3) HCl　　(4) HNO_3　　(5) H_2SO_4　　(6) $Al(OH)_3$

(7) KOH　　(8) $Ba(OH)_2$　　(9) K_2HPO_4　　(10) NH_4Cl　　(11) Cl^-　　(12) PO_4^{3-}

2. 计算下列物质的物质的量。

(1) 90g H_2O　　(2) 22g CO_2　　(3) 46.4g Fe_3O_4　　(4) 200g $CaCO_3$

3. 计算下列物质的质量。

(1) 2mol $NaHCO_3$　　（2）1.5mol $AgNO_3$　　（3）3mol $CaCl_2$　　（4）0.5mol Na_2SO_4

4. 请写出下列反应中各物质的"物质的量"之比。

(1) $2Na + 2H_2O =\!=\!= 2NaOH + H_2\uparrow$

(2) $Fe + H_2SO_4 =\!=\!= FeSO_4 + H_2\uparrow$

(3) $Cl_2 + 2KBr =\!=\!= 2KCl + Br_2$

(4) $Fe_2O_3 + 6HCl =\!=\!= 2FeCl_3 + 3H_2O$

(5) $AlCl_3 + 3NaOH =\!=\!= Al(OH)_3\downarrow + 3NaCl$

(6) $Na_2CO_3 + 2HCl = 2NaCl + H_2O + CO_2\uparrow$

5. 2mol 盐酸中含有多少摩尔 H^+，多少摩尔 Cl^-？

6. 多少克高锰酸钾加热分解才能得到 0.15mol 氧气？

7. 要与 150g 碳酸钙完全反应，需要多少摩尔盐酸？

8. 26g 锌跟足量的稀硫酸反应，能生成多少摩尔氢气？把制得的氢气全部用来还原氧化铜，能还原出多少克铜？

9. 8g 氢气在空气中完全燃烧，问有多少个氢分子和多少摩尔氧分子参加了反应，生成多少克水？

10. 成人每天从食物中摄取的几种元素的质量大约为 0.8g Ca、0.3g Mg、0.2g Cu 和 0.01g Fe，试求这四种元素的物质的量之比。

第二章 溶　液

溶液在日常生活、科学实验、药物生产和药物检验中广泛使用。许多化学反应需要在溶液中进行；有些药物要形成溶液才易被人体吸收，医药上常将一些药物配成溶液，如注射剂、眼用制剂、糖浆剂、口服溶液剂、耳用制剂、鼻用制剂、洗剂、冲洗剂、灌肠剂、涂剂和搽剂等。

第一节　溶液的概念

一、溶液的组成

一种或一种以上物质以分子或离子的形式溶解在另一种物质中所形成的透明、澄清、均匀、稳定的分散系叫做溶液，其中被溶解的物质叫做溶质，能溶解其他物质的物质叫做溶剂。

溶液由溶质和溶剂组成，如氯化钠溶液，氯化钠是溶质，水是溶剂。一般来说，固态物质或气态物质溶于液态物质中形成的溶液，固态物质或气态物质是溶质，液态物质是溶剂；液态物质和液态物质相互溶解形成的溶液，含量少的液态物质为溶质，含量多的液态物质为溶剂。另外，酒精溶液，不论酒精的含量多还是少，都是以酒精为溶质，水为溶剂。水是最常用的溶剂，通常未指明溶剂的溶液，均是指水溶液。除水以外，酒精、汽油、苯等也常用作溶剂，它们所形成的溶液统称为非水溶液。本章只讨论水溶液。

在一定温度下，把固体溶质放在水中，过一段时间，如果固体溶质还能够继续溶解，此时的溶液称为不饱和溶液；如果表面上看起来固体溶质不再继续溶解，此时的溶液称为饱和溶液，饱和溶液中溶质的量达到最大值，在一定温度下，一定物质的饱和溶液的浓度是一定的。如果溶液中所含溶质的量超过饱和溶液的最大值，这种溶液称为过饱和溶液，它很不稳定，当振荡溶液、摩擦器壁或加入少量溶质就有固体溶质析出，溶质析出后，形成的溶液一定是饱和溶液。

二、溶解度

(一) 溶解度的概念

在一定温度下，一定量饱和溶液中所含溶质的量，就是溶质在该温度的溶解度。表示溶解度的方法有以下几种。

(1) 一定温度下，100g 溶剂形成饱和溶液时最多能溶解的溶质克数。例如 20℃时，在 100g 水中最多能溶解 34.0g 的氯化钾，所以，20℃时，氯化钾的溶解度为 34.0g。物质的溶解度可以在化学手册中查到。

(2) 对于溶解度很小的固体或液体物质，通常用一定温度下，1L 饱和溶液中所含溶质的质量或物质的量表示。例如 25℃时，氯化银的溶解度为 1.34×10^{-5} mol/L 或 $1.92 \times$

10^{-3} g/L。

溶解度是药品的一种物理性质，在《中华人民共和国药典》2005 年版，药品的近似溶解度以下列名词术语表示：

极易溶解　指溶质 1g(1ml) 能在溶剂不到 1ml 中溶解

易溶　指溶质 1g(1ml) 能在溶剂 1～不到 10ml 中溶解

溶解　指溶质 1g(1ml) 能在溶剂 10～不到 30ml 中溶解

略溶　指溶质 1g(1ml) 能在溶剂 30～不到 100ml 中溶解

微溶　指溶质 1g(1ml) 能在溶剂 100～不到 1000ml 中溶解

极微溶解　指溶质 1g(1ml) 能在溶剂 1000～不到 10000ml 中溶解

几乎不溶或不溶　指溶质 1g(1ml) 在溶剂 10000ml 中不能完全溶解

（二）影响溶解度的因素

物质的溶解度主要由溶质和溶剂的本性决定。不同的溶质在同一种溶剂中溶解度不同，同一种溶质在不同的溶剂中溶解度也不相同。例如氯化钠易溶于水，氯化银难溶于水；碘在乙醇中易溶，在水中几乎不溶。到目前为止，还没有找到一个普遍适用的溶解度规律，只是从大量的实验事实中归纳出一个粗略的经验规则——"相似相溶"规则，即物质易溶于结构或极性相似的溶剂中。如果溶质和溶剂之间能形成氢键，也能增大其溶解度。

温度是影响溶解度的主要外界因素。大多数固体物质的溶解度随温度的升高而增大（如氯化钾）；少数固体物质的溶解度随温度的升高而变化不大（如氯化钠）；个别固体物质的溶解度随温度的升高而减少（如氢氧化钙）。气体物质的溶解度随温度的升高而降低，因此，可以通过加热，除去水中的氧气、二氧化碳等气体。

压强对固体和液体的溶解度影响不大。气体物质的溶解度随压强的增大而增大。

（三）溶解度的应用

利用不同物质的溶解度不同，以及溶解度受外界因素影响的规律，可以提纯、分离和制取某些物质。常用的方法有重结晶和萃取。

1. 重结晶

重结晶适用于提纯含少量杂质的固体物质。

溶解度随温度改变而变化显著的物质，如硝酸钾，常用冷却结晶的方法进行提纯。往含少量杂质的固体物质中加适量溶剂，加热溶解，使溶液接近饱和后趁热过滤，把不溶性杂质除去，然后冷却滤液，就能析出较纯的物质晶体，最后再过滤，那些可溶性杂质因浓度很小而留在溶液中。如果所得物质还不够纯净，可再重结晶，直到符合要求为止。

溶解度随温度改变而变化不大的物质，如氯化钠，常用蒸发、浓缩、结晶的方法进行提纯。往含少量杂质的固体物质中加适量溶剂，加热溶解，趁热过滤，把不溶性杂质除去，然后将滤液加热，使其蒸发浓缩，便可析出较纯的物质晶体，最后再过滤。因为要将可溶性杂质留在溶液中而除去，所以不能把溶液蒸干。

2. 萃取

利用同一种物质在两种互不相溶的溶剂中的溶解度的不同，把物质从一种溶剂转移到另一种溶剂中的过程，称为溶剂的萃取。例如，三氯甲烷能将碘从碘水中萃取出来。

第二节 溶液组成的表示方法

一、溶液组成的表示方法

(一) 物质的量浓度

以单位体积溶液里所含溶质 B 的物质的量来表示溶液组成的物理量，叫做溶质 B 的物质的量浓度，符号为 c_B。

$$c_B = \frac{n_B}{V}$$

式中　c_B── 溶液中溶质 B 的物质的量浓度，mol/L 或 mmol/L；

　　　n_B──溶质 B 物质的量，mol 或 mmol；

　　　V──溶液的体积，L。

【例 1】 500ml 氢氧化钠溶液中含 2g NaOH，求该溶液中 NaOH 的物质的量浓度。

解： $m(NaOH)=2g$　　$M(NaOH)=23+16+1=40g/mol$

2g NaOH 的物质的量为：

$$n(NaOH) = \frac{m(NaOH)}{M(NaOH)} = \frac{2g}{40g/mol} = 0.05mol$$

溶液中 NaOH 的物质的量浓度为：

$$c_B = \frac{n_B}{V} = \frac{0.05mol}{\frac{500}{1000}L} = 0.1mol/L$$

答：该 NaOH 溶液中 NaOH 的物质的量浓度为 0.1mol/L。

【例 2】 配制 100ml 3mol/L KCl 溶液，需要 KCl 的质量是多少？

解： $c(KCl)=3mol/L$　　$V=0.1L$　　$M(KCl)=39+35.5=74.5g/mol$

100ml 3mol/L KCl 溶液中 KCl 的物质的量为：

$$n(KCl) = c(KCl) \cdot V = 3mol/L \times 0.1L = 0.3mol$$

0.3mol KCl 的质量为：

$$m(KCl) = n(KCl) \cdot M(KCl) = 0.3mol \times 74.5g/mol = 22.35g$$

答：配制 100ml 3mol/L KCl 溶液，需要 KCl 的质量是 22.35g。

【例 3】 要与 25ml 0.1mol/L NaOH 完全反应，需要多少毫升 0.2mol/L 盐酸？

解： 设盐酸的体积为 xL

$$NaOH + HCl == NaCl + H_2O$$

$$\begin{array}{cc} 1 & 1 \\ 0.1 \times 0.025 & 0.2 \times x \end{array}$$

$$x = 0.0125L = 12.5ml$$

答：要与 25ml 0.1mol/L NaOH 完全反应，需要 0.2mol/L 盐酸 12.5ml。

【例 4】 要与 1ml 0.1mol/L 盐酸完全反应，需要多少克碳酸钠？

解： 设需要 xg 碳酸钠

$$Na_2CO_3 + 2HCl == 2NaCl + CO_2 \uparrow + H_2O$$

$$\begin{array}{cc} 106g & 2mol \\ xg & 0.1 \times \frac{1}{1000}mol \end{array}$$

$$x = 0.0053g$$

答：要与 1ml 0.1mol/L 盐酸完全反应，需要 0.0053g 碳酸钠。

（二）溶质的质量分数

溶液中溶质 B 的质量与溶液的质量之比，称为溶质 B 的质量分数，符号为 w_B。

$$w_B = \frac{m_{溶质}}{m_{溶液}}$$

或

$$w_B = \frac{m_{溶质}}{m_{溶液}} \times 100\%$$

计算时，溶质与溶液的质量单位要相同，所以质量分数没有单位。

例如，100g 浓硝酸中含有纯 HNO_3 67.5g，其质量分数为 $w_{HNO_3} = 67.5\%$ 或 $w_{HNO_3} = 0.675$。

（三）溶质的质量浓度

溶液中溶质 B 的质量与溶液的体积之比，称为溶质的质量浓度，符号为 ρ_B。

$$\rho_B = \frac{m_B}{V}$$

或

$$\rho_B = \frac{m_B}{V} \times 100\%$$

式中　ρ_B——质量浓度，g/L 或 g/ml；

　　　m_B——溶质 B 的质量，g；

　　　V——溶液的体积，L 或 ml。

在《中华人民共和国药典》2005 版，溶液的百分比，除另有规定外，系指溶液 100ml 中含溶质若干克。例如生理氯化钠溶液含氯化钠应为 $0.85\% \sim 0.95\%$（g/ml），即 100ml 生理氯化钠溶液中应含氯化钠 $0.85 \sim 0.95$g。

（四）体积分数

在相同温度和压强下，溶液中组分 B 单独占有的体积（V_B）与溶液总体积（$V_总$）之比，称为组分 B 的体积分数，符号为 φ_B。

$$\varphi_B = \frac{V_B}{V_总}$$

或

$$\varphi_B = \frac{V_B}{V_总} \times 100\%$$

计算时，物质 B 与溶液的体积单位要相同，所以体积分数没有单位。

两种液体相互混溶时，假如不考虑体积变化，某一组分的浓度亦可用体积分数表示。例如有消毒杀菌作用的 75%（ml/ml）酒精，是指 100ml 酒精溶液中含乙醇 75ml。

（五）溶质的质量摩尔浓度（重量摩尔浓度）

溶液中溶质 B 的物质的量（mol）与溶剂 A 的质量（kg）之比，称为溶质 B 的质量摩尔浓度，用符号 m_B 表示。

$$m_B = \frac{n_B}{m_A}$$

式中　m_B——溶质 B 的质量摩尔浓度（重量摩尔浓度），mol/kg；

　　　n_B——溶质 B 的物质的量，mol；

m_A——溶剂 A 的质量，kg。

【例 5】 将 36g 葡萄糖（摩尔质量是 180g/mol）溶于 2000g 水中，所得溶液中葡萄糖的质量摩尔浓度是多少？

解： 36g 葡萄糖的物质的量为：

$$n_B = \frac{36}{180} = 0.2mol$$

溶液中葡萄糖的质量摩尔浓度为：

$$m_B = \frac{n_B}{m_A} = \frac{0.2mol}{\frac{2000}{1000}kg} = 0.1mol/kg$$

答： 将 36g 葡萄糖溶于 2000g 水中，所得溶液中葡萄糖的质量摩尔浓度是 0.1mol/kg。

当溶液很稀时，溶液的物质的量浓度与质量摩尔浓度近似相等。

此外，在《中华人民共和国药典》2005 版，溶液后标示的"（1→10）"等符号，系指固体溶质 1.0g 或液体溶质 1.0ml 加溶剂使成 10ml 的溶液。例如盐酸溶液（9→1000），系指取浓盐酸 9ml，加水稀释成 1000ml。

在《中华人民共和国药典》2005 版，两种或两种以上液体的混合物，名称间用半字线"-"隔开，其后括号内所示的"："符号，系指各液体混合时的体积（质量）比例。例如正丁醇-醋酸-水（4：1：5），系指该混合液体是由正丁醇、醋酸和水按照 4：1：5 的体积比混合而成。

二、溶液组成表示方法之间的换算

（一）溶液中溶质的物质的量浓度与溶质的质量分数之间的换算

【例 6】 质量分数为 37％，密度 $\rho = 1.19g/ml$ 的浓盐酸的物质的量浓度是多少？

解： 设溶液的体积为 1L

$$m_{溶液} = \rho V = 1.19g/ml \times 1000ml$$

$$m_{溶质} = m_{溶液} w_B = \rho V w_B = 1.19g/ml \times 1000ml \times 37％$$

$$n_B = \frac{m_{溶质}}{M_B} = \frac{\rho V w_B}{M_B} = \frac{1.19g/ml \times 1000ml \times 37％}{36.5g/mol} = 12.06mol$$

$$c_B = \frac{n_B}{V} = \frac{12.06mol}{1L} = 12.06mol/L$$

答： 该浓盐酸的物质的量浓度是 12.06mol/L。

由上例可归纳出溶液中溶质的物质的量浓度与溶质的质量分数之间的换算公式为：

$$c_B = \frac{1000\rho w_B}{M_B}$$

式中 c_B——溶液中溶质的物质的量浓度，mol/L；

w_B——溶质的质量分数；

ρ——溶液的密度，g/ml；

M_B——溶质 B 的摩尔质量，g/mol。

（注意：$c_B = \frac{\rho w_B}{M_B}$ ρ 的单位为 g/L）

【例 7】 14.3mol/L 浓氨水的密度 $\rho = 0.90g/ml$，求浓氨水的质量分数是多少？

解：

$$w_B = \frac{c_B M_B}{1000\rho} = \frac{14.3 \times 17}{1000 \times 0.90} = 0.27 = 27％$$

答：该浓氨水的质量分数是 0.27 或 27%。

（二）溶液中溶质的物质的量浓度与溶质的质量浓度之间的换算

【例 8】　10.6%（g/ml）碳酸钠溶液的物质的量浓度为多少？

解：设溶液的体积为 1L

$$m_{溶质} = \rho_B V = 10.6\%（g/ml）\times 1000ml$$

$$n_B = \frac{m_{溶质}}{M_B} = \frac{\rho_B V}{M_B} = \frac{10.6\%（g/ml）\times 1000ml}{106g/mol} = \frac{106}{106} = 1mol$$

$$c_B = \frac{n_B}{V} = \frac{1mol}{1L} = 1mol/L$$

答：10.6%（g/ml）碳酸钠溶液的物质的量浓度为 1mol/L。

由上例可归纳出溶液的物质的量浓度与质量浓度之间的换算公式为：

$$c_B = \frac{\rho_B}{M_B} \times 1000$$

式中　　c_B——溶液中溶质的物质的量浓度，mol/L；

　　　　ρ_B——质量浓度，g/ml；

　　　　M_B——溶质 B 的摩尔质量，g/mol。

（注意：$c_B = \dfrac{\rho_B}{M_B}$　　ρ_B 的单位为 g/L）

第三节　溶液的配制

一、溶液的配制方法

溶液的配制方法一般分为两种：一种是以一定质量的溶液中所含溶质的质量来表示溶液的组成，如以质量分数来表示的溶液，配制这种溶液只需将定量的溶质和溶剂混合均匀即可；另一种是以一定体积的溶液中所含有的溶质的量（如物质的量、体积、质量等）来表示溶液的组成，如用物质的量浓度、体积分数、质量浓度等表示的溶液，配制这种溶液是先将定量的溶质与适量的溶剂混合，使溶质完全溶解后，再加入溶剂到所需的体积，最后混合均匀即得。

配制溶液时，根据要求不同又可分为粗配和精确配制两种。粗配是用台秤称量，量筒（或量杯）量取液体，在烧杯中配制溶液；精确配制则需要用分析天平称量，移液管（或吸量管）量取液体，在容量瓶中配制溶液。

如果溶质是一些含有结晶水的结晶水合物，如 $MgSO_4 \cdot 7H_2O$，$CuSO_4 \cdot 5H_2O$ 等，配制溶液时，一般要考虑结晶水的质量。

例如：配制 0.9%（g/ml）NaCl 溶液 100ml，是用托盘天平称取固体 NaCl 0.9g，放于 250ml 烧杯中，加适量水使 NaCl 完全溶解后，定量转移至 100ml 量筒中，最后加入蒸馏水使溶液总体积为 100ml，搅拌均匀即可。

二、溶液的稀释

在工作中常用的溶液的浓度都较稀，如果每次都采用称取药品溶于溶剂中的方法来配制，这样每次所称取的药品就比较少，这是非常麻烦的，而且，有些药品在稀溶液中不稳定，因此，通常先将药品配成浓溶液储备；另外，许多市售的液体试剂就是浓溶液。所以，一般均需用稀释法将浓溶液稀释至所需浓度后使用。

溶液的稀释是指向浓溶液中加入适量的溶剂使其变成稀溶液的操作过程。由于在稀释的时候只加入了溶剂，而没有加入溶质，所以溶液稀释后，溶液的体积变大，浓度变小，而溶质的量保持不变。即：溶液稀释前后溶质的量保持不变。

$$c_浓 \times V_浓 = c_稀 \times V_稀（俗称稀释公式）$$

式中　$c_浓$、$V_浓$——稀释前溶液的浓度、体积；

　　　　$c_稀$、$V_稀$——稀释后溶液的浓度、体积。

在使用稀释公式时必须注意：$c_浓$、$c_稀$ 必须采用同一种表示方法，$c_浓$ 与 $c_稀$、$V_浓$ 与 $V_稀$ 必须采用同一单位。

若溶液的组成以一定体积溶液中所含溶质的量来表示，如体积分数、物质的量浓度、质量浓度，$V_浓$、$V_稀$ 是溶液的体积，单位是 L 或 ml。

若溶液的组成以一定质量溶液中所含溶质的量来表示，如质量分数，则稀释公式可写成：

$$w_浓 \times m_1 = w_稀 \times m_2$$

式中，m_1、m_2 是溶液的质量，单位是 g 或其他质量单位。

【例9】 欲配制 3mol/L 的盐酸溶液 600ml，问需要 12mol/L 浓盐酸多少毫升？

解： 根据稀释公式：

$$c_浓 \times V_浓 = c_稀 \times V_稀$$
$$12 \times V_浓 = 3 \times 600$$
$$V_浓 = 150ml$$

答：需要 12mol/L 浓盐酸 150ml。

三、溶液的混合

溶液的混合是指将两种或两种以上含有相同溶质、不同浓度的溶液按一定的比例混合在一起，配成所需浓度的溶液的过程。混合后溶液的溶质的量等于混合前各溶液的溶质的量之和。

$$c_1 \times V_1 + c_2 \times V_2 = c \times V \qquad V = V_1 + V_2 \qquad （忽略体积的变化）$$

式中　c_1、V_1——混合前溶液 1 的浓度、体积；

　　　　c_2、V_2——混合前溶液 2 的浓度、体积；

　　　　c、V——混合后溶液的浓度、体积。

【例10】 将 200ml 2mol/L 硫酸和 300ml 5mol/L 硫酸混合，所得溶液的浓度是多少 mol/L？

解：
$$c_1 \times V_1 + c_2 \times V_2 = c \times V \qquad V = V_1 + V_2$$
$$2 \times 200 + 5 \times 300 = c \times (200 + 300)$$
$$c = 3.8mol/L$$

答：混合后，所得溶液的浓度是 3.8mol/L。

第四节　稀溶液的依数性

溶解过程是物理-化学过程。当溶质溶解于溶剂中形成溶液后，溶液的性质既不同于纯溶质，也不同于纯溶剂。溶液的性质可分为两类：一类是与溶质的本性有关，如颜色、密度、导电性等；另一类性质却与溶质的本性无关，仅取决于一定量溶液中所含溶质粒子数的多少。不同的难挥发非电解质溶液，只要它们的浓度相同，这类性质都几乎相同，又由于这类性质只适用于稀溶液，所以称为稀溶液的依数性。稀溶液的依数性就是溶液的蒸气压下降、溶液的沸点升高、溶液的凝固点降低和溶液的渗透压。

一、溶液的蒸气压下降

1. 溶剂的蒸气压

在一定温度下，将一杯纯水放在密闭容器中，由于分子的热运动，水面上一部分动能较高的水分子逸出水面，扩散到容器空间形成水蒸气，这一过程称为蒸发。水蒸气分子也在不停地运动着，有些水蒸气分子碰到水面重新变成液态水，这一过程称为凝聚。在一定温度下，开始时蒸发速度大于凝聚速度，但随着水面上水蒸气分子浓度逐渐增加，水蒸气分子凝聚成液态水的速度亦逐渐增大。当凝聚速度与蒸发速度相等时，体系处于平衡状态。这时水面上的蒸气压称为该温度下水的饱和蒸气压，简称水的蒸气压。

一定温度下，不同的液体和固体都有一定的饱和蒸气压，温度升高，它们的蒸气压随之增大。

2. 溶液的蒸气压下降

在一定温度下，如果在水中溶入一种难挥发的非电解质，形成稀溶液，溶质的加入，占据了水的一部分表面，因此在单位时间内从溶液表面逸出的水分子数，就比在相同条件下从纯水表面逸出的分子数少，结果在重新达到平衡时，在溶液上面的单位体积内水分子数目比在纯水上面的少，溶液的蒸气压（实际上是指溶液中水的蒸气压）必然比纯水的蒸气压低。这种现象称为溶液的蒸气压下降。显然，溶液的浓度越大，溶液的蒸气压下降越多，而与溶质的本性无关。

二、溶液的沸点升高

1. 液体的沸点

当液体的蒸气压等于外界大气压时，液体就会产生沸腾，此时液体的温度称为该液体的沸点。

例如，在101.3kPa、常温时，纯水不会沸腾。加热时，水的蒸气压随着温度的升高而逐渐增大，由图2-1可以看出，当温度升高到373K（100℃），水的蒸气压等于外界大气压，水就产生沸腾，因此，纯水的沸点为373K。

2. 溶液的沸点升高

如果在水中溶入一种难挥发的非电解质，由于溶液的蒸气压下降，在373K时溶液的蒸气压低于101.3kPa，因而水溶液不会沸腾。要使溶液开始沸腾，即要溶液的蒸气压和外界大气压相等，就要继续加热，当温度升高到T_b时（图2-1），溶液的蒸气压等于101.3kPa，溶液才能沸腾，T_b是溶液的沸点。显然，溶液的沸点总是高于纯溶剂的沸点。这种现象叫做溶液的沸点升高。

溶液沸点升高的根本原因在于溶液的蒸气压下降，溶液浓度越大，溶液的蒸气压越低，溶液的蒸气压要达到101.3kPa，必须要更高的温度。因此，溶液浓度越大，溶液的沸点越高，而与溶质的本性无关。

三、溶液的凝固点降低

1. 液体的凝固点

液态物质的凝固点（冰点）是指该物质的液相蒸气压与固相蒸气压相等时的温度，此时，液相与固相能平衡共存。

例如，由图 2-2 可以看出，在 101.3kPa、273K(0℃) 时，水（液相）蒸气压与冰（固相）的蒸气压相等，均为 0.61kPa，水与冰能平衡共存，因此，水的凝固点为 273K。

2. 溶液的凝固点降低

273K 时，如果在水中溶入一种难挥发的非电解质，由于溶液的蒸气压下降，而冰的蒸气压不变，这样在 273K 时，水溶液的蒸气压必然要低于冰的蒸气压，这时溶液和冰就不能共存，273K 就不是该溶液凝固点。要使溶液蒸气压和冰蒸气压相等，就必须要继续降低温度。由图 2-2 可以看出，在 273K 以下的某一温度 T_f 时，溶液的蒸气压和冰的蒸气压再次相等，此时，溶液和冰处于平衡状态。这个温度 T_f 就是该溶液的凝固点。显然，溶液的凝固点比纯溶剂（如水）的凝固点低，这种现象我们叫做溶液的凝固点降低。

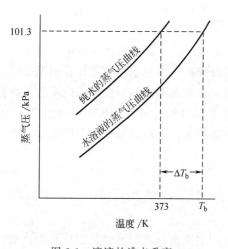

图 2-1　溶液的沸点升高

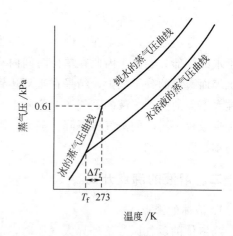

图 2-2　溶液的凝固点下降

溶液的凝固点降低也是溶液蒸气压下降的结果，溶液浓度越大，溶液的蒸气压越低，要使溶液蒸气压和冰蒸气压相等，必须要更低的温度。因此，溶液浓度越大，溶液的凝固点越低，而与溶质本性无关。难挥发非电解质稀溶液的凝固点降低值近似与溶液的质量摩尔浓度成正比，其数学表达式为：

$$\Delta T_f \approx K_f \cdot m_B$$

式中　ΔT_f——冰点下降的度数，K；

　　　m_B——溶质 B 的质量摩尔浓度，mol/kg；

　　　K_f——冰点下降常数（水为溶剂时，$K_f = 1.86$）。

表 2-1 列出了一些常用溶剂的冰点下降常数。

溶液的凝固点降低的这种性质被广泛应用。冬天里汽车水箱中加入甘油或乙二醇可防止水结冰；在寒冷的冬天人们往道路上撒盐，可以使路面上的冰雪融化等，都是基于溶液的凝固点降低的原理。

表 2-1　　几种常用溶剂的冰点下降常数

溶　剂	凝固点/K	K_f	溶　剂	凝固点/K	K_f
水	273.0	1.86	樟脑	452.8	39.7
苯	278.5	4.90	萘	353.0	6.90
醋酸	289.6	3.90	溴乙烯	283.0	12.5

四、溶液的渗透压

1. 渗透和渗透压

将一滴黑墨水滴入一杯清水中，不久整杯水都会显黑色，这个过程称为扩散。扩散是在溶液与纯水直接接触时发生的。在任何纯溶剂和溶液之间，或两种不同浓度的溶液之间，都有扩散现象发生。

如果用半透膜将溶液与纯水隔开，情况又如何呢？半透膜是一种只允许某些物质透过而不允许另一些物质透过的多孔性薄膜。动物的细胞膜、毛细血管壁等生物膜以及人工制造的火棉胶膜、羊皮纸等是常见的半透膜。如图 2-3 所示，将蔗糖溶液和水用只允许水分子通过、而不允许蔗糖分子通过的半透膜隔开，膜内溶液的液面和膜外水的液面处于同一水平面，由于半透膜里外单位体积内水分子数目不同，膜外纯水单位体积内的水分子数要比膜内蔗糖溶液单位体积内的水分子数多，因此，在单位时间内由纯水进入蔗糖溶液的水分子数要比由蔗糖溶液进入纯水的水分子数多，表面上，只看到水透过半透膜进入蔗糖溶液，所以，会看到玻璃管内蔗糖溶液的液面上升，当液面上升到一定高度时，玻璃管内的液面高度会维持不变。溶剂通过半透膜由纯溶剂（低浓度溶液）

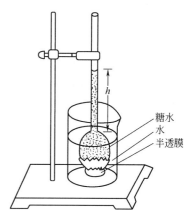

图 2-3　渗透压装置示意图

进入溶液（高浓度溶液）的现象称为渗透。此时玻璃管内液面高度所产生的压力，称为该溶液的渗透压。如果假设一开始就给玻璃管内蔗糖溶液的液面施加这么大的压力，渗透现象就不会发生。因此，渗透压也可以定义为：阻止渗透所需施加的压力称为渗透压。

如果选用一种高强度且耐高压的半透膜将纯水和溶液隔开，在溶液上施加大于渗透压的额外压力，则溶液中将有更多的水分子通过半透膜进入纯水中，这种使渗透作用逆向进行的过程称为反向渗透。反渗透法可用于制药用纯化水的制备。

2. 溶液的渗透压与浓度、温度的关系

1886 年荷兰科学家范特荷甫根据实验结果指出：稀溶液的渗透压与浓度、温度的关系，可用类似于理想气体方程式的关系来表示：

$$p_0 V = nRT \text{ 或 } p_0 = cRT$$

式中　p_0——溶液的渗透压，Pa；

$\quad\quad V$——溶液的体积，L；

$\quad\quad n$——溶液中能产生渗透现象的各种溶质质点的总物质的量，mol；

$\quad\quad R$——摩尔气体常数，8.31kPa·L/(mol·K)；

$\quad\quad T$——热力学温度，K；

$\quad\quad c$——溶液中能产生渗透现象的各种溶质质点的总物质的量浓度，mol/L。

　　从上式可以看出，在一定温度下，稀溶液的渗透压大小取决于溶液中能产生渗透现象的各种溶质质点的总物质的量浓度，而与溶质的本性无关。因此，渗透压也是稀溶液的一种依数性。

　　正常人的体温是相对稳定的。渗透压符合 $p_0 = K \cdot m_B$ 的关系，式中，p_0 为渗透压，K_0 为渗透压常数，m_B 为溶液的质量摩尔浓度。

　　3. 毫渗透压摩尔浓度（mOsmol/kg）

　　渗透压摩尔浓度的单位，通常以每千克溶剂中所含溶质的毫渗透压摩尔来表示。可按下列公式计算毫渗透压摩尔浓度（mOsmol/kg）：

$$毫渗透压摩尔浓度 = 溶液的质量摩尔浓度 \times n \times 1000$$

　　式中，n 为一个溶质分子溶解时形成的粒子数，例如在理想溶液中，葡萄糖 $n=1$，氯化钠或硫酸镁 $n=2$，氯化钙 $n=3$。

　　【例 11】 已知葡萄糖的相对分子质量为 180，计算 5％（g/ml）葡萄糖注射液的毫渗透压摩尔浓度。

　　解：
$$c_B = \frac{\rho_B}{M_B} \times 1000 = \frac{5\%}{180} \times 1000 = 0.278 \text{mol/L}$$

　　当溶液很稀时，溶液的质量摩尔浓度与物质的量浓度近似相等，所以，5％（g/ml）葡萄糖注射液的质量摩尔浓度为 0.278mol/kg。

　　葡萄糖是非电解质，$n=1$
$$毫渗透压摩尔浓度 = 0.278 \times 1 \times 1000 = 278 \text{mOsmol/kg}$$

　　答：5％（g/ml）葡萄糖注射液的毫渗透压摩尔浓度是 278mOsmol/kg。

　　【例 12】 计算 0.9％（g/ml）氯化钠注射液的毫渗透压摩尔浓度。

　　解：
$$c_{NaCl} = \frac{0.9\%}{58.5} \times 1000 = 0.154 \text{mol/L}$$

　　对于很稀的溶液，$m_B = c_B = 0.154$mol/kg。

　　氯化钠是强电解质，1 个氯化钠在溶液中电离出 2 个离子，$n=2$。
$$毫渗透压摩尔浓度 = 0.154 \times 2 \times 1000 = 308 \text{mOsmol/kg}$$

　　答：0.9％（g/ml）氯化钠注射液的毫渗透压摩尔浓度为 308mOsmol/kg。

　　在生理范围及很稀的溶液中，其渗透压摩尔浓度与理想状态下的计算值偏差很小；随着溶液浓度的增加，与理想值比较，实际渗透压摩尔浓度会下降，例如 0.9％氯化钠注射液，理想渗透压摩尔浓度是 308mOsmol/kg，而实际上 0.9％氯化钠溶液的 n 稍小于 2，其实际测得值是 286mOsmol/kg，因此，通常采用实际测定值来表示。

　　医药上常通过比较渗透压摩尔浓度来比较溶液渗透压的大小。相同温度下，渗透压摩尔浓度相等的两种溶液，渗透压相等；溶液的渗透压摩尔浓度越大，其渗透压越大。

　　4. 等渗、低渗、高渗溶液

　　相同温度下，渗透压相等的溶液，称为等渗溶液。对于渗透压不等的两种溶液，相对来说，渗透压高的称为高渗溶液；渗透压低的称为低渗溶液。

　　临床上的等渗、低渗、高渗溶液是以血浆的渗透浓度为标准确定的。渗透压摩尔浓度在 280～320mOsmol/kg 的溶液为生理等渗溶液，如 0.9％（g/ml）氯化钠注射液；渗透压摩尔浓度＜280mOsmol/kg 的溶液为低渗溶液；渗透压摩尔浓度＞320mOsmol/kg 的溶液为高渗溶液。在实际应用时，渗透压摩尔浓度稍低于 280mOsmol/kg 或稍高于 320mOsmol/kg 的溶液也看成是等渗溶液，如 5％(g/ml) 葡萄糖注射液。

在制作注射剂、滴眼剂等药物制剂时，必须考虑其渗透压。对静脉输液、营养液、电解质或渗透利尿药，应在标签上注明溶液的渗透压摩尔浓度，以提供临床医生参考。因为人体的细胞膜、毛细血管壁，一般具有半透膜的性质。以红细胞为例，若大量滴注高渗溶液，细胞内的水就向外渗出，细胞会逐渐萎缩，严重时可造成胞浆分离；若大量滴注低渗溶液，水分子穿过细胞膜进入细胞内，细胞会逐渐膨胀，严重时可使细胞破裂。因此，静脉输液应尽可能与血液等渗，滴眼剂应与泪液等渗。渗透压调节剂常用氯化钠和葡萄糖。

注射剂、滴眼剂等药物制剂的渗透压如何测定？由于直接测量渗透压比较困难，而冰点测量比较方便，故通常采用测量溶液的冰点下降来间接测定其渗透压摩尔浓度。在理想的稀溶液中，冰点下降符合 $\Delta T_f \approx K_f \cdot m_B$ 的关系，而渗透压符合 $p_0 = K_0 \cdot m_B$，由于两式中的浓度等同，故可以用冰点下降法测定溶液的渗透压摩尔浓度。冰点下降法是根据溶质溶解于溶剂中形成溶液，溶液冰点下降的现象，按公式 $\Delta T_f \approx K_f \cdot m_B$，求得渗透压摩尔浓度。渗透压计是采用冰点下降的原理设计的。

【例 13】 测得 1％某中药溶液的冰点为 272.44K，问该溶液是不是生理等渗溶液？

解： 已知水为溶剂时，$K_f = 1.86$，

中药溶液的 $\Delta T_f = 273 - 272.44 = 0.56K$

根据 $\Delta T_f \approx K_f \cdot m_B$

得 $$m_B = \frac{\Delta T_f}{K_f} = \frac{0.56}{1.86} \approx 0.301 \text{mol/kg} \approx 301 \text{mOsmol/kg}$$

因为渗透压摩尔浓度在 280～320mOsmol/kg 的溶液为生理等渗溶液，所以该中药溶液是生理等渗溶液。

答： 该中药溶液是生理等渗溶液。

习 题

1. 溶液由什么组成？饱和溶液、不饱和溶液和过饱和溶液有什么不同？

2. 稀溶液的依数性是指哪四点？

3. 产生渗透现象要具备哪些条件？渗透的方向又如何？

4. 配制 0.1mol/L $AgNO_3$ 溶液 500ml，需要多少克硝酸银？

5. 将 36g NaOH 溶于水，配成 300ml 溶液，溶液的物质的量浓度是多少？中和此溶液需要 4mol/L 的盐酸多少毫升？

6. 质量分数为 98％，密度 $\rho = 1.84$g/ml 的浓 H_2SO_4 溶液的物质的量浓度、质量浓度、质量摩尔浓度分别是多少？

7. 将 4ml 5mol/L H_2SO_4 用水稀释至 100ml，求稀释后硫酸的浓度？

8. 配制 300ml 2mol/L 硝酸溶液，需要质量分数为 70％，密度 $\rho = 1.42$g/ml 的浓 HNO_3 多少毫升？

9. 要把 95％和 5％的酒精都利用起来，现配制 75％酒精 900ml，需要 95％和 5％的酒精各多少毫升？

10. 现有氯化钠、氯化钙、葡萄糖三种溶液，它们的浓度均为 0.2mol/L，试比较三者

的渗透压大小。

11. 计算下列溶液的毫渗透压摩尔浓度，并指出它们是生理等渗溶液、高渗溶液还是低渗溶液？

(1) 1.15%（g/ml）KCl 溶液

(2) 10%（g/ml）葡萄糖（$C_6H_{12}O_6$）溶液

12. 测得 1% 某溶液的冰点为 272.75K，问该溶液是不是生理等渗溶液？

13. 将 0.23g 奎宁溶解在 2.72g 樟脑中，测得其凝固点为 442.6K，试计算奎宁的摩尔质量。

第三章　原子结构和元素周期律

在初中，我们已经学习了一些有关原子结构的知识，初步了解了元素的性质跟元素原子的结构有密切的关系，了解了物质的结构才能认识其性质，了解其用途。本章将在初中学习的基础上，进一步学习原子结构和元素周期律的知识。

第一节　原子的组成

一、原子的组成

我们知道，原子是化学变化中的最小微粒。但原子又是由什么微粒组成的呢？长期以来科学家们一直在探索这个问题。1897 年英国物理学家汤姆逊发现了阴极射线，证明了电子的存在，电子是原子的一部分，带负电。汤姆逊进一步认为，既然原子内部存在带负电荷的电子，而原子又呈现电中性，其内部就还应存在着带正电荷的粒子。1911 年另一位英国物理学家卢瑟福通过 α 散射实验证实了这一观点，原子中存在着带正电的原子核。据此我们知道，原子是由居于原子中心的带正电的原子核和核外带负电的电子组成的，原子核带的正电荷数与核外电子带的负电荷数相等，因此，原子呈电中性。

20 世纪初期，科学家们用天然放射性元素放出的高速 α 粒子去冲击原子核，实现了人工的原子核裂变（即用人工的方法把一种元素的原子分裂为两个质量相近的新原子的过程），同时发现了质子和中子。

原子核是由质子和中子组成的。质子带正电，一个质子带一个单位的正电荷，中子不带电，所以核电荷数是由质子数决定的。对于一个原子来说：

核内质子数＝核电荷数＝核外电子数

质子的质量为 $1.6726 \times 10^{-27}\,\text{kg}$，中子的质量稍大些，为 $1.6748 \times 10^{-27}\,\text{kg}$，电子的质量更小，仅为质子质量的 1/1836，所以，原子的质量主要集中在原子核上。质子、中子和电子的质量都很小，使用起来不方便，所以采用相对质量。以一个 ^{12}C 原子的质量（$1.9927 \times 10^{-26}\,\text{kg}$）的 1/12 为标准，质子和中子跟它相比较所得的相对质量分别为 1.007 和 1.008，取近似整数值为 1。若忽略电子的质量，把一个原子的原子核内所有的质子和中子的相对质量取近似整数值加起来，所得的数值称为质量数，用符号 A 表示。中子数用符号 N 表示，质子数用符号 Z 表示。即有：

质量数(A)＝质子数(Z)＋中子数(N)

如以 $^{A}_{Z}\text{X}$ 表示一个质量数为 A，质子数为 Z 的原子，则组成原子的粒子间的关系可以表示如下：

$$原子(^{A}_{Z}\text{X}) \begin{cases} 原子核 \begin{cases} 质子 & Z\,个 \\ 中子 & (A-Z)\,个 \end{cases} \\ 核外电子 & Z\,个 \end{cases}$$

例如原子 $^{23}_{11}\text{Na}$，其质量数为 23，质子数为 11，中子数为 12，核外电子数为 11，核电荷数也为 11。

二、同位素

具有相同核电荷数（即质子数）的同一类原子称为元素。同种元素的原子质子数相同，但中子数不一定相同。例如，氢元素有三种不同的原子，见表 3-1。

表 3-1　氢的三种同位素

名　称	俗　称	质　子　数	中　子　数	质　量　数	符　号
氕	氢	1	0	1	$_1^1H$
氘	重氢	1	1	2	$_1^2H$
氚	超重氢	1	2	3	$_1^3H$

我们把这种质子数相同而中子数不同的同一元素的不同原子互称为同位素，在周期表中处于同一位置。许多元素都有同位素，例如铀元素有 $_{92}^{234}U$、$_{92}^{235}U$ 和 $_{92}^{238}U$ 等多种同位素，碳元素有 $_6^{12}C$、$_6^{13}C$ 和 $_6^{14}C$ 等几种同位素。

没有放射性的同位素称稳定性同位素，如 $_1^1H$、$_1^2H$、$_6^{12}C$、$_6^{13}C$ 等；具有放射性的同位素称放射性同位素，如 $_1^3H$、$_6^{14}C$、$_{92}^{235}U$ 等。放射性同位素有天然的，也有人造的，它们能自发地不断地放出一些射线（α 射线、β 射线、γ 射线）。它们在医药、工农业、科研、国防等方面有着广泛的应用。例如，$_1^3H$ 是制造氢弹的材料，^{235}U 是制造原子弹的材料；^{60}Co，^{226}Ra 等放出来的射线能抑制和破坏细胞的生长活动，用于恶性肿瘤的治疗；$Na^{131}I$ 用于甲状腺功能亢进的诊断和治疗；用放射性同位素作示踪原子，研究药物的作用机制、药物的吸收和代谢等。

同种元素的各种同位素虽然质量数不同，但它们在周期表中处于同一位置，其化学性质几乎完全相同。

在天然存在的元素里，不论是游离态还是化合态，各种同位素所占的原子百分比一般是不变的。通常使用的元素的相对原子质量，是按照各种天然同位素所占的一定百分比算出来的平均值。例如，天然存在的氯元素有两种同位素，从下列数据可以算出氯元素的相对原子质量：

符号	相对原子质量	质量数	在自然界中各同位素原子所占的百分组成
$_{17}^{35}Cl$	34.96885	35	75.53%
$_{17}^{37}Cl$	36.96590	37	24.47%

氯元素的相对原子质量为：
$$34.96885 \times 75.53\% + 36.96590 \times 24.47\% = 35.458$$
我们用质量数代替相对原子质量进行计算可以得到氯元素的近似平均相对原子质量：
$$35 \times 75.53\% + 37 \times 24.47\% = 35.489$$

第二节　核外电子的运动状态

电子带负电，质量很小（$9.1095 \times 10^{-27}kg$），在直径约为 $10^{-10}m$ 的球形空间内高速运动，运动范围很小，但速度却相当快，接近光速。其运动状态不符合宏观物体的运动规律（牛顿经典力学理论），而有它自己的特殊性。1926 年奥地利科学家薛定谔建立了量子力学理论（描述微观粒子运动规律的理论），人们用这个理论研究原子结构及电子运动，逐步形成了原子结构及电子运动的近代观点。

一、电子云

近代观点认为，电子运动的规律与宏观物体不同。对于运动着的宏观物体，如公路上奔驰的汽车和人造卫星等，我们可以准确地测定出它们在某一时刻所处的位置和运动的速度，而电子在某一时刻所处的位置和运动的速度不能同时确定，也就是说原子中电子的运动轨迹无法确定，即无确定的轨道。这一点与经典力学理论有着本质的区别。

电子在核外的运动无确定的轨道，我们在描述核外电子的运动时，只能指出它在原子核外空间某处出现机会的大小。电子在原子核周围空间的各区域运动着，但在不同的区域出现的机会的大小不同，在一定时间内有些区域出现的机会较大，而在另一些区域出现的机会较小。

假如我们能够设计一个理想的实验方法，对氢原子的一个电子在核外的运动情况进行多次重复观察，并记录电子在核外空间每一瞬间出现的位置（用小黑点表示），统计其结果，就可以得到一个空间图像。其形状犹如在原子核外笼罩着一团带阴电的云雾，这就是所谓的电子云，如图3-1。

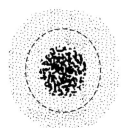

图 3-1　氢原子的电子云示意图

图3-1是球形电子云的一个切面示意图。图中小黑点密集处是电子出现机会大的地方；小黑点稀疏处是电子出现机会小的地方。从图可以看出，离核近的地方，电子云密度大，电子出现机会大；离核远的地方，电子云密度小，电子出现机会小。

二、核外电子的运动状态

在多电子原子中，电子的能量不同，电子云的形状也不同，因此电子在核外的运动状态是相当复杂的，需从四个方面来描述，即电子层、电子亚层、电子云的伸展方向和电子的自旋。

（一）电子层

电子在原子核外一定区域内作高速运动，都具有一定的能量。实验证明，能量低的电子，在离核较近的区域运动；能量高的电子，在离核较远的区域运动。根据电子的能量差异和通常运动的区域离核的远近不同，可以将核外电子分成不同的电子层，各电子就在这些不同的电子层上运动。

电子层按离核由近到远的顺序，依次称为第一电子层、第二电子层……。常用 $n=1$、2、3、4、5、6、7 表示从内到外的电子层，这七个电子层也可以用 K、L、M、N、O、P、Q 等字母表示。离核最近的是第一电子层或 K 层，其次是第二电子层或 L 层，依次类推。

电子层数（n）　　1　2　3　4　5　6　7
电子层　　　　　　　K　L　M　N　O　P　Q

电子层是决定电子能量高低的主要因素。n 越小，表示电子离核越近，电子能量越低；n 越大，表示电子离核越远，电子能量越高。

（二）电子亚层

科学研究发现，在同一电子层中（第一电子层除外），电子的能量也不尽相同，其电子云的形状也不相同。根据这个差别，又可把一个电子层分成一个或几个亚层，分别用 s、p、 d、f等符号表示。第一电子层只有一个电子亚层，1s亚层；第二电子层具有二个电子亚层，2s和2p亚层；第三电子层具有三个电子亚层，3s、3p和3d亚层；第四电子层具有四个电子亚层，4s、4p、4d和4f亚层。在同一电子层，电子亚层的能量按s、p、d、f的顺序递增。

不同电子亚层的电子云形状不同。s亚层的电子云形状为球形，p亚层电子云形状为无柄哑铃形，d亚层的电子云形状为十字花瓣形，f亚层的电子云形状比较复杂，这里不做介绍。

（三）电子云的伸展方向

电子云不仅有确定的形状，而且有一定的伸展方向。s电子云是球形对称的，在空间各个方向上的伸展方向相同；p电子云如图3-2所示，在空间有三种互相垂直的伸展方向；d电子云在空间有五种伸展方向；f电子云在空间有七种伸展方向。

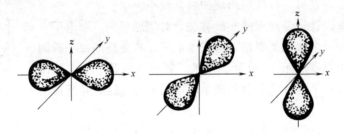

图3-2　p电子云的三种伸展方向

我们把在一定电子层上，具有一定形状和伸展方向的电子云所占据的空间称为一个原子轨道。s、p、d、f亚层分别有1、3、5、7个原子轨道。那么，各电子层可能有的最多原子轨道如下：

电子层（n）	电子亚层	轨道表示式	原子轨道数
$n=1$	1s	□	$1=1^2$
$n=2$	2s2p	□ □□□	$4=2^2$
$n=3$	3s3p3d	□ □□□ □□□□□	$9=3^2$
$n=4$	4s4p4d4f	□ □□□ □□□□□ □□□□□□□	$16=4^2$

从上可知每个电子层含有的最多原子轨道数为n^2。

同一电子层的相同亚层中能量相同而空间伸展方向不同的轨道称为等价轨道。例如：2p轨道就包括$2p_x$、$2p_y$和$2p_z$三个等价轨道。

（四）电子的自旋

电子不仅在核外空间高速运动，同时还作自旋运动。电子的自旋有两种状态，相当于顺时针和逆时针两种方向，通常用"↑"和"↓"表示。

实验证明，自旋方向相同的两个电子相互排斥，不能在同一原子轨道内运动。而自旋方向相反的两个电子相互吸引，能在同一原子轨道内运动。这是因为电子自旋时能产生磁场，自旋相同的两个电子产生的磁场方向相同，相互排斥而不能在同一原子轨道内运动；反之，自旋方向相反的两个电子产生的磁场方向相反，互相吸引而能在同一原子轨道内运动。由此我们可以推知，同一原子轨道内最多能存在两个自旋方向相反的电子。

从上可以看出，电子在原子核外的运动状态是相当复杂的，它在核外的运动状态，必须由它所处的电子层、电子亚层、电子云的空间伸展方向和电子的自旋四个方面来决定。电子层、电子亚层、电子云的空间伸展方向确定了电子的原子轨道，因此，电子在核外的运动状态也可以说是由电子所处的原子轨道和电子的自旋来决定。

第三节　原子核外电子的排布

学习了电子在核外的运动状态，我们了解到电子在核外是分层运动的，而电子层又分为一个或几个的电子亚层。下面将进一步讨论电子在核外的排布规律。

一、泡利不相容原理

我们知道同一原子轨道内最多能存在两个自旋方向相反的电子，也就是说处于同一原子轨道内的两个电子，电子的自旋方向必然相反；自旋方向相同的电子，一定处于不同的原子轨道内。因此可以得出这样一个结论：在同一个原子中，不可能有运动状态四个方面完全相同的电子存在。这就是由奥地利科学家泡利提出的著名的泡利不相容原理。

根据这个原理，可以推算出如下结论。① s、p、d、f 亚层最多容纳的电子数分别为 2、6、10、14。s、p、d、f 亚层分别有 1、3、5、7 个原子轨道，而每个原子轨道又只能容纳 2 个电子，因此，s、p、d、f 亚层最多能容纳的电子分别为 2、6、10、14 个。② 各电子层最多可以容纳的电子总数为 $2n^2$。每个电子层可能有的最多原子轨道数是 n^2，因此，各电子层中可以容纳的电子最多有 $2n^2$ 个。例如，第一、二、三、四电子层最多可以容纳的电子数分别是 2、8、18、32。

二、能量最低原理

体系能量越低越稳定。在核外电子的排布中，电子通常也总是尽量先占据能量较低的原子轨道，只有当能量较低的原子轨道占满后，电子才依次进入能量较高的原子轨道，这就是原子中电子排布的能量最低原理。原子中电子究竟排布在哪一轨道上，首先要弄清楚原子轨道能量高低的顺序。

（一）原子轨道的能量主要是由电子层和电子亚层决定的

1. 电子层数越大，原子轨道能量越高。例如：

$E_{1s} < E_{2s} < E_{3s} < E_{4s} < E_{5s} < E_{6s} < E_{7s}$

$E_{2p} < E_{3p} < E_{4p} < E_{5p} < E_{6p}$

$E_{3d} < E_{4d} < E_{5d}$

2. 在同一电子层中，电子亚层的能量按着 s、p、d、f 的顺序依次增大。例如：

$E_{2s} < E_{2p}$

$E_{3s} < E_{3p} < E_{3d}$

$E_{4s} < E_{4p} < E_{4d} < E_{4f}$

3. 能级交错现象

当电子层和电子亚层都不同时，情况比较复杂，主要反应在多电子原子中，因为在多电子原子中，除了原子核对电子有吸引力外，各电子之间还存在着斥力，其作用情况复杂。实验证明，多电子原子，从第三电子层起电子所处的能级产生了交错现象。例如：

$$E_{4s} < E_{3d} < E_{4p} \qquad E_{5s} < E_{4d} < E_{5p}$$

这样，我们就可排出原子轨道能量由低到高的顺序：$E_{1s} < E_{2s} < E_{2p} < E_{3s} < E_{3p} < E_{4s} <$

$E_{3d} < E_{4p} < E_{5s} < E_{4d} < E_{5p} \cdots$

化学上将原子轨道能量相近的划为一组，称为能级组，目前共分为七个能级组，如图 3-3 所示。

（二）电子在原子轨道中的排布顺序

原子轨道能量高低顺序确定后，按能量最低原理，电子在原子轨道中的排布顺序也就确定了，如图 3-4 所示。

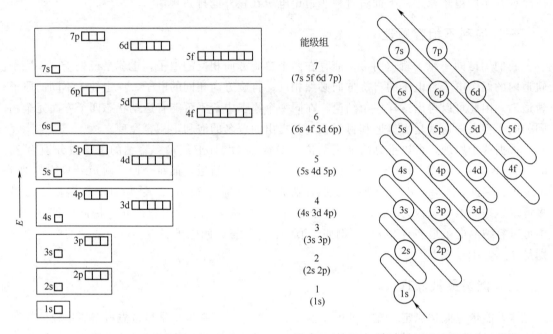

图 3-3　近似能级图　　　　　图 3-4　电子在原子轨道中的排布的顺序

根据这个顺序我们就可以知道各原子核外电子的排布情况，其排布情况可用电子排布式和轨道表示式来表示。

例如：核电荷数为 17 的氯原子的电子排布式为：$1s^2 2s^2 2p^6 3s^2 3p^5$

氯原子的轨道表示式为：

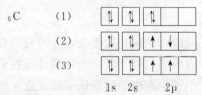

1s　2s　　2p　　3s　　3p

三、洪德规则

运用泡利不相容原理和能量最低原理，再来讨论碳原子核外电子的排布情况。在不违背这两个原理的情况下碳原子核外电子的排布情况有如下三种：

究竟哪种排布碳原子能量才最低呢？洪德规规指出：在同一亚层的各个等价轨道上，电子排布尽可能单独分占不同的轨道，而且自旋方向相同，这样排布整个原子的能量最低。因此碳原子的轨道表示式应为上述情况的第（3）种排布，第（1）、（2）种排布是错误的。这样我们就可以正确地写出各原子核外电子排布的轨道表示式了。

例：$_7$N 的轨道表示式应为：

$$\boxed{\uparrow\downarrow}\ \boxed{\uparrow\downarrow}\ \boxed{\uparrow}\ \boxed{\uparrow}\ \boxed{\uparrow}$$

1s　2s　　2p

根据上述三个原理和多电子原子电子的近似能级图，列出核电荷数为 1～36 的元素的核外电子排布，见表 3-2。

表 3-2　核电荷数为 1～36 元素的核外电子排布

核电荷数	元素符号	电子层								核电荷数	元素符号	电子层							
		K	L		M			N				K	L		M			N	
		1s	2s	2p	3s	3p	3d	4s	4p			1s	2s	2p	3s	3p	3d	4s	4p
1	H	1								19	K	2	2	6	2	6		1	
2	He	2								20	Ca	2	2	6	2	6		2	
3	Li	2	1							21	Sc	2	2	6	2	6	1	2	
4	Be	2	2							22	Ti	2	2	6	2	6	2	2	
5	B	2	2	1						23	V	2	2	6	2	6	3	2	
6	C	2	2	2						24	Cr	2	2	6	2	6	5	1	
7	N	2	2	3						25	Mn	2	2	6	2	6	5	2	
8	O	2	2	4						26	Fe	2	2	6	2	6	6	2	
9	F	2	2	5						27	Co	2	2	6	2	6	7	2	
10	Ne	2	2	6						28	Ni	2	2	6	2	6	8	2	
11	Na	2	2	6	1					29	Cu	2	2	6	2	6	10	1	
12	Mg	2	2	6	2					30	Zn	2	2	6	2	6	10	2	
13	Al	2	2	6	2	1				31	Ga	2	2	6	2	6	10	2	1
14	Si	2	2	6	2	2				32	Ge	2	2	6	2	6	10	2	2
15	P	2	2	6	2	3				33	As	2	2	6	2	6	10	2	3
16	S	2	2	6	2	4				34	Se	2	2	6	2	6	10	2	4
17	Cl	2	2	6	2	5				35	Br	2	2	6	2	6	10	2	5
18	Ar	2	2	6	2	6				36	Kr	2	2	6	2	6	10	2	6

从表 3-3 中可以看出，核电荷数为 24 的元素 Cr 和核电荷数为 29 的元素 Cu，在排了 $3p^6$ 后似乎应排成 $3d^4 4s^2$ 和 $3d^9 4s^2$，但实验数据表明应排成 $3d^5 4s^1$ 和 $3d^{10} 4s^1$。根据这种情况，科学家又总结出一条规律：对于同一电子亚层，当电子排布为全充满（p^6、d^{10}、f^{14}）、半充满（p^3、d^5、f^7）或全空（p^0、d^0、f^0）时，是相对比较稳定的。这是洪德规则的特例。上述 Cr、Cu 的电子层排布，就是属于 d 轨道半充满、全充满时比较稳定的例子。

综上所述，我们知道，电子在原子核外的排布应遵守三大规律，即：泡利不相容原理、能量最低原理和洪德规则及其特例。这里需要指出，核外电子的排布情况是通过实验测定的。核外电子的排布的三大规律也是从大量实验事实中总结出来的，它能帮助我们了解一般元素的原子核外电子排布的规律。但当核电荷数增多时，其电子运动也变得复杂，某些元素的原子实验测得的电子排布式又会与排布规律有所差异，此时应当以实验事实为准。

第四节　元素周期律与元素周期表

为了认识元素之间存在着的规律性变化，人们按核电荷数由小到大的顺序给元素编号，此编号称为原子序数（原子序数在数值上等于核电荷数）。我们将 3～18 号元素的一些性质列于表 3-3 中加以讨论。

表 3-3　3～18 号元素的某些性质随核电荷数的变化情况

核电荷数	3	4	5	6	7	8	9	10
元素符号	Li	Be	B	C	N	O	F	Ne
最外层电子排布	$2s^1$	$2s^2$	$2s^2 2p^1$	$2s^2 2p^2$	$2s^2 2p^3$	$2s^2 2p^4$	$2s^2 2p^5$	$2s^2 2p^6$
最高化合价	+1	+2	+3	+4	+5			
最低化合价				-4	-3	-2	-1	
金属与非金属	活泼金属	两性元素	不活泼非金属	非金属	活泼非金属	很活泼非金属	最活泼非金属	惰性元素
最高氧化物的水化物	LiOH 碱	$Be(OH)_2$ 两性	H_3BO_3 弱酸	H_2CO_3 弱酸	HNO_3 强酸			

核电荷数	11	12	13	14	15	16	17	18
元素符号	Na	Mg	Al	Si	P	S	Cl	Ar
最外层电子排布	$3s^1$	$3s^2$	$3s^2 3p^1$	$3s^2 3p^2$	$3s^2 3p^3$	$3s^2 3p^4$	$3s^2 3p^5$	$3s^2 3p^6$
最高化合价	+1	+2	+3	+4	+5	+6	+7	
最低化合价				-4	-3	-2	-1	
金属与非金属	活泼金属	活泼金属	两性元素	不活泼非金属	非金属	活泼非金属	很活泼非金属	惰性元素
最高氧化物的水化物	NaOH 强碱	$Mg(OH)_2$ 弱碱	$Al(OH)_3$ 两性	H_2SiO_3 弱酸	H_3PO_4 中强酸	H_2SO_4 强酸	$HClO_4$ 很强酸	

一、元素周期律

（一）原子核外电子排布的周期性

我们观察原子序数由 3（Li）～18（Ar）号各元素原子的核外电子的排布，可以看出，3（Li）～10（Ne）号元素有两个电子层，最外层电子的排布是从 $2s^1$ 到 $2s^2 2p^6$，最外层电子是从 1 个逐渐递增到 8 个。同样从 11（Na）～18（Ar）号元素有三个电子层，最外层电子的排布是从 $3s^1$ 到 $3s^2 3p^6$，最外层电子也是从 1 个逐渐递增 8 个。从 18 号元素继续研究下去，将会发现，每隔一定数目的元素，原子中最外层电子都是 1 个递增至 8 个。也就是说，随着原子序数的递增，元素原子最外层电子的排布呈现由 1e 增加到 8e 的周期性变化规律。

（二）元素周期律

1. 原子半径的周期性变化

元素的原子半径列于表 3-4。

表 3-4　原子半径　　　　　　　　　　　　　　　　　　　单位：pm

H 37																	He 93
Li 155	Be 112											B 82	C 77	N 75	O 73	F 72	Ne 112
Na 190	Mg 159											Al 143	Si 111	P 106	S 102	Cl 99	Ar 154
K 235	Ca 197	Sc 162	Ti 147	V 134	Cr 127	Mn 126	Fe 126	Co 125	Ni 124	Cu 128	Zn 138	Ga 140	Ge 137	As 119	Se 116	Br 114	Kr 169
Rb 248	Sr 215	Y 180	Zr 160	Nb 146	Mo 137	Tc 139	Ru 133	Rh 134	Pd 137	Ag 144	Cd 154	In 166	Sn 162	Sb 159	Te 135	I 133	Xe 190
Ca 267	Ba 222	La 187	Hf 159	Ta 146	W 139	Re 137	Os 135	Ir 136	Pt 139	Au 144	Hg 157	Tl 171	Pb 175	Bi 170	Po 176	At 145	Rn 220

从上表可以看出，3(Li)～9(F) 号元素原子的原子半径由 155pm 递减至 72pm，即原子半径由大逐渐变小；11～17 号元素的原子半径由 190pm 递减至 99pm，原子半径也由大逐渐变小。18 号以后元素原子半径的变化也有相似的递变规律，即随原子序数的递增，元素原子半径呈现由大逐渐变小的周期性变化规律。稀有元素原子半径的数据的测定根据和其他元素不同，因此不放在一起讨论。

2. 元素主要化合价的周期性变化

从表 3-3 可以看出，3(Li)～9(F) 号元素的最高正化合价由 +1 逐渐递增至 +5（氧、氟除外），其中 6(C)～9(F) 号元素的最低负化合价由 -4→-1；11(Na)～17(Cl) 号元素的最高正化合价也由 +1 逐渐递增至 +7，其中 14(Si)～17(Cl) 号元素的最低负化合价由 -4→-1。10 号（Ne）和 18 号（Ar）元素的电子层结构为稳定结构，化合价为 0。同样，19 号以后元素的化合价也有相似的递变规律。由此我们知道，元素的化合价是随原子序数的递增而呈 $\left\{\begin{array}{l}\text{最高正化合价：} +1 \rightarrow +7 \\ \text{最低负化合价：} -4 \rightarrow -1\end{array}\right.$ 的周期性变化。

3. 元素电负性的周期性变化

元素的电负性是指元素的原子在分子中吸引电子的能力，用符号 X 表示。指定最活泼的非金属元素氟的电负性为 4.0，然后通过对比求出其他元素的电负性，见表 3-5 所列。

表 3-5　元素的电负性

H 2.1																	
Li 1.0	Be 1.5											B 2.0	C 2.5	N 3.0	O 3.5	F 4.0	
Na 0.9	Mg 1.2											Al 1.5	Si 1.8	P 2.1	S 2.5	Cl 3.0	
K 0.8	Ca 1.0	Sc 1.3	Ti 1.5	V 1.6	Cr 1.6	Mn 1.5	Fe 1.8	Co 1.9	Ni 1.9	Cu 1.9	Zn 1.6	Ga 1.6	Ge 1.8	As 2.0	Se 1.9	Br 2.8	
Rb 0.8	Sr 1.0	Y 1.2	Zr 1.4	Nb 1.6	Mo 1.8	Tc 1.9	Ru 2.2	Rh 2.2	Pd 2.2	Ag 1.9	Cd 1.7	In 1.7	Sn 1.8	Sb 1.9	Te 2.1	I 2.5	
Cs 0.7	Ba 0.9	La 1.0	Hf 1.3	Ta 1.5	W 1.7	Re 1.9	Os 2.2	Ir 2.2	Pt 2.2	Au 2.4	Hg 1.9	Tl 1.8	Pb 1.9	Bi 1.9	Po 2.0	At 2.2	

元素的电负性越大，其原子在分子中吸引电子的能力越强；电负性越小，其原子在分子中吸引电子的能力就越弱。

一般来说，元素的金属性是指元素原子失去电子变成阳离子的能力；而元素的非金属性是指元素原子得到电子变成阴离子的能力。因此，电负性的大小可以用来作为元素金属性和非金属性的量度。元素的电负性越大，元素的非金属性越强，元素的金属性则越弱，反之，元素的电负性越小，元素的金属性越强，元素的非金属性则越弱。

从表 3-5 可以发现，3(Li)～9(F) 号元素的电负性由 1.0 逐渐递增至 4.0，11(Na)～17(Cl)号元素的电负性由 0.9 逐渐递增至 3.0。同样，19 号（K）以后元素的电负性也有相似的递变规律。由此我们知道，元素的电负性随原子序数的递增而呈现由小到大的周期性变化规律。

原子半径，元素主要化合价和电负性都是元素的重要性质。通过上述研究，我们可以总结出一条规律：元素的性质随着原子序数的递增而呈周期性的变化。这个规律叫做元素周期律。

结构决定性质，元素原子最外层电子排布的周期性变化使得元素性质也会呈现周期性变化，因此，元素周期律是元素原子最外层电子排布的周期性变化的必然结果。

二、元素周期表

根据元素周期律，把电子层数目相同的各种元素，按原子序数的递增的顺序从左到右排成横行，再把不同横行中最外电子层的电子数相同的元素，按电子层数递增的顺序从上而下排成纵列。这样得到的一个表叫做元素周期表（见附录）。元素周期表是元素周期律的具体表现形式，它反映了元素之间相互联系的规律。

1. 周期

具有相同的电子层数而又按照原子序数递增的顺序排列的一系列元素，称为一个周期，也就是说处于同一个周期的元素的电子层数相同。周期表中有七个横行，同一个横行元素的电子层数相同，不同横行元素的电子层数不相同，所以在周期表中有七个周期，周期序数就是该周期元素具有的电子层数。

各周期含有元素的数目不一定相等，因此，周期有长短之分。第一周期只有 2 种元素，第二、三周期各有 8 种元素，我们通常将含元素较少的第一、二、三周期称为短周期。第四、五周期各有 18 种元素，第六周期有 32 种元素。我们通常将含元素较多的第四、五、六周期称为长周期。第七周期到现在还未填满，称为不完全周期。

第六周期，57 号元素镧（La）到 71 号元素镥（Lu），共 15 种元素，它们的电子层结构和性质都非常相似，总称镧系元素。为了使周期表的结构紧凑，将镧系元素放在周期表的同一格里，并按原子序数递增的顺序，把它们另列在表的下方，实际上还是各占一格。

第七周期，89 号元素锕（Ac）到 103 号元素铹（Lr），共 15 种元素，它们的电子层结构和性质也都十分相似，总称锕系元素，也把它们放在周期表的同一格里，并按原子序数递增的顺序，另列一行放在镧系元素的下面。

2. 族

周期表中共有 18 个纵列，除 8、9、10 三个纵列合为一族，称为第Ⅷ族外，其余每一纵列为一族，这样共有 16 个族。

（1）主族　由短周期元素和长周期元素共同构成的族，叫做主族。主族元素在族的序数（习惯用罗马数字表示）后面标一个 A 字，如ⅠA、ⅡA 等。在主族元素的原子核外电子排布中，最后一个电子填充在最外层的 s 或 p 轨道上，其特征电子构型为 $ns^{1\sim2}$ 或 $ns^2np^{1\sim5}$。主族元素的族序数等于最外层的电子数。在元素周期表里共有 7 个主族。

（2）副族和第Ⅷ族　完全由长周期元素构成的族，叫做副族。副族元素在族的序数后面标一个 B 字，如ⅠB、ⅡB 等。在副族元素（或第Ⅷ族元素）的原子核外电子排布中，最后一个电子填充在 d 轨道上，其特征电子构型一般为 $(n-1)d^{1\sim10}ns^{1\sim2}$。副族元素的族序数等于最外层的 s 轨道上的电子数和次外层的 d 轨道上的电子数之和（若电子数之和为 8～10，则为第Ⅷ族；若电子数之和为 11、12，则分别为ⅠB族、ⅡB族）。在元素周期表里共有 7 个副族和一个第Ⅷ族。

镧系和锕系元素的价电子构型复杂，在这里我们不研究。

（3）0 族　稀有气体元素的特征电子构型为 ns^2np^6（He 为 $1s^2$），其化学性质非常不活泼，在通常状况下难以与其他物质发生化学反应，它们的化合价一般看作为 0，因而叫做 0

族。在元素周期表里有 1 个 0 族。

3. 区

根据原子核外电子排布中，最后一个电子填充的轨道（或亚层）不同，把周期表中的元素划分为五个区，如表 3-6 所示。各区元素在性质上各有一定的特征。

表 3-6 各区元素原子电子分布特点

元 素 区	电子最后填入的亚层	价电子构型通式	包括的元素
s 区	最外层的 s 亚层	$ns^{1\sim2}$	ⅠA、ⅡA 族
p 区	最外层的 p 亚层	$ns^2np^{1\sim6}$	ⅢA～ⅦA,0 族
d 区	一般为次外层的 d 亚层	$(n-1)d^{1\sim9}ns^{1\sim2}$	ⅢB～ⅦB、Ⅷ族
ds 区	一般为次外层的 d 亚层	$(n-1)d^{10}ns^{1\sim2}$	ⅠB、ⅡB 族
f 区	一般为倒数第三层的 f 亚层（个别例外）	$(n-2)f^{0\sim14}(n-1)d^{0\sim2}ns^2$	镧系、锕系元素

综上所述，元素在周期表中的位置与其原子的电子层构型密切相关，元素周期表实质上是元素原子电子层结构周期性变化的反映。掌握了这种关系，就可以根据原子的电子层构型确定元素在周期表中的位置；反之，也可由元素在周期表中的位置推算出原子的电子层构型。

三、元素性质与原子结构

（一）元素性质在周期表中的递变规律

同周期元素，从左至右，各元素的原子核外电子层虽然相同，但核电荷数逐渐增多，原子半径逐渐减小，电负性逐渐增大，核电荷对核外电子的吸引力逐渐增强，失电子能力逐渐减弱，得电子能力逐渐增强，因此，元素的金属性逐渐减弱，元素的氧化物的水化物——氢氧化物的碱性随之逐渐减弱；元素的非金属性逐渐增强，元素的最高氧化物的水化物——含氧酸的酸性随之增强。以第三周期元素为例，$NaOH$ 是强碱，$Mg(OH)_2$ 是弱碱，$Al(OH)_3$ 为两性物质；H_2SiO_3 是极弱酸、H_3PO_4 是中强酸、H_2SO_4 是强酸、$HClO_4$ 是已知的无机酸中最强的酸。

同主族元素，从上至下，电子层数增多，原子半径逐渐增大，电负性趋于减小，失电子能力逐渐增强，得电子能力逐渐减弱，因此，元素的金属性逐渐增强，元素的氧化物的水化物——氢氧化物的碱性随之逐渐增强；元素的非金属性逐渐减弱，元素最高氧化物的水化物——含氧酸的酸性随之减弱。递变规律见表 3-7。这个规律将会在各主族元素的化学性质的学习中得到证明。

表 3-7 主族元素的金属性和非金属性以及最高价氧化物水化物酸碱性变化规律

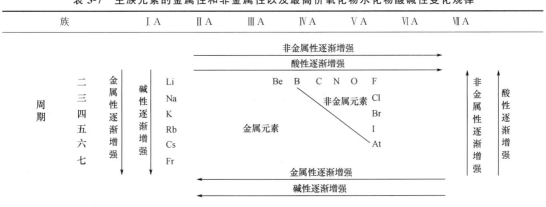

　　副族元素由于电子层结构复杂，元素的金属性递变规律不明显。

　　如果将周期表中硼与砹之间连成一直线，直线左边是金属元素，右边是非金属元素。左下方是金属性最强的元素，右上方是非金属性最强的元素（F）。而位于分界线附近的元素，既表现出某些金属性，又表现出某些非金属性，因此金属性和非金属性之间没有严格的界线。

（二）原子结构与元素化合价的关系

　　元素的化合价与原子的电子层结构有密切的关系，特别是跟最外层电子的数目有关，因此，元素原子的最外层电子，称为价电子。有些元素的化合价跟它们原子的次外层甚至是倒数第三层的电子有关，这部分电子也称为价电子。

　　主族元素的最高正化合价等于它的最外层电子数（价电子数），也等于它所在的族序数。而非金属元素的最高正化合价和它的负化合价的绝对值之和等于8。

　　副族和第Ⅷ族元素的化合价比较复杂，它们的原子次外层的 d 亚层或倒数第三层 f 亚层的电子不很稳定，在适当的条件下，和最外层电子一样，有时也可失去。副族和第Ⅷ族元素最多失去的电子数目一般跟它们的族序数相当。

　　元素周期表和元素周期律，揭示了元素间相互联系的自然规律，反映了元素之间的内在联系和性质的递变规律。根据元素在周期表中的位置，可推断元素原子的电子层结构和元素的性质；根据元素的性质，又可推断元素相关化合物的性质。

　　【例1】 已知某元素的原子序数为20，指出它在周期表中的位置，写出其元素名称和元素符号。

　　解： $\because$ 原子的核外电子数＝核电荷数＝原子序数＝20

　　　　$\therefore$ 电子排布式为：$1s^2 2s^2 2p^6 3s^2 3p^6 4s^2$

　　　　又$\because$ 周期序数＝电子层数＝4。

　　　　　　　　　　主族元素的族序数＝最外层电子数＝2

　　　　$\therefore$ 根据电子层结构可知该元素在第四周期，ⅡA族，为钙（Ca）元素。

　　【例2】 已知某元素在第三周期，ⅤA族，写出其电子排布式、元素名称和元素符号，指出它是金属还是非金属元素，最高正化合价和负化合价分别是多少，最高氧化物的水化物是什么？

　　解： 因为周期序数＝电子层数＝3

　　　　最外层电子数＝主族元素的族序数＝5

　　　　所以该元素原子的电子排布式写为：$1s^2 2s^2 2p^6 3s^2 3p^3$。

　　　　因为原子序数＝核电荷数＝核外电子数＝15

　　　　所以该元素是 15 号元素磷（P），是非金属元素。

　　　　因为主族元素的最高正化合价＝它所在的族序数

　　　　所以磷的最高正化合价为＋5，它的最高氧化物的水化物是 H_3PO_4。

　　　　因为非金属元素的最高正化合价和它的负化合价的绝对值之和等于8

　　　　所以磷的负化合价为－3。

习　　题

1. 原子由什么构成的？什么叫元素？什么叫同位素？氢元素有几种同位素？分别叫什

么名称？各有几个中子？

2. 填空

原　子	原子序数	核电荷数	质　子　数	中　子　数	电　子　数	质　量　数
$^{12}_{6}\text{C}$						
	13			14		
			14	14		
		11				23
					7	14

3. 原子核外电子的排布遵循哪些基本规律？其基本内容分别是什么？

若 N 原子的轨道表示式写成：↑↑ ↑↑ ↑　↑　↑ 违背了 _____。应改为 _____

_____；
　　　　1s　2s　　　2p

若 Sc 原子的电子排布式写成 $1s^2 2s^2 2p^6 3s^2 3p^6 3d^3$，违背了 _____。应改为 _____

_____；

若 C 原子的轨道表示式写成 ↑↓ ↑↓ ↑↓ □ □，违背了 _____。应改为 _____
　　　　　　　　　　　　1s　2s　2p

_____；

若 Cu 原子的电子排布式写成 $1s^2 2s^2 2p^6 3s^2 3p^6 3d^9 4s^2$，违背了 _____。应改为 _____

_____。

4. 什么是元素周期律？元素的性质随着原子序数的递增呈现周期性变化的原因是什么？简述元素性质在周期表中的递变规律。

5. 填表

原子序数	元素符号	电子排布式	周　期	族	金属或非金属
20					
24					
26					
30					
35					

6. 某元素 R 的气态氢化物分子式为 RH_2，其最高氧化物中含氧60%，又知该元素的原子核中质子数和中子数相等。

(1) 计算元素的相对原子质量。

(2) 指出它在周期表中的位置和元素名称。

（提示：质量数近似等于相对原子质量，下同）

7. 某元素 A 2.7g 和稀盐酸反应生成 ACl_3，置换出 0.15mol 氢气，A 的原子核里有 14 个中子，根据计算结果，写出 A 的电子排布式、元素名称和元素符号，指出 A 在周期表中的位置。

8. 下表是元素周期表的一部分，回答下列问题。

主族 周期	ⅠA	ⅡA	ⅢA	ⅣA	ⅤA	ⅥA	ⅦA	0
2						①	②	
3	③	④		⑤	⑥	⑦	⑧	
4	⑨							⑩

(1) 写出这十种元素的名称和符号。

(2) 在这些元素中最不活泼元素是_____因为它是_____。

(3) 在①～⑨元素中，原子半径最大的是_____，元素的电负性最大的是_____。

(4) 在②⑥⑦⑧中，元素非金属性的强弱顺序为_____；

在③④⑨中，元素金属性的强弱顺序为_____；

(5) 元素①的氢化物分子式为_____。元素③与元素⑧所形成的化合物化学式为_____
____。

(6) 在③～⑨元素的最高氧化物的水化物中，碱性最强的是_____，酸性最强的是__
_____。

第四章　化学键与分子结构

分子是保持物质性质的最小微粒，物质的化学性质主要决定于分子的性质，而分子的性质与分子结构密切相关。分子是由原子结合起来的。在离子化合物、共价化合物或单质里原子是怎样互相结合的，化合物中原子为什么总是按着一定的数目结合？这就是本章要学习的内容。

分子是由原子组成。例如，H_2分子是由两个 H 原子组成。原子如果能组成具有一定稳定性的分子，那么组成该分子的原子间必存在着强的作用力。我们通常把分子或晶体内相邻原子（或离子）间强烈的相互作用称为化学键。根据化学键的形成和性质的不同，化学键可分为离子键、共价键和金属键三种。这章着重讨论离子键和共价键。

第一节　离　子　键

一、离子键的形成

电负性小的活泼金属原子与电负性大的活泼非金属原子相遇时，它们都有形成稀有气体原子结构的倾向，原子之间发生电子的转移，例如当钠原子和氯原子相遇时，钠原子失去最外电子层的一个电子变成钠离子（Na^+），氯原子得到钠原子失出的那个电子变成氯离子（Cl^-），这两种带相反电荷的离子，由于静电引力，相互吸引，彼此靠近。同时又由于核与核、电子云与电子云的电性相同，互相排斥，彼此远离，当静电引力和静电斥力达到平衡时，阴阳离子间便形成了稳定的化学键。这种相邻的阴阳离子间通过静电作用所形成的化学键叫做离子键。离子键实质上是一种静电作用力，它既没有方向性也没有饱和性。

在化学反应中，一般是原子的最外层电子发生变化，为了简便起见，我们在元素符号周围用小黑点（或×）来表示原子的最外层电子，这种式子叫做电子式。例如：

$$\text{H·} \qquad \text{K·} \qquad \text{·}\overset{\text{··}}{\text{N}}\text{·}$$

氢原子　　　　钾原子　　　　氮原子

NaCl 的形成过程可用电子式表示如下：

$$\text{Na} \times + \text{·}\overset{\text{··}}{\underset{\text{··}}{\text{Cl}}}\text{:} \longrightarrow \text{Na}^+\left[\text{:}\overset{\text{··}}{\underset{\text{··}}{\text{Cl}}}\text{:}\right]^-$$

一般来说，活泼的金属（ⅠA、ⅡA）和活泼的非金属（ⅥA、ⅦA）化合时，一般形成离子键。以离子键结合而形成的化合物就是离子化合物。例如 NaCl、MgO、CaF_2 等化合物是离子化合物。MgO、CaF_2 的形成过程用电子式分别表示如下：

$$\text{Mg}\overset{\times}{\underset{\times}{}} + \text{·}\overset{\text{··}}{\underset{\text{··}}{\text{O}}}\text{·} \longrightarrow \text{Mg}^{2+}\left[\text{:}\overset{\times}{\underset{\times}{\text{O}}}\text{:}\right]^{2-}$$

$$\text{Ca}\overset{\times}{\underset{\times}{}} + 2\text{·}\overset{\text{··}}{\underset{\text{··}}{\text{F}}}\text{:} \longrightarrow \left[\text{:}\overset{\text{··}}{\underset{\text{··}}{\text{F}}}\text{:}\right]^-\text{Ca}^{2+}\left[\text{:}\overset{\times}{\underset{\times}{\text{F}}}\text{:}\right]^-$$

二、离子晶体

阴阳离子间通过离子键形成的有规则排列的晶体称为离子晶体。氯化钠、氧化镁和氟化钙等都是离子晶体。

　　在离子晶体中，阴阳离子按一定的规律在空间排列，由于离子是在各个方向上同带相反电荷的离子相互作用，每一个离子的周围总是被一定数目的异性离子所包围着。例如，根据实验测定，在氯化钠晶体中，每个 Na^+ 被 6 个 Cl^- 所包围，同样，每个 Cl^- 也被 6 个 Na^+ 所包围着，这样交替延伸而形成有规则排列的晶体，如图 4-1 所示。

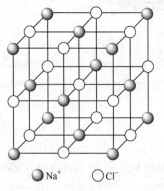

　　在氯化钠晶体中，并不存在一个一个的 NaCl 分子，只存在钠离子（Na^+）和氯离子（Cl^-），而且 Na^+ 和 Cl^- 的个数之比为 1∶1。所以严格来说 NaCl 不能叫分子式而只能叫化学式，根据化学式可知晶体中各种离子的个数比和质量比。

　　在离子晶体中，离子间存在着较强的离子键。化学键的形成总是伴随着能量的变化，而且是放热的过程。由于形成离子键时放出的能量较多，破坏该离子键时需要的能量也较多，所以离子键的强度较大，所形成的离子晶体较牢固，因此，离子

● Na⁺　　　○ Cl⁻

图 4-1　氯化钠的晶体结构

晶体具有硬度较大、热稳定性较强和熔、沸点较高等特点。例如氯化钠的熔、沸点分别为 801℃、1413℃；氧化镁的熔、沸点分别为 2800℃、3600℃。

　　离子型化合物在熔融状态或在水溶液中能导电，所以离子型化合物都是电解质。

第二节　共　价　键

　　电负性差值较大的元素的原子间相互结合可以用离子键来说明，但电负性相同或差值较小的元素的原子间相互结合，如 H_2、O_2、HCl、NH_3 等分子的形成不能用离子键理论来解释，因为它们并未形成阴阳离子。

　　为了说明这些分子是怎样形成的，1916 年美国化学家路易斯提出了经典的共价键理论，他认为分子中每个原子应具有稳定的稀有气体原子的电子层结构。这种稳定的结构是通过共用电子对来实现的。

一、共价键的形成

　　现以氢分子为例来说明共价键的形成。

　　在通常情况下，当一个氢原子和另一个氢原子接近时，相互作用而生成氢分子。由于两个氢原子的电负性相同，吸引电子的能力相同，在形成氢分子过程中，电子不可能从一个氢原子转移到另一个氢原子上，而是两个氢原子各自提供一个电子出来，在两个氢原子核之间为两个原子所共用（使每个氢原子都具有和氦原子一样的 2 个电子稳定结构），同时放出能量而形成化学键。这种原子间通过共用电子对所形成的化学键称为共价键。

　　氢分子的形成可用电子式表示如下：

$$H \overset{\times}{} + \cdot\, H \longrightarrow H \overset{\times}{\cdot} H$$

　　像氢分子这样，两个原子间共用一对电子所形成的共价键称为单键，化学上用"—"表示。用这样的方法表示分子结构的式子称为结构式。氢分子的结构式为：H—H。两个原子间共用两对电子所形成的共价键称为双键，化学上用"="表示。两个原子间共用三对电子所形成的共价键称为叁键，化学上用"≡"表示。

路易斯提出的经典的共价键理论也有一定的局限性。1927 年德国化学家海特勒和伦敦应用量子力学原理来处理氢分子结构，并在此基础上形成了现代价键理论。

二、价键理论

价键理论又称电子配对法，简称 VB 法，其基本要点如下。

1. 要形成稳定的共价键，成键两原子要有未成对电子，而且两电子的自旋方向必须相反。

如果 A、B 两个原子各有一个未成对的电子，而且这两个电子的自旋方向相反，当 A 和 B 相互接近时，这两个自旋方向相反的未成对电子就可以配对（这对电子为 A、B 两原子所共有），同时放出能量形成稳定的共价键。

例如：①氯气分子　氯原子最外层 3p 轨道上只有 1 个未成对，两个氯原子的两个自旋相反的电子就可配对形成共价键。

$$
\begin{array}{c c c c c c}
\text{Cl} & \uparrow\downarrow & \uparrow\downarrow & \uparrow\downarrow\ \uparrow\downarrow\ \uparrow\downarrow & \uparrow\downarrow & \uparrow\downarrow\ \uparrow\downarrow\ \uparrow \\
\text{Cl} & \uparrow\downarrow & \uparrow\downarrow & \uparrow\downarrow\ \uparrow\downarrow\ \uparrow\downarrow & \uparrow\downarrow & \uparrow\downarrow\ \uparrow\downarrow\ \downarrow \\
& 1s & 2s & 2p & 3s & 3p
\end{array}
$$

用电子式表示其形成过程为：

$$\ddot{:}\overset{.}{\underset{.}{Cl}}\!\cdot \; + \; \overset{\times\times}{\underset{\times}{Cl}}\!\times \longrightarrow \ddot{:}\overset{.}{\underset{.}{Cl}}\!\overset{\times\times}{\underset{\times}{Cl}}\times$$

氯气分子的结构式为：Cl—Cl

② 氮气分子　氮原子有三个成单的 2p 电子，因此两个氮原子的自旋方向相反的成单电子可以两两配对形成以共价叁键结合的氮分子。因此氮分子的化学性质相当稳定。用电子式表示其形成过程为：

$$\cdot\overset{.}{\underset{.}{N}}\!\cdot \; + \; \overset{\times\times}{\underset{\times}{N}} \longrightarrow \overset{.}{\underset{.}{N}}\overset{\times\times}{\vdots}\overset{}{N}$$

氮分子的结构式为：N≡N

③ 水分子　氧原子的最外层有两个成单的 2p 电子，氢原子有一个成单的 1s 电子，所以一个氧原子能与两个氢原子结合成水分子：

$$
\begin{array}{c}
\qquad\qquad\qquad 1s \\
\text{H} \\
\text{O} \quad \uparrow\downarrow \quad \uparrow\downarrow \quad \uparrow\downarrow\ \uparrow\ \uparrow \\
\text{H} \quad\ \ 1s \quad\ \ 2s \quad\ \ 2p \\
\qquad\qquad\qquad 1s
\end{array}
$$

用电子式表示其形成过程为：

$$2\text{H}\times + \cdot\overset{.}{\underset{.}{O}}\!\vdots \longrightarrow \text{H}\overset{.}{\underset{.}{\vdots O\vdots}}\atop \text{H}$$

水分子的结构式为：

若原子中没有未成对电子，一般不能形成共价键。例如 He 原子不能形成"He_2"。因为 He 的原子核外的 1s 轨道上只有一对电子而没有单电子。

2. 原子间形成共价键时，成键电子的原子轨道要发生最大程度的重叠。

两原子成键时，两原子轨道重叠部分越大，两核间电子云密度越大，形成的共价键越牢固，因此成键的两原子轨道尽可能发生最大的重叠，这就是原子轨道最大重叠原理。

三、配位键

若成键时，两原子的共用电子对是由一个原子单方面提供的，这样形成的特殊共价键称为配位共价键，简称配位键。配位键用"A→B"表示，A 是提供电子对的，称为电子对给予体，B 是接受电子对的，称为电子对接受体。

例如：氨与酸作用生成铵盐

$$H \overset{\cdot}{\underset{\times}{\cdot}} N \overset{\cdot}{\underset{\times}{\cdot}} + H^+ \longrightarrow [H \overset{\cdot}{\underset{\times}{\cdot}} N \overset{\cdot}{\underset{\times}{\cdot}} H]^+ \quad \text{或} \quad \left[\begin{array}{c} H \\ | \\ H—N→H \\ | \\ H \end{array} \right]^+$$

形成时，NH_3 分子中 N 氮原子提供一对孤对电子，"填入" H^+ 的 1s 空轨道中与 H^+ 共用，同时放出能量而形成配位键。因此配位键形成必须具备的两个条件是：①电子对给予体必须具有孤对电子；②电子对的接受体必须具有空轨道。

四、共价键的特征

（一）饱和性

共价键具有饱和性，这是由于形成共价键时，一个未成对电子和另一个自旋方向相反的未成对电子配对后，就不能再和第三个电子配对了。例如：

$$H \times + \cdot \overset{\cdot\cdot}{\underset{\cdot\cdot}{Cl}} \colon \longrightarrow H \overset{\times}{\cdot} \overset{\cdot\cdot}{\underset{\cdot\cdot}{Cl}} \colon$$

氢原子和氯原子各有一个未成对电子，当氢原子和氯原子通过共用电子对结合而生成 HCl 后，已成键的氢原子就不能再和第二个氯原子结合而生成 HCl_2，同样已成键的氯原子也不能再和第二个氢原子结合而生成 H_2Cl，所以说共价键是有饱和性的。

（二）方向性

原子间形成共价键时，成键电子的原子轨道要发生最大程度的重叠。原子轨道在空间有一定的伸展方向，只有在适当的方向，原子轨道才能达到最大重叠，因此共价键是有方向性的。例如 HCl 分子形成时，氢的 1s 轨道要与氯原子的 $2p_x$ 轨道重叠，重叠情况有如下三种：

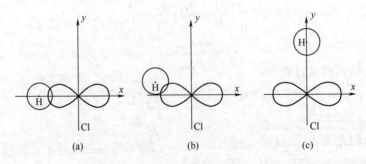

图 4-2　HCl 分子共价键的方向示意图

只有当氢原子的 1s 轨道与氯原子的 $2p_x$ 轨道沿着 x 键轴方向重叠时才能达到最大重叠，

才能形成稳定的共价键，如图 4-2(a) 所示。其他方向都不可能达到最大重叠，如图 4-2(b)(c) 所示，因而也就不能形成稳定的化学键。因此，为了达到原子轨道最大重叠，原子轨道必须沿着原子轨道的伸展方向发生重叠，所以说共价键是有方向性的。

五、共价型物质

分子内原子间通过共价键形成的物质叫共价型物质。它包括共价型单质和共价型化合物，若按其晶体结构类型，则可分为分子晶体（稍后再阐述）和原子晶体。

原子晶体是指晶体内部相邻的原子之间通过共价键形成的有规则排列的晶体。因此晶体内结构质点是一个一个的原子。由于共价键的强度比离子键还强，所以原子晶体一般硬度很大，熔、沸点也很高。最典型的原子晶体是金刚石，其熔点高达 3750℃，是自然界最坚硬的物质。由于金刚石有这样的性质，它被广泛用于地质勘探、石油钻井以及硬质金属和玻璃加工等方面。

在周期表中间部位的元素，如 B、C、Si、Ge、As、Sb、Bi、Se、Te 等，它们的单质在固态时都形成原子晶体。化合物二氧化硅（SiO_2）、金刚砂（SiC）等也是原子晶体。

原子晶体中没有自由移动的离子，所以在固态和熔融状态时不易导电。但硅、锗等是优良的半导体。

六、键的极性和分子的极性

(一) 非极性键和极性键

同种元素的两个原子形成的共价键，由于它们的电负性一样，即吸引电子的能力完全相同，共用电子对不偏向任何一个原子，因此成键的原子都不显电性，这样的共价键称为非极性共价键，简称非极性键。如 H—H、I—I 键等都是非极性键。

不同种元素的两个原子形成的共价键，由于它们的电负性不同，吸引电子的能力也不同，共用电子对偏向电负性大的原子而偏离电负性小的原子，这样就使得吸引电子的能力较强的原子一端相对地显负电性，吸引电子的能力较弱的原子一端相对地显正电性，这样的共价键称为极性共价键，简称极性键。如 H—Cl、N—H 键等都是极性键。

键的极性大小可以根据成键两原子的电负性差值（ΔX）大小来判断的。

一般来说，

$$\Delta X = 0 \qquad 非极性键$$
$$0 < \Delta X < 1.7 \qquad 极性键$$
$$\Delta X > 1.7 \qquad 离子键$$

例如：H₂　　　$\Delta X = 2.1 - 2.1 = 0$　　　非极性键

HCl　　　$\Delta X = 3.0 - 2.1 = 0.9$　　　极性键

NaCl　　　$\Delta X = 3.0 - 0.9 = 2.1$　　　离子键

从上面可以看出，极性键可以看成是非极性键和离子键之间的一种过渡状态，也就是说离子键和共价键没有绝对的界限。

(二) 非极性分子和极性分子

如果分子中的化学键都是非极性键，共用电子对不偏向任何一个原子，这样的分子叫做非极性分子。如 H_2、Cl_2、O_2、I_2、O_3 等都是非极性分子。

以极性键结合的双原子分子都是极性分子，如 HCl、HF、CO 等都是极性分子。

由极性键组成的多原子分子，其极性取决于分子的空间构型。如果分子具有对称结构，键的极性能相互抵消，这样的分子为非极性分子。例如，CO_2结构式为$O=C=O$，在CO_2分子中，$C=O$是极性键，但两个极性键的键角为$180°$，其分子构型为对称的直线形，键的极性能互相抵消，所以CO_2是一个非极性分子。如果整个分子的结构不能造成键的极性能完全互相抵消，这样的分子为极性分子。例如，H_2O中$O-H$键也是极性键，但键角（在分子中键与键之间的夹角）为$104°45'$，分子构形是角形结构，键的极性不能互相抵消，O原子一端相对地显负电性，H原子一端相对地显正电性，所以H_2O是一个极性分子，如图4-3所示。

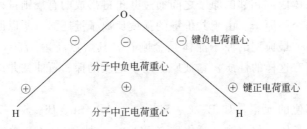

图 4-3　水分子中的电荷分布

　　由此可见，对于多原子分子来说，分子的极性除了与键的极性有关外，还与分子的空间结构有关，简单类型分子的极性见表4-1。

表 4-1　简单类型分子的极性

分子的类型		极性或非极性	举例	空间构型
单原子分子	A	非极性	惰性气体	
双原子分子	A_2	非极性	N_2、H_2、I_2	
	AB	极性	CO、HCl	
三原子分子	ABA	非极性	CO_2、CS_2	直线形
	ABA	极性	H_2O、H_2S	角形
	ABC	极性	HCN	直线形
四原子分子	AB_3	非极性	BCl_3、BF_3	平面三角形
	AB_3	极性	NH_3、PCl_3	三角锥形
五原子分子	AB_4	非极性	CH_4、CCl_4	正四面体
	AB_3C	极性	CH_3Cl、$CHCl_3$	四面体

　　分子的极性对物质的溶解度有一定的影响。一般来说，非极性物质易溶于非极性或极性弱的溶剂而难溶于极性溶剂，极性物质易溶于极性溶剂而难溶于非极性溶剂，这就是"相似相溶"的规律。例如，NH_3易溶于水，I_2则难溶于水而易溶于CCl_4中。

第三节　分子间的作用力和氢键

一、分子间的作用力

　　在降低温度、增大压强时，NH_3、N_2、CO_2等气体能够凝结成液体或固体，这证明了在分子与分子之间存在着一种作用力，这种分子间的作用力我们称之为范德华力。范德华力一般表现为引力，它没有饱和性和方向性，存在于分子与分子之间，其作用力很微弱，只有$1\sim40kJ/mol$，比化学键弱得多。

范德华力对物质熔点、沸点和溶解度等物理性质有影响。因为共价型物质是由分子组成的，分子间的作用力很微弱，破坏范德华力所消耗的能量很小，所以共价型物质的熔、沸点都比较低。例如 HCl 的熔点—112℃，沸点为—84℃。

一般来说，同类型分子的相对分子质量越大，分子间的范德华力就越强，当固体熔化或液体汽化时用来克服范德华力所消耗的能量也就越多，因此物质的熔、沸点相对也越高。例如 F_2、Cl_2、Br_2、I_2 的熔、沸点随着原子序数的递增而有规律的升高。

分子间存在着范德华力，分子间可以依靠这种作用力结合成晶体。这种分子通过分子间范德华力所形成的有规则排列的晶体叫做分子晶体。如 CO_2、O_2、CO 等能形成分子晶体。分子晶体一般硬度较小，熔点和沸点都很低。由于分子晶体中的结构质点是分子，所以，它们在固态和熔融时都不导电。

二、氢键

人们早就发现，NH_3、H_2O 和 HF 的沸点与其对应的同族其他元素的氢化物相比较，有明显的反常现象，见表 4-2。这些反常现象说明 NH_3、H_2O 和 HF 等物质中存在着一种比范德华力稍强的相互作用，上述物质的分子之间存在的这种相互作用，我们称它为氢键。

表 4-2　CH_4、H_2O、HF、NH_3 及其同族同类化合物的熔、沸点

化合物	mp/℃	bp/℃	化合物	mp/℃	bp/℃	化合物	mp/℃	bp/℃	化合物	mp/℃	bp/℃
CH_4	−183	−164	NH_3	−77.7	−33	H_2O	0	100	HF	−80.3	19.5
SiH_4	−185	−111	PH_3	−133.5	−87	H_2S	−85.6	−60.7	HCl	−112	−84
GeH_4	—	−89	AsH_3	−116	−55	H_2Se	−64	−42	HBr	−88	−67.0
SnH_4	—	−52	SbH_3	−88	−17	H_2Te	−48	−1.8	HI	−50.9	−35.4

（一）氢键的形成

下面以 HF 为例说明氢键的形成。在 HF 分子中，由于 F 的电负性很大而半径很小，共用电子对强烈地偏向 F 原子而偏离 H 原子，即 H 原子的电子云被 F 原子吸引，使 H 原子带部分正电荷几乎成了裸露的质子。这个半径很小，又带正电荷的氢原子允许带有负电荷的另一个氟原子充分接近它，并产生较强烈的静电吸引作用，从而形成了氢键，如图 4-4。

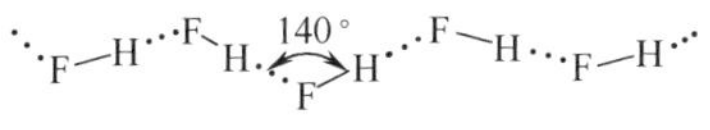

因此，凡和电负性很大、原子半径很小的 X 原子以共价键结合的 H 原子还能与另一个电负性很大、原子半径很

图 4-4　分子间氢键

小且含有孤对电子的 Y 原子产生静电吸引作用，这种静电吸引作用就是氢键，通常用"…"表示。X 和 Y 是指 N、O、F 等电负性大而原子半径很小且具有孤对电子的原子。X 和 Y 可相同也可不相同。由上可知，要形成氢键必须具备两个基本条件：①有一个电负性很大、原子半径很小并具有孤对电子的原子如 N、O、F 等；②有一个和电负性很大的原子形成共价键的氢原子。

氢键的键能一般在 41.84kJ/mol 以下，比共价键小得多，但比范德华力稍大。因此氢键不是化学键，而是一种特殊、比较强的分子间作用力。

（二）氢键对物理性质的影响

以上我们所学习的是分子间氢键，有些物质的分子还可以形成分子内氢键，如 HNO_3、硼酸、邻硝基苯酚等物质，如图 4-5 所示。

物质的很多物理性质如熔点、沸点、溶解度、黏度等都要受到氢键的影响，而分子间氢键与分子内氢键的影响各不相同。在这里我们只讨论分子间氢键对物质的物理性质的影响。

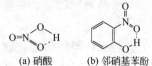

(a) 硝酸　　(b) 邻硝基苯酚

图 4-5　分子内氢键

1. 对熔、沸点的影响

分子间氢键的形成使物质的熔、沸点升高。这是因为固体熔化或液体汽化时，必须破坏分子间的氢键，这就要消耗更多的能量，所以具有分子间氢键的化合物的熔点和沸点要比没有氢键的同类化合物为高。例如，HF 的沸点比 HCl 高，就是由于 HF 分子间形成了氢键。

2. 对溶解度的影响

在极性溶剂中，如果溶质分子和溶剂分子之间可以形成氢键，则溶质的溶解度增大。例如，NH_3 在水中的溶解度很大（20℃时，1 体积水能溶解 700 体积的氨），就是因为氨分子与水分子之间形成了分子间氢键。

习　　题

1. 什么叫化学键？它包括哪些类型？

2. 什么叫离子键？用电子式表示 KF 和 Na_2S 的形成过程。

3. 什么叫共价键？共价键的形成条件是什么？写出 I_2 和 HBr 的电子式和结构式。

4. 什么叫配位键？形成配位键的条件是什么？以铵根离子的形成为例说明。

5. 下列分子中哪些是非极性分子？哪些是极性分子？

　　N_2　CO　HF　CCl_4　H_2S　CO_2　NO　NH_3　H_2O

6. 为什么氯化氢易溶于水，碘难溶于水？

7. 什么是氢键？分子间氢键的形成对物质的物理性质有哪些影响？H_2O 的熔、沸点比 H_2S 高还是低，为什么？

第五章　氧化还原反应

氧化还原反应是一类很重要的化学反应，与医药学的关系十分密切，是药品检验、药物生产、卫生检测等工作中经常遇到的一类反应。如临床上糖尿病的检测、维生素 C 的含量测定、常用消毒杀菌剂如双氧水的消毒杀菌作用等。人们认识和研究体内的代谢过程，也离不开氧化还原反应。

第一节　氧化还原反应的基本概念

一、氧化数

1970 年国际纯粹与应用化学联合会对氧化数做了如下的定义：

氧化数（又称氧化值）是某元素一个原子所带的形式电荷数，它是假设把成键电子指定给电负性较大的原子而求得。氧化数可以是正数、负数、零或分数。确定氧化数所遵循的规则如下。

（1）在单质中，元素的氧化数为零。如在 H_2、O_2、Fe 中，H、O、Fe 的氧化数都为零。

（2）氢在一般化合物（如 H_2O、HCl、NaOH 等）中的氧化数为 $+1$；在金属氢化物（如 NaH）中氢的氧化数为 -1。

（3）氧在一般化合物（如 H_2O、KOH、Na_2CO_3、H_2SO_4 等）中的氧化数为 -2；在过氧化物（如 H_2O_2、Na_2O_2 等）中氧的氧化数为 -1；在含氟氧键的化合物（如 OF_2）中氧的氧化数为正值。

（4）在离子化合物中，元素的氧化数就等于离子所带的电荷数。

（5）在共价化合物中，两原子的共用电子对偏向电负性较大的原子，该元素的氧化数为负值；共用电子对偏离电负性较小的原子，该元素的氧化数为正值。

（6）化合物呈电中性，因此，化合物中各元素氧化数的代数和等于零。

（7）简单离子的氧化数等于该离子所带的电荷数。如 Mg^{2+}、Cl^- 的镁、氯的氧化数分别为 $+2$，-1。复杂离子（多原子离子）中各元素氧化数的代数和等于该离子所带的电荷数。

【例 5-1】　计算下列物质中硫的氧化数

$$H_2SO_4 \quad Na_2SO_3 \quad S_4O_6^{2-} \quad S_2O_3^{2-} \quad S_8 \quad H_2S$$

解：设硫的氧化数为 x

H_2SO_4：$2\times(+1)+x+4\times(-2)=0$　　　　$x=+6$

Na_2SO_3：$2\times(+1)+x+3\times(-2)=0$　　　　$x=+4$

$S_4O_6^{2-}$：$4x+6\times(-2)=-2$　　　$x=+2.5$

$S_2O_3^{2-}$：$2x+3\times(-2)=-2$　　　　$x=+2$

S_8：$x=0$

$$H_2S: \quad 2 \times (+1) + x = 0 \qquad x = -2$$

二、氧化还原反应的基本概念

(一) 氧化与还原

人类对氧化还原反应的认识经历了漫长的过程。18世纪末，人们把与氧结合的过程叫氧化反应，而把从氧化物中夺取氧的过程叫做还原反应。例如：

$$O_2 + 2H_2 \Longrightarrow 2H_2O \qquad H_2 \text{发生氧化反应}$$
$$CuO + H_2 \Longrightarrow Cu + H_2O \qquad CuO \text{发生还原反应}$$

19世纪中叶，建立了化合价的概念，人们根据反应过程中元素化合价的变化来定义氧化与还原。即：物质所含元素化合价升高的反应为氧化反应；物质所含元素化合价降低的反应为还原反应。有元素化合价升降的化学反应是氧化还原反应。

20世纪初，人们认识到氧化还原反应的本质是反应物之间发生电子的转移（包括电子的得失或偏移）。我们知道元素氧化数的升降与电子得失或偏移有密切关系。下面我们以钠与氯气的反应，以及氢气与氯气的反应为例来分析。

$$2\overset{0}{Na} + \overset{0}{Cl_2} \Longrightarrow 2\overset{+1-1}{NaCl}$$

在钠与氯气的反应中，钠失去一个电子，氧化数从0升高到+1，被氧化；氯得到一个电子，氧化数从0降低到-1，被还原。

$$\overset{0}{H_2} + \overset{0}{Cl_2} \Longrightarrow 2\overset{+1-1}{HCl}$$

在氢气与氯气的反应中，哪一种元素的原子都没有完全失去电子或完全得到电子，它们之间只有共用电子对的偏移，且共用电子对偏向于氯原子而偏离了氢原子，因此，氢元素的氧化数从0升高到+1，被氧化；氯元素的氧化数从0降低到-1，被还原。

人们把元素氧化数升高的过程叫氧化，把元素氧化数降低的过程叫还原。为了叙述的方便，人们将氧化与还原分别定义，事实上氧化与还原是存在于同一反应中并且同时发生的，即有某一元素的氧化数升高，必有另一元素的氧化数降低，且氧化数升高总数与氧化数降低总数相等，所以，这种反应叫做氧化还原反应。

(二) 氧化剂、还原剂

1. 氧化剂、还原剂的概念

氧化剂和还原剂作为反应物一起参加氧化还原反应，在氧化还原反应中，得到电子（或电子对偏向）的物质为氧化剂，氧化剂在反应时所含元素的氧化数降低。氧化剂具有氧化性，在反应中，能使其他物质氧化而本身被还原，其生成物为还原产物；失去电子（或电子对偏离）的物质为还原剂，还原剂在反应时所含元素的氧化数升高。还原剂具有还原性，在反应中，能使其他物质还原而本身被氧化，其生成物为氧化产物。例如：

$$2\overset{+7}{KMnO_4} + 5K_2\overset{+4}{SO_3} + 3H_2SO_4 \Longrightarrow 2\overset{+2}{MnSO_4} + 6K_2\overset{+6}{SO_4} + 3H_2O$$

　　　　氧化剂　　　还原剂

反应式中，2个$KMnO_4$得到10个电子，Mn元素的氧化数从+7变为+2，故$KMnO_4$为氧化剂，反应中被还原为Mn^{2+}；5个K_2SO_3，失去10个电子，S元素的氧化数从+4升为+6，故K_2SO_3为还原剂，反应中被氧化为K_2SO_4。在这反应中，H_2SO_4分子中各元素的氧化数未发生变化。

又如：$\overset{0}{2Na} + \overset{0}{Cl_2} =\!=\!= \overset{+1\ -1}{2NaCl}$

　　　还原剂　　氧化剂

$\overset{0}{H_2} + \overset{0}{Cl_2} =\!=\!= \overset{+1\ -1}{2HCl}$

　还原剂　　氧化剂

物质在反应中是作为氧化剂还是作为还原剂，主要决定于元素的氧化数。元素处于最高氧化数时，含该元素的物质一般只能作氧化剂，如 $\overset{+7}{K}MnO_4$；元素处于最低氧化数时，含该元素的物质一般只能作还原剂，如 $\overset{0}{Na}$；元素处于中间氧化数时，含该元素的物质既能作氧化剂，又能作还原剂，如 $K_2\overset{+4}{S}O_3$。

2. 常见的氧化剂和还原剂

（1）常见的氧化剂　　常见的氧化剂是氧化数容易降低的物质。

活泼的非金属单质，如 Cl_2、O_2 等。

元素（如 Mn 等）处于高氧化数时的氧化物，如二氧化锰（MnO_2）等。

元素（如 S、N 等）处于高氧化数时的含氧酸，如浓硫酸（H_2SO_4）、硝酸（HNO_3）等。

元素（如 Mn、Cr 等）处于高氧化数时的盐，如高锰酸钾（$KMnO_4$）、重铬酸钾（$K_2Cr_2O_7$）等。

过氧化物，如过氧化氢（H_2O_2）等。

（2）常见的还原剂　　常见的还原剂是氧化数容易升高的物质。

活泼的金属单质，如 Na、Zn 等。

某些非金属单质，如 H_2、C 等。

元素（如 C 等）处于低氧化数时的氧化物，如 CO 等。

元素（如 S、Cl 等）处于低氧化数时的酸，如氢硫酸（H_2S）、浓盐酸（HCl）等。

元素（如 S、Fe 等）处于低氧化数时的盐，如亚硫酸钠（Na_2SO_3）、硫酸亚铁（$FeSO_4$）等。

（三）氧化还原反应的类型

人们根据元素氧化数的变化情况，将氧化还原反应分类。

1. 一般的氧化还原反应

在反应中，不同物质中的元素的氧化数发生变化，这类氧化还原反应称为一般的氧化还原反应。例如：

$$\overset{0}{Zn} + 2\overset{+1}{H}Cl =\!=\!= \overset{+2}{Zn}Cl_2 + \overset{0}{H_2}\uparrow$$

HCl 是氧化剂，Zn 是还原剂。

2. 自身氧化还原反应

在反应中，同一物质内不同元素的氧化数发生变化，这类氧化还原反应称为自身氧化还原反应。例如：

$$2K\overset{+5\ -2}{Cl}O_3 \xrightarrow[\triangle]{MnO_2} 2K\overset{-1}{Cl} + 3\overset{0}{O_2}\uparrow$$

$KClO_3$ 既是氧化剂又是还原剂。

3. 歧化反应

在反应中，同一物质内同一元素的氧化数发生变化，这类氧化还原反应称为歧化反应。

例如：

$$\overset{0}{Cl_2}+2NaOH =\!=\!= Na\overset{-1}{Cl}+Na\overset{+1}{Cl}O+H_2O$$

Cl_2 既是氧化剂又是还原剂。

第二节　氧化还原反应式的配平

氧化还原反应方程式一般比较复杂，用观察法往往不易配平，需按一定方法配平。最常用的方法有氧化数法和离子-电子法。这里我们只介绍氧化数法。

一、配平原则

用氧化数法配平氧化还原反应方程式的原则是：

(1) 氧化剂中元素氧化数降低的总值等于还原剂中元素氧化数升高的总值；

(2) 反应前后，每一元素的原子数相等。

二、配平步骤

下面以 Cu 与稀 HNO_3 反应为例说明配平的步骤。

(1) 根据实验事实，写出反应物和生成物的化学式。反应物和生成物的化学式之间用"——"隔开。

$$Cu + HNO_3(稀) —— Cu(NO_3)_2+NO\uparrow+H_2O$$

(2) 标出氧化数有变化的元素的氧化数，并求出反应前后氧化剂中元素氧化数降低值和还原剂中元素氧化数升高值。

Cu 的氧化数升高 2

$$\overset{0}{Cu}+\overset{+5}{H}NO_3 —— \overset{+2}{Cu}(NO_3)_2+\overset{+2}{N}O+H_2O$$

N 的氧化数降低 3

(3) 根据氧化数升高与降低的总值必须相等的原则，求出最小公倍数，在有关化学式的前面各乘以相应的系数。

Cu 的氧化数升高 2×3

$$\overset{0}{Cu}+\overset{+5}{H}NO_3 —— \overset{+2}{Cu}(NO_3)_2+\overset{+2}{N}O+H_2O$$

N 的氧化数降低 3×2

Cu 的氧化数升高 2，N 的氧化数降低 3，它们的最小公倍数为 6，所以 Cu 前的系数为 3，HNO_3 前的系数为 2

即　　　　　　　　$3Cu+2HNO_3(稀) —— 3Cu(NO_3)_2+2NO+H_2O$

(4) 根据反应前后，每一元素的原子数相等的原则，用观察法配平反应前后氧化数未发生变化的元素的原子数。先配平其他原子，H、O 的原子数最后配平。

生成物中除了 2 个 NO 分子外，尚有 6 个 NO_3^-，需在左边再加上 6 个 HNO_3 分子。这样方程式左边有 8 个 H 原子，右边可生成 4 个 H_2O 分子。

$$3Cu + (6+2)HNO_3(稀) —— 3Cu(NO_3)_2+2NO+4H_2O$$

再核对方程式两边的氧原子数都是 24，该方程式已配平，把"——"改为"====="。

$$3Cu + 8HNO_3(稀) === 3Cu(NO_3)_2 + 2NO\uparrow + 4H_2O$$

稀 HNO_3 是氧化剂，Cu 是还原剂。

【例 5-2】　配平重铬酸钾在酸性溶液中和碘化钾反应的方程式。

解：（1）正确写出未配平的反应式。

$$K_2Cr_2O_7 + H_2SO_4 + KI —— Cr_2(SO_4)_3 + K_2SO_4 + I_2 + H_2O$$

（2）标出有关元素的氧化数，按物质的实际存在形式，调整物质前的系数。

$$\overset{+6}{K_2Cr_2O_7} + H_2SO_4 + 2\overset{-1}{K I} —— \overset{+3}{C r_2}(SO_4)_3 + K_2SO_4 + \overset{0}{I_2} + H_2O$$

（I 的氧化数升高 1×2；Cr 的氧化数降低 3×2）

根据物质的实际存在形式，要求最少有 2 个 KI 参加反应，才能生成一个 I_2 分子，所以 KI 先乘系数 2。

（3）求最小公倍数，使氧化数升高与降低的总值相等。

$$\overset{+6}{K_2Cr_2O_7} + H_2SO_4 + (3\times2)\overset{-1}{K I} —— \overset{+3}{C r_2}(SO_4)_3 + K_2SO_4 + 3\overset{0}{I_2} + H_2O$$

（I 的氧化数升高 $1\times2\times3$；Cr 的氧化数降低 3×2）

（4）用观察法配平反应前后氧化数未发生变化的元素的原子数。

$$\overset{+6}{K_2Cr_2O_7} + 7H_2SO_4 + (3\times2)\overset{-1}{K I} —— \overset{+3}{C r_2}(SO_4)_3 + 4K_2SO_4 + 3\overset{0}{I_2} + 7H_2O$$

将上式整理得：

$$K_2Cr_2O_7 + 7H_2SO_4 + 6KI === Cr_2(SO_4)_3 + 4K_2SO_4 + 3I_2 + 7H_2O$$

$K_2Cr_2O_7$ 是氧化剂，KI 是还原剂。

【例 5-3】　配平高锰酸钾在酸性溶液中和草酸钠反应的离子方程式。

解：离子方程式的配平步骤与化学方程式相似。

（1）$MnO_4^- + H^+ + C_2O_4^{2-} —— Mn^{2+} + CO_2\uparrow + H_2O$

（2）$\overset{+7}{MnO_4^-} + H^+ + \overset{+3}{C_2O_4^{2-}} —— \overset{+2}{Mn^{2+}} + 2\overset{+4}{C O_2}\uparrow + H_2O$

（C 的氧化数升高 1×2；Mn 的氧化数降低 5）

（3）$2\overset{+7}{MnO_4^-} + H^+ + 5\overset{+3}{C_2O_4^{2-}} —— 2\overset{+2}{Mn^{2+}} + (5\times2)\overset{+4}{CO_2}\uparrow + H_2O$

（C 的氧化数升高 $1\times2\times5$；Mn 的氧化数降低 5×2）

（4）$2\overset{+7}{MnO_4^-} + 16H^+ + 5\overset{+3}{C_2O_4^{2-}} —— 2\overset{+2}{Mn^{2+}} + (5\times2)\overset{+4}{C O_2}\uparrow + 8H_2O$

将上式整理得：

$$2MnO_4^- + 16H^+ + 5C_2O_4^{2-} === 2Mn^{2+} + 10CO_2\uparrow + 8H_2O$$

MnO_4^- 是氧化剂，$C_2O_4^{2-}$ 是还原剂。

（在这里只介绍离子方程式的配平，有关离子方程式的内容请看第七章第一节。）

习　　题

1. 指出下列物质里划线的元素的氧化数。

(1) $\underline{Cr}_2O_3$　　(2) $\underline{H}_2$　　(3) $Na\underline{I}O_3$　　(4) $\underline{N}H_4^+$　　(5) $\underline{Fe}_3O_4$　　(6) $\underline{Mn}O_4^{2-}$

2. 指出下列物质中哪些只能作氧化剂或还原剂，哪些既能作氧化剂又能作还原剂：

$$Na_2S \quad HClO_4 \quad KMnO_4 \quad I_2 \quad Na_2SO_3 \quad Zn \quad HNO_2 \quad FeSO_4$$

3. 下列化学反应是否为氧化还原反应？若是氧化还原反应，注明氧化剂和还原剂。

(1) $Fe_2O_3 + 3CO =\!=\!= 2Fe + 3CO_2$

(2) $Cl_2 + H_2O =\!=\!= HCl + HClO$

(3) $H_2 + CuO =\!=\!= Cu + H_2O$

(4) $Na_2CO_3 + 2HCl =\!=\!= 2NaCl + H_2O + CO_2\uparrow$

4. 配平下列反应式，并指出各反应中氧化剂和还原剂。

(1) $Na_2S_2O_3 + I_2 \longrightarrow Na_2S_4O_6 + NaI$

(2) $KMnO_4 + K_2SO_3 + H_2SO_4 \longrightarrow MnSO_4 + K_2SO_4 + H_2O$

(3) $Cu + HNO_3(浓) \longrightarrow Cu(NO_3)_2 + NO_2\uparrow + H_2O$

(4) $Cl_2 + Ca(OH)_2 \longrightarrow Ca(ClO)_2 + CaCl_2 + H_2O$

(5) $MnO_4^- + H_2O_2 + H^+ \longrightarrow Mn^{2+} + O_2\uparrow + H_2O$

(6) $AsO_3^{3-} + I_2 + H_2O \longrightarrow AsO_4^{3-} + I^- + H^+$

第六章　化学反应速率和化学平衡

任何化学反应都涉及两个方面的问题：第一个是反应进行的快慢——化学反应速率的问题，第二是反应进行的可能性、方向和限度——化学平衡的问题。这两方面问题无论是对理论研究还是生产实践者都有重要意义。同时，对无机化学后面各章节的学习也有指导意义，也是学习医药基础理论，认识体内生理变化及药物在体内代谢的理论基础。

第一节　化学反应速率

一、化学反应速率的概念

化学反应进行得有快有慢。有些反应进行得很快，例如炸药爆炸、酸碱中和反应、照相片感光等，几乎在一瞬间就能完成；而有些化学反应进行得很慢，如铁的锈蚀、塑料的老化和石油的生成，需要经过很长的时间才能完成。即使是同一化学反应，条件不同，进行的快慢也不相同。

我们通常用化学反应速率来描述化学反应的快慢。化学反应速率是以单位时间内任一反应物浓度的减少或生成物浓度的增加来表示，符号为 $\bar{V}$。物质的浓度单位用 mol/L 表示，时间则根据具体反应的快慢，用秒（s）、分钟（min）或小时（h）等表示。因此化学反应速率的单位是 mol/(L·s)、mol/(L·min) 或 mol/(L·h)。例如，某一反应在密闭容器中进行，在某一时刻，某一反应物的浓度为 2mol/L，经过两分钟后，该反应物浓度变为 1.4mol/L，即该反应物浓度在两分钟内减少了 0.6mol/L，那么这两分钟内该化学反应速率是 0.3mol/(L·min)。在化学反应中，反应物的浓度和生成物的浓度随时都在变化，反应速率也在不断地改变。因此，化学反应速率通常是指某反应在一定时间内的平均速率。

二、影响化学反应速率的因素

影响化学反应速率的因素有内因和外因。内因即反应物本性和结构，外因即反应的条件，主要是浓度、压强、温度和催化剂。外因要通过内因才能起作用。这里主要讨论浓度、压强、温度和催化剂对化学反应速率的影响。

（一）活化分子及活化能

1. 有效碰撞

化学反应实际上是反应物分子的化学键的断裂，生成物分子的化学键的形成过程。产生化学反应的先决条件是反应物分子间要相互碰撞，否则就不可能发生化学反应，但又不是所有分子间的碰撞都能发生反应。以气体之间的反应为例，气体分子是以极大的速度向各个方向运动的。在 0℃、101.3kPa 下，气体分子的平均速度为 10^5 cm/s。因此，分子间的碰撞机会是很多的。如果每一次碰撞都能发生化学反应，那么气体间的化学反应速率都是很快的，但实际上并不是这样的，如在常温下空气中的氧气和氮气是几乎不能反应的，但在闪电的时候极少量的氧气和氮气可以合成一氧化氮。这说明并不是所有的碰撞都能起反应，只有少数分子在碰撞时才能产生反应。这种能产生化学反应的碰撞称有效碰撞。

2. 活化分子及活化能

能够发生有效碰撞的分子称为活化分子。它具有比一般分子更高的能量。在反应中，反应物分子在一定温度下，具有一定的平均能量（$E_{平均}$），活化分子的平均能量 E_1 与分子平均能量 $E_{平均}$ 之差叫活化能（E），$E = E_1 - E_{平均}$。也可以说，要把具有平均能量的反应物分子变成活化分子所需要的最低平均能量叫活化能。分子的能量分布曲线见图 6-1。

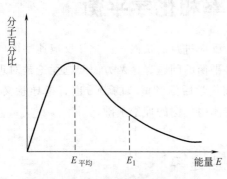

图 6-1 分子的能量分布曲线

对于某一个具体的反应，在一定条件下，活化能是一定的。不同物质间进行的反应具有不同的活化能，反应的活化能越低，活化分子百分数越大，反应就越快。反之，就越慢。

（二）影响化学反应速率的因素

1. 浓度对化学反应速率的影响

常温下，物质在纯氧中燃烧不但比在空气中明亮而且燃烧得更快，这主要是因为纯氧中氧气的浓度要比空气中氧气的浓度（约 20%）高得多。这说明在温度一定时，浓度对化学反应速率影响很大。

【演示实验 6-1】 取两只小烧杯，分别放入 0.2mol/L 碘化钾溶液 5ml 和 0.2% 淀粉溶液 2ml，然后向其中一只烧杯中加入 0.2mol/L 过硫酸钾溶液 5ml，同时向另一烧杯中加入 0.05ml/L 过硫酸钾溶液 5ml，观察蓝色出现的快慢。

过硫酸钾与碘化钾反应生成硫酸钾和碘。

$$K_2S_2O_8 + 2KI = 2K_2SO_4 + I_2$$

淀粉遇碘显蓝色，根据蓝色出现的快慢，可以知道反应速率的快慢。从实验结果可以看到，过硫酸钾溶液浓度大的烧杯首先出现蓝色。由此可见，反应物浓度越大，反应速率越快。

在一定条件下，对某一反应，活化分子在反应物分子中所占的百分数是一定的，因此，单位体积内活化分子的数目与单位体积内反应物分子的总数成正比。反应物浓度越大，单位体积内反应物分子数越多，单位体积内活化分子的数目也越多，即单位时间内有效碰撞的次数就越多，所以反应速率就越快。反之，反应速率就越慢。

人们在长期的生产和科学实验中，归纳出如下规律：在一定条件下，可以通过增大反应物的浓度，来增大化学反应速率。

2. 压强对化学反应速率的影响

体系压强的改变必然影响气体的体积。当温度一定时，一定量气体的体积与其所受的压强成反比。如果气体的压强增大到原来的两倍，气体的体积就缩小到原来的一半，单位体积的分子数就增加到原来的两倍，即气体的浓度增加到原来的两倍。所以压强对反应速率的影响，实际上就是浓度的影响。对于有气体参加的反应，增大体系的压强，气体反应物的浓度增大，化学反应速率加快。

如果参加反应的物质仅为固体或液体时，由于改变压强对它们的体积影响很小，它们的浓度几乎不发生改变，因此可以认为压强对固体或液体间的反应速率几乎没有影响。

3. 温度对化学反应速率的影响

温度是影响化学反应速率的另一个重要因素，许多化学反应都是在加热条件下进行的。例如，在常温下煤在空气里即使在纯氧里也不会燃烧，只有加热到一定温度下才能燃烧，而且越烧越旺。

【演示实验 6-2】 取两支试管，各加入 $0.1mol/L$ $Na_2S_2O_3$ 溶液 2ml，分别插入盛有热水和冰水的两个烧杯中。另取两支试管，各加入 $0.1mol/L$ H_2SO_4 溶液 2ml，也分别插入盛有热水和冰水的两个烧杯中。稍等片刻，在同一时间，分别将温度相同的两支试管中的溶液混合。仔细观察哪一支试管里首先出现浑浊现象。

$$Na_2S_2O_3 + H_2SO_4 =\!=\!= Na_2SO_4 + S\downarrow + SO_2\uparrow + H_2O$$

实验结果表明：插入在热水中的试管里先出现浑浊现象，插在冰水中的试管里后出现浑浊现象。说明温度高，反应快；温度低，反应慢。

大量实验证明：温度升高，反应速率加快。当其他条件不变时，温度每升高 $10℃$，反应速率约增加到原来的 $2\sim4$ 倍。因此，在化学实验和医药生产中，经常采取加热的方法加快化学反应的进行。

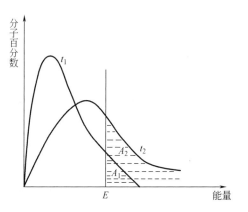

在图 6-2 中，曲线 t_1、t_2 分别表示在温度 t_1、$t_2(t_1<t_2)$ 时的分子能量分布情况，在温度为 t_1 时图中活化分子百分数相当于阴影面积 A_1，温度 t_2 时图中活化分子百分数相当于阴影面积 $A_1 + A_2$，由图可以看出，温度升高，活化分子百分数大大增加。升高温度时，反应物中一些原来能量较低的分子从外界获得能量变成了活化分子，使活化分子百分数升高，有效碰撞次数增多，因而加快了反应速率。此外，温度升高时，分子的运

图 6-2　不同温度下分子能量分布示意图

动也加快，单位时间里反应物分子间的碰撞次数增加，反应也会相应地加快，但这不是反应加快的主要原因，而前者才是反应加快的主要原因。

温度能有效地改变化学反应速率，在实践中经常通过改变温度来控制反应速率。例如，温度越高，药物的降解反应（即引起药物含量降低的各种化学反应）越快，因此，对热敏感的药物如生物制剂、抗生素等，通常把它们存放在冰箱里或置于阴凉低温处，减慢它们降解反应的速度。

4. 催化剂对化学反应速率的影响

【演示实验 6-3】 在试管中加入 2ml 10% H_2O_2 和 5 滴洗洁精，观察有没有气泡产生，然后加入少量 MnO_2，观察现象。

可以看到在试管中加入 2ml 10% H_2O_2，几乎没有气泡产生，但加入少量 MnO_2，立即有大量气泡产生，说明 MnO_2 能加速 H_2O_2 的分解，同时，反应后 MnO_2 完整无损。

$$2H_2O_2 \xrightarrow{MnO_2} 2H_2O + O_2\uparrow$$

这种在化学反应中能改变反应速率而本身没有发生明显变化的物质称为催化剂。能使反应速率加快的催化剂叫正催化剂，能使反应速率减慢的催化剂叫负催化剂。上述例子的二氧化锰是正催化剂。催化剂使反应速率发生变化的作用称为催化作用。

催化剂对药物的降解反应影响较大。例如微量金属离子对药物的氧化反应有显著的催化作用，如 0.0002mol/L 的铜能使维生素 C 的氧化速度增大 1000 倍。

催化剂能改变化学反应速率，主要是由于催化剂的存在改变了反应历程，如正催化剂能降低反应的活化能，使一些原本能量较低的反应物分子成为活化分子，从而增加了活化分子百分数，因此大大加快了化学反应速率。催化剂能改变反应速率，但不能使不发生反应的物质间起反应。

催化作用是一种相当普遍存在的现象，但一种催化剂不是万能的，它具有特殊选择性。通常一种催化剂只对某一反应或某一类的反应起催化作用。如人体内的各种化学反应都是在人体内的各种酶的催化下进行的，酶是人体内生命过程中的天然活体催化剂，酶的活性很高，选择性很强，每一种酶通常只能催化某一种反应，例如淀粉酶能催化淀粉的水解，但对尿素的水解不起作用。正是酶的高度专一性，确保了人体的代谢过程能正常进行。

第二节　化学平衡

研究化学反应只考虑反应速率是不够的，还必须考虑反应进行的限度，也就是化学平衡的问题。掌握化学平衡的规律对化学研究和医药生产是很有现实意义的。

一、可逆反应与不可逆反应

有些化学反应在一定条件下一旦发生，就能不断反应直到由反应物完全变成生成物。例如，氯酸钾（$KClO_3$）在二氧化锰催化下的热分解反应：

$$2KClO_3 \xmapsto[\triangle]{MnO_2} 2KCl + 3O_2 \uparrow$$

氯酸钾能全部分解生成氯化钾和氧气。相反，在同样条件下，用氯化钾和氧气反应制取氯酸钾是不可能的。这种只能向一个方向进行的反应，叫做不可逆反应，不可逆反应是一种单向进行的反应。

但大多数化学反应和上述反应不同。在同一反应条件下，不但反应物可以变成生成物，而且生成物也可以变成反应物。即两个相反方向的反应可同时进行，例如，在一定条件下，氮气和氢气化合生成氨，同时，又有一部分氨分解为氮气和氢气。

$$N_2 + 3H_2 \longrightarrow 2NH_3$$

$$2NH_3 \longrightarrow N_2 + 3H_2$$

这种在同一条件下，能同时向两个相反方向进行的化学反应，叫做可逆反应。为了表示反应的可逆性，在化学方程式中常用两个带相反箭头的符号"$\rightleftharpoons$"代替等号。如上述反应可以写成

$$N_2 + 3H_2 \underset{逆反应}{\overset{正反应}{\rightleftharpoons}} 2NH_3$$

在可逆反应中，通常把从左向右进行的反应叫做正反应，从右向左进行的反应叫做逆反应。

二、化学平衡

可逆反应的特点是：在密闭体系里反应不能进行到底。例如，在一定温度和压强下，将

一定量的 N_2 和 H_2 混合气体充入一个密闭容器中。当反应开始时，容器中只有 N_2 和 H_2，此时 N_2 和 H_2 浓度相对最大，因而正反应速率也最大，逆反应速率为零。随着反应的进行，N_2 和 H_2 不断消耗，因而 N_2 和 H_2 浓度逐渐减小，正反应速率也相应地逐渐减小；另一方面，反应一旦发生，由于 NH_3 的生成，逆反应便开始进行，一部分 NH_3 开始分解为 N_2 和 H_2。开始时，由于 NH_3 的浓度很小，逆反应速率也很小，但随着反应的进行，NH_3 的浓度逐渐增大，逆反应速率也逐渐增大。当反应进行到一定程度时，正反应速率等于逆反应速率，即 N_2 和 H_2 合成 NH_3 的速率等于 NH_3 的分解速率，此时化学反应进行到最大限度，容器中反应物 N_2 和 H_2 的浓度和生成物 NH_3 的浓度不再随时间而改变，反应物和生成物的混合物（简称反应混合物）就处于化学平衡状态。在密闭容器中，无论经过多少时间，N_2 和 H_2 也不可能全部转化为 NH_3。

在可逆反应中，正反应速率等于逆反应速率，反应物浓度和生成物浓度不再随时间而改变的状态叫做化学平衡。如图 6-3 正逆反应速率示意图所示。

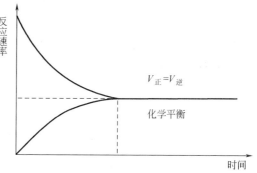

从图中可见，反应达到化学平衡时，正、逆反应速率相等，但它们均不等于零，所以不能说化学平衡时，反应已经停止。化学平衡是一种动态平衡。

总之，任何可逆反应，无论是从正反应开始，还是从逆反应开始，最终都能在一定的条件下建立化学平衡。可逆反应到达平衡后，只要反应条件不发生改变，无论经过多长时间，反应混合物里各个物质的浓度都不会改变。化学平衡是有条件的、相对的、暂时的动态平衡。它是可逆反应在一定条件下进行到最大限度的标志。

图 6-3　正逆反应速率示意图

三、化学平衡常数

当可逆反应达到平衡时，只要反应条件不发生改变，反应混合物里各个物质的浓度都不会改变，但各个物质的浓度并不相等，而是存在一定的关系。

实验证明，在一定温度下，可逆反应达到平衡时，生成物浓度系数次方的乘积与反应物浓度系数次方的乘积之比值为一常数。称为化学平衡常数，简称平衡常数，用符号 K_c 表示。

对于一般的可逆反应，例如：

$$aA + bB \rightleftharpoons dD + eE$$

其中 A、B 代表反应物，D、E 代表生成物，a、b、d、e 分别表示化学方程式中各物质的化学式前的系数。当在一定温度下达到平衡时，这个反应的平衡常数数学表达式为：

$$K_c = \frac{[D]^d[E]^e}{[A]^a[B]^b}$$

本书用 〔 〕 代表平衡浓度。

平衡常数的数值大小是化学反应进行程度的重要标志，一个反应的平衡常数 K_c 值越大，说明平衡时生成物的浓度越大，反应物剩余的浓度越小，反应进行的程度越大；K_c 值越小，则说明反应进行的程度越小。

平衡常数不随反应物或生成物浓度的改变而改变，但随温度的改变而改变。

书写平衡常数表达式时要注意如下几点。

(1) 化学平衡常数及其数学表达式应与反应式相对应，并注明温度。一个可逆反应，可用不同反应式表示，不同的反应式有不同的平衡常数及其数学表达式。例如

$$N_2O_4 \Longrightarrow 2NO_2 \qquad K_c = \frac{[NO_2]^2}{[N_2O_4]} = 0.36 \qquad (373K)$$

$$2NO_2 \Longrightarrow N_2O_4 \qquad K_c' = \frac{[N_2O_4]}{[NO_2]^2} = 2.78 \qquad (373K)$$

$K_c \neq K_c'$ 其中 K_c 与 K_c' 的关系为 $K_c = \dfrac{1}{K_c'}$

(2) 若有固态物质或纯液态物质参加反应时，它们的浓度不应写在平衡常数的表达式中。例如：

$$CaCO_3(固) \Longrightarrow CaO(固) + CO_2 \uparrow$$

$$K_c = [CO_2]$$

(3) 稀溶液中进行的反应，若有水参加或有水生成，水的浓度不写在平衡常数表达式中。但非水溶液或气相中的反应，若有水参加或有水生成，水的浓度必须写在平衡常数表达式中。

第三节　化学平衡的移动

一切化学平衡都只是相对的和暂时的，化学平衡只有在一定条件下才能保持。当一个可逆反应达到化学平衡，如果外界条件如浓度、压强、温度等发生改变，原有的化学平衡被破坏，反应混合物里各物质的浓度发生改变，直至在新的条件下达到新的平衡。

这种因反应条件的改变，可逆反应从一种平衡状态向另一种平衡状态转变的过程，叫做化学平衡的移动。

在新的平衡状态下，如果生成物的浓度比原来平衡时的浓度大了，就称平衡向正反应的方向移动（或向右移动）；如果反应物的浓度比原来平衡时的浓度大了，就称平衡向逆反应的方向移动（或向左移动）。影响化学平衡的因素，主要有浓度、压强和温度。

一、浓度对化学平衡的影响

当一个可逆反应达到平衡后，如果改变任何一种反应物或生成物的浓度，都会引起化学平衡的移动。移动的结果使反应物和生成物的浓度都发生改变，并在新的条件下建立新的平衡。

【演示实验 6-4】　在一个小烧杯里加入 15ml 蒸馏水，然后滴入 1mol/L FeCl$_3$ 溶液和 1mol/L KSCN 溶液各 3 滴，溶液立即变成红色。把这种溶液搅匀后平均倒入 3 支试管里，第一支试管留作对照，在第二支试管里加入少量 KSCN 溶液，在第三支试管里加入少量 KCl 固体，观察这两支试管中溶液颜色的变化，并与第一支试管中溶液的颜色相比较。

氯化铁和硫氰酸钾反应，生成红色的硫氰酸铁钾和氯化钾。

$$FeCl_3 + 6KSCN \Longrightarrow K_3[Fe(SCN)_6] + 3KCl$$

在第二支试管里加入少量 KSCN 溶液，可以看到溶液的红色变深，表明生成更多的 K$_3$[Fe(SCN)$_6$]，平衡向正反应的方向移动；在第三支试管里加入少量 KCl 固体，可以看到

溶液的红色变浅，平衡向逆反应的方向移动。

上面的实验说明了在达到平衡的反应里，增大任何一种反应物的浓度，平衡向正反应的方向移动；增加任何一种生成物的浓度，平衡向逆反应的方向移动。

其他的实验也可证明，在达到平衡的反应里，减小任何一种反应物的浓度，平衡向逆反应的方向移动；减小任何一种生成物的浓度，平衡向正反应的方向移动。

综上所述，在其他条件不变时，增大反应物的浓度或减小生成物的浓度，平衡向正反应的方向移动；增大生成物的浓度或减小反应物的浓度，平衡向逆反应的方向移动。

在医药生产中，可根据具体情况，采用增大价廉源广的原料的浓度或不断抽出产物的方法，来提高较贵重原料的转化率。

二、压强对化学平衡的影响

对于有气态物质存在的化学平衡体系，如果反应前后气体分子数不相等，增大或者减小压强，反应物或生成物的浓度都会发生改变，化学平衡将发生移动。

【演示实验 6-5】 如图 6-4 所示，用注射器（50ml 或更大些的）吸进约 20ml NO_2 与 N_2O_4 的混合物气体，将细管一端用橡皮塞封闭，然后拉或推，观察管内混合气体颜色的变化。

$$2NO_2（气）\Longrightarrow N_2O_4（气）$$

（红棕色）　　　（无色）

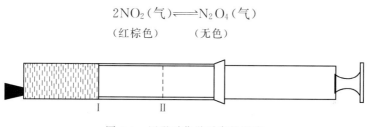

图 6-4　压强对化学平衡的影响

把注射器活塞向外拉时，管内气体体积增大，气体压强减小，混合气体的颜色先变浅又逐渐变深，平衡向逆反应（即气体分子数增加）的方向移动，生成了更多的 NO_2。把注射器活塞向里推，管内气体体积减小，气体压强增大，混合气体的颜色先变深又逐渐变浅，平衡向正反应（即气体分子数减少）的方向移动，生成了更多的 N_2O_4。

总结大量实验事实，可以得出结论：对于反应前后气体分子数不相等的可逆反应，当其他条件不变时，增大压强，平衡向气体分子数减少（即气体体积缩小）的方向移动；减小压强，平衡向气体分子数增加（即气体体积增大）的方向移动。

有些可逆反应，反应前后气体分子数相等，无论增大或减小压强，都不会使化学平衡移动。例如，一氧化碳与水蒸气的反应：

$$CO + H_2O（气）\Longrightarrow CO_2 + H_2$$

压强对固体和液体的体积影响极小，可以忽略不计。当平衡体系中混合物都是固体和液体时，改变压强，反应物和生成物的浓度几乎保持不变，因此平衡不会移动。

三、温度对化学平衡的影响

物质发生化学反应时，总是伴随着放热或吸热现象的发生。放出热量的反应叫做放热反应，放出的热量常用"＋"号表示在化学方程式右边；吸收热量的反应叫做吸热反应，吸收的热量常用"－"号表示在化学方程式右边。对于可逆反应，如果正反应是放热反应，逆反应一定是吸热反应，而且放出的热量和吸收热量相等。反之亦然。

在伴随放热或吸热现象的可逆反应中，当反应达到平衡后，改变温度，也会使化学平衡移动。例如，在二氧化氮生成四氧化二氮的反应里，正反应为放热反应，逆反应为吸热反应。

$$2NO_2(气) \Longrightarrow N_2O_4(气) + 56.9kJ/mol$$
$$（红棕色）　　　　（无色）$$

【演示实验 6-6】　如图 6-5 所示，在两个连通的烧瓶里充入 NO_2 和 N_2O_4 的混合气体，用夹子夹住橡皮管，然后把一个烧瓶浸入热水中，另一个烧瓶浸入冰水中。观察混合气体的颜色变化。

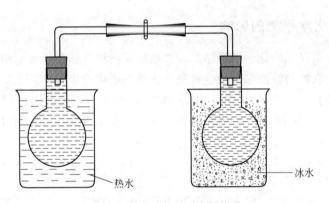

热水　　　　冰水

图 6-5　温度对化学平衡的影响

可以看到，在热水中，瓶内气体的颜色变深，表明 NO_2 浓度增大，即升高温度平衡向生成 NO_2（即吸热反应）的方向移动；在冰水中，瓶内气体颜色变浅，表明 NO_2 浓度减小，即降低温度平衡向生成 N_2O_4（即放热反应）的方向移动。

由此可得出结论：在其他条件不变时，升高温度，化学平衡向吸热反应的方向移动；降低温度，化学平衡向放热反应的方向移动。

四、化学平衡移动原理

在上面讨论了浓度、压强、温度对平衡的影响，吕·查德里将其概括为一条普遍的规律：如果改变影响平衡的条件之一，如温度、浓度或压强，则平衡将向着能够削弱这些改变的方向移动，这个规律叫吕·查德里原理，又称平衡移动原理。平衡移动的原理只适用于一切已达平衡的体系。

对这一原理的理解可以从以下几方面着手：如果增加反应物浓度时，平衡就向着生成物即减少反应物浓度的方向移动；如果增加平衡体系的压强时，平衡将向着使体系压强降低，即减少气体分子数的方向移动；如果升高温度，平衡将向着使体系环境温度降低的方向移动。

必须注意：浓度和压强的变化能引起平衡移动，但不能改变平衡常数值；而温度的变化既能引起平衡移动，又能改变平衡常数值。

催化剂能改变化学反应速率，但不能使化学平衡移动。对于可逆反应，催化剂不仅能加快正向反应的速率，也能同等程度地加快逆向反应的速率，正反应和逆反应的速率仍然相等，所以，催化剂对化学平衡没有影响。在生产中常常使用催化剂，目的是利用催化剂能加快化学反应速率，缩短反应到达平衡所需的时间。

习　　题

1. 在同一条件下，能同时＿＿＿＿＿＿进行的化学反应叫可逆反应。

2. 向 $FeCl_3 + 6KSCN \rightleftharpoons K_3[Fe(SCN)_6] + 3KCl$ 的平衡体系中加入 $FeCl_3$ 溶液，混合液的红色变＿＿＿＿，表明平衡向着＿＿＿＿＿＿移动；加入 KCl 固体，混合液的红色变＿＿＿＿，表明平衡向着＿＿＿＿＿＿移动。

3. $2C \rightleftharpoons A + B$ 在一定条件下达到平衡。

(1) 若升高温度，平衡向左移动，则正反应是＿＿＿＿＿＿反应。

(2) A、B、C 均为气体时，若增大 A 的浓度，B 的浓度将＿＿＿＿，C 的浓度将＿＿＿＿。

(3) A、B、C 均为气体时，若增大压强，平衡＿＿＿＿＿＿移动。

4. $2NO + O_2 \rightleftharpoons 2NO_2 + Q$ 反应已达平衡状态，欲使平衡向右移动，可采取下列哪一种措施？

(1) 增大压强　(2) 增加 NO_2　(3) 升高温度　(4) 减少 O_2

5. $CO + H_2O(气) \rightleftharpoons CO_2 + H_2 + Q$ 的反应已达到平衡状态，欲使平衡向右移动，可采取下列哪一种的措施？

(1) 升高温度　(2) 增大压强　(3) 加入催化剂　(4) 增大 CO 的浓度

6. 下列反应达到平衡后，增大压强或升高温度，都能使平衡向右移动的是哪一个反应？

(1) $2NO + O_2 \rightleftharpoons 2NO_2 + Q$　(2) $CO_2 + H_2 \rightleftharpoons CO + H_2O(液) - Q$

(3) $C(固) + O_2 \rightleftharpoons CO_2 + Q$　(4) $C(固) + CO_2 \rightleftharpoons 2CO - Q$

7. 一些药物放在冰箱中贮存的主要目的是下面哪一点？

(1) 隔绝空气　(2) 保持干燥　(3) 减慢反应速率防止变质　(4) 避光

8. 在可逆反应中加催化剂的目的是下面哪一点？

(1) 使平衡向正反应方向移动　　(2) 使平衡向逆反应方向移动

(3) 使原来不能发生的反应得以发生　(4) 缩短反应达到平衡的时间

9. 对于一定条件下的可逆反应 $N_2 + 3H_2 \rightleftharpoons 2NH_3$，下面哪些能说明反应已达到平衡状态？

(1) N_2 和 H_2 不再反应　　　(2) N_2 和 H_2 的浓度等于 NH_3 的浓度

(3) N_2、H_2 和 NH_3 的浓度保持不变　(4) N_2、H_2 和 NH_3 的浓度比为 1：3：2

(5) N_2 和 H_2 合成 NH_3 的速率等于 NH_3 的分解速率

10. 下列反应 $N_2 + 3H_2 \rightleftharpoons 2NH_3 + 热$ 达到平衡后，采取下面哪些措施有利于氨的合成？

(1) 加压　(2) 继续加入氮气　(3) 加入催化剂　(4) 降低温度

(5) 延长反应时间　(6) 不断分离出氨气　(7) 不断分离出氢气

11. 有什么方法可以使化学反应速率加快？

12. 什么叫化学平衡移动？影响化学平衡移动的主要条件有哪些？如何改变这些条件使化学平衡移动？

第七章　电解质溶液

第一节　电解质的分类和离子反应

一、强电解质和弱电解质

在水溶液或熔融状态下不能导电的化合物，称为非电解质。在水溶液或熔融状态下能导电的化合物，称为电解质。在相同的条件下，不同种类的电解质的导电能力是否相同呢？

大量的实验证明，相同的条件下，不同种类的电解质的导电能力是不同的。这是由于它们在水溶液中或熔融状态下的电离程度不同而造成的。所谓电离，是指电解质在水中或熔融状态下形成离子的过程。按照电解质电离能力的不同，通常把电解质分为强电解质和弱电解质。

（一）强电解质

通常，把在水溶液中能完全电离成阴、阳离子的电解质叫做强电解质。强电解质溶液导电能力较强。常见的强电解质包括强酸（如盐酸、硫酸、硝酸、高氯酸等）、强碱（如氢氧化钠、氢氧化钾、氢氧化钡等）和绝大多数盐（除醋酸铅和氯化汞以外的盐）。因为强电解质在水溶液中完全电离，所以在强电解质水溶液中只有离子而没有强电解质分子。书写强电解质在水溶液中的电离方程式时用"$\longrightarrow$"或"$=\!\!=$"表示全部电离。

例如：
$$NaCl =\!\!= Na^+ + Cl^-$$
$$HCl =\!\!= H^+ + Cl^-$$
$$Ba(OH)_2 =\!\!= Ba^{2+} + 2OH^-$$

（二）弱电解质

在水溶液中只有部分电离成阴、阳离子的电解质叫做弱电解质。弱电解质在溶液中只有部分分子发生电离，溶液中还存在着大量没有电离的分子，所以在弱电解质溶液中既有离子又有弱电解质分子。在相同条件下，与同浓度、同体积的强电解质溶液相比，弱电解质溶液中的离子数目相对较少，因此，弱电解质溶液的导电能力相对较弱。

常见的弱酸（如醋酸、碳酸、氢硫酸、氢氰酸等）、弱碱（如氨水等）、极少数的盐（如氯化汞、醋酸铅等）和水是弱电解质。

书写弱电解质的电离方程式时，用"$\Longleftrightarrow$"表示部分电离。例如：
$$HAc \Longleftrightarrow H^+ + Ac^-$$
$$NH_3 \cdot H_2O \Longleftrightarrow NH_4^+ + OH^-$$

二、离子反应和离子方程式

（一）离子反应和离子方程式

电解质溶于水后会电离出离子，所以，电解质在溶液中所发生的反应实质上是离子之间的反应。有离子参加的反应称为离子反应。

在硫酸铜溶液中滴加氯化钡溶液，可观察到有白色沉淀生成，滤液为蓝色。

$$CuSO_4 + BaCl_2 =\!\!=\!\!= CuCl_2 + BaSO_4 \downarrow$$

当硫酸铜溶液与氯化钡溶液混合后，硫酸铜电离出 SO_4^{2-} 与氯化钡电离出的 Ba^{2+} 发生反应生成白色的硫酸钡沉淀，而硫酸铜电离出的 Cu^{2+} 与氯化钡电离出来的 Cl^- 没有发生化学反应。因此，实际参加反应的离子是 SO_4^{2-} 和 Ba^{2+}，如果我们用实际参加反应的离子来表示上述反应，其反应式为：

$$SO_4^{2-} + Ba^{2+} =\!\!=\!\!= BaSO_4 \downarrow$$

这种用实际参加反应的离子的符号来表示化学反应的式子叫做离子反应方程式，简称离子方程式。

下面以氯化钾溶液与硝酸银溶液的反应为例，说明离子方程式的书写步骤。

（1）书写出正确的化学反应方程式：

$$KCl + AgNO_3 =\!\!=\!\!= AgCl \downarrow + KNO_3$$

（2）易溶而且易电离的物质写成离子形式，难溶的物质、难电离的物质（如水）以及气体等仍用化学式表示。

$$K^+ + Cl^- + Ag^+ + NO_3^- =\!\!=\!\!= AgCl \downarrow + K^+ + NO_3^-$$

（3）将方程式两边不参加反应的离子删除：

$$Ag^+ + Cl^- =\!\!=\!\!= AgCl \downarrow$$

（4）检查等号两边各元素的原子个数和电荷总数是否相等。

通过检查，上述离子方程式等号两边各元素的原子个数和电荷总数是相等的，因此，氯化钾溶液与硝酸银溶液反应的离子方程式是：$Ag^+ + Cl^- =\!\!=\!\!= AgCl \downarrow$

在什么情况下，在溶液中的电解质才能发生离子反应呢？

（二）离子反应发生的条件

具备下述条件之一，电解质在溶液中就能发生离子反应。

1. 非氧化还原反应

（1）生成难电离的物质

例如：氢氧化钾溶液和盐酸的反应：$KOH + HCl =\!\!=\!\!= KCl + H_2O$

离子方程式是：$OH^- + H^+ =\!\!=\!\!= H_2O$

氢氧化钠溶液和硫酸的反应：$2NaOH + H_2SO_4 =\!\!=\!\!= Na_2SO_4 + 2H_2O$

离子方程式是：$OH^- + H^+ =\!\!=\!\!= H_2O$

这个离子方程式表明了酸碱中和反应的实质。

由此，我们可知，离子方程式跟一般的化学方程式不同。离子反应方程式不仅表示一定物质之间的某个反应，而且还表示了所有同一类型的离子反应。例如，$OH^- + H^+ =\!\!=\!\!= H_2O$，不仅可以表示氢氧化钾溶液和盐酸的反应，而且可以表示强酸和强碱发生的中和反应。

（2）生成难溶于水的物质

例如：溴化钠溶液和硝酸银溶液的反应：$NaBr + AgNO_3 =\!\!=\!\!= AgBr \downarrow + NaNO_3$

离子方程式是：$Br^- + Ag^+ =\!\!=\!\!= AgBr \downarrow$

（3）生成易挥发的物质

例如：碳酸钠溶液和盐酸的反应：$Na_2CO_3 + 2HCl =\!\!=\!\!= 2NaCl + CO_2 \uparrow + H_2O$

离子方程式是：$CO_3^{2-} + 2H^+ =\!\!=\!\!= CO_2 \uparrow + H_2O$

2. 氧化还原反应

电解质在溶液中发生的氧化还原反应，是离子反应。

例如：在酸性溶液中，重铬酸钾与碘化钾的反应：

$$K_2Cr_2O_7 + 6KI + 7H_2SO_4 \Longrightarrow Cr_2(SO_4)_3 + 4K_2SO_4 + 3I_2 \downarrow + 7H_2O$$

离子方程式：$Cr_2O_7^{2-} + 6I^- + 14H^+ \Longrightarrow 2Cr^{3+} + 3I_2 \downarrow + 7H_2O$

对于任何离子反应的书写，其基本原则相同：难溶物质、难电离物质、易挥发物质、单质、非电解质、氧化物等用分子式表示；易溶且易电离的物质用离子形式表示；离子方程式两边的原子个数和总的电荷数要相等。

第二节　弱酸、弱碱的电离平衡

强电解质在水溶液中全部电离，而且电离反应是不可逆的，不存在电离平衡。弱电解质在水溶液中只有少部分分子电离成阴、阳离子，大部分仍以分子存在。在弱电解质溶液中，一方面，分子不断地电离出阴离子和阳离子，另一方面，阴离子和阳离子又重新结合成分子，这说明弱电解质的电离过程是可逆的。

在一定条件下，弱电解质分子电离成阴、阳离子的速率和阴、阳离子结合成分子的速率相等时，弱电解质的电离就达到了平衡状态，称为电离平衡。

在电离平衡时，在弱电解质溶液里的离子浓度和分子浓度都保持不变。

一、一元弱酸、弱碱的电离平衡

(一) 电离平衡常数

一元弱酸和一元弱碱作为弱电解质，也必然存在着电离平衡。我们知道，可逆反应达到化学平衡时，其反应进行的程度可用化学平衡常数 K_c 表示，同样，弱电解质达到电离平衡时，其电离程度同样可以用电离平衡常数来表示。

在一定温度下，弱电解质达到电离平衡时，已电离出的各离子浓度的系数次方乘积与没有电离的分子浓度系数次方的比值是一个常数，该常数就是电离平衡常数，简称电离常数。

一元弱酸，以醋酸（HAc）为例。

醋酸的电离方程式为：$HAc \Longrightarrow H^+ + Ac^-$

HAc 的电离平衡常数为：$K_a = \dfrac{[H^+][Ac^-]}{[HAc]}$（弱酸的电离常数用 K_a 表示）

式中 $[H^+]$、$[Ac^-]$ 分别表示平衡时 H^+ 和 Ac^- 的浓度，$[HAc]$ 表示平衡时未电离的 HAc 分子的浓度，单位是 mol/L。

一元弱碱，以氨水为例。

氨水的电离方程式为：$NH_3 \cdot H_2O \Longrightarrow NH_4^+ + OH^-$

氨水的电离平衡常数为：$K_b = \dfrac{[NH_4^+][OH^-]}{[NH_3 \cdot H_2O]}$（弱碱的电离常数用 K_b 表示）

电离平衡常数，具有化学平衡常数的一般属性。一方面，电离常数与弱电解质溶液中的分子和离子的浓度无关；另一方面，温度会影响电离常数，但由于温度对电离常数的影响不大，所以在室温范围内可忽略温度的影响。

不同的弱电解质的电离常数不同。电离常数的大小可以反映弱电解质在水溶液中电离成离子的能力。电离常数越大，表示该弱电解质的电离能力越大，该弱电解质相对较强；反之，电离常数越小，弱电解质的电离能力越小，该弱电解质也相对较弱。因此，同类型的弱酸（或弱碱）的相对强弱，可以通过比较它们的 K_a（或 K_b）的大小来决定。例如，室温时，醋酸、氢氰酸的 K_a 分别是 1.75×10^{-5}、6.2×10^{-10}，因此，在相同条件下，氢氰酸的酸性比醋酸更弱。

（附录列出了一些弱酸、弱碱的电离常数）

（二）电离度

1. 弱电解质的电离度

弱电解质的电离程度还可以用"电离度"来表示。电离度就是当弱电解质在溶液中达到电离平衡时，已经电离的电解质的分子数占原来分子总数的百分数。电离度通常用"α"表示。即

$$\alpha = \frac{\text{已电离的电解质分子数}}{\text{溶液中原来的分子总数}} \times 100\% = \frac{\text{已电离的电解质浓度}}{\text{电离前电解质的初始浓度}} \times 100\%$$

例如：298K 时，在 0.1mol/L 醋酸溶液中，每 10000 个醋酸分子中有 132 个分子电离成离子。则它的电离度为：

$$\alpha = \frac{132}{10000} \times 100\% = 1.32\%$$

2. 影响弱电解质电离度的因素

（1）电解质的本性　在相同条件下，不同弱电解质的电离度是不同的。在温度、浓度相同的条件下，电解质愈弱，其电离度愈小。

（2）溶液的浓度　电离度的大小与溶液的浓度关系密切。表 7-1 列出了不同浓度的醋酸溶液在 298.15K 时的电离度。从表 7-1 可以看到，同一弱电解质，其溶液浓度越稀，电离度越大。

表 7-1　298.15K 时不同浓度醋酸的电离度

浓度/(mol/L)	0.2	0.1	0.02	0.01	0.001
电离度(α)/%	0.94	1.32	2.96	4.18	13.23

弱电解质溶液越稀，溶液中的离子浓度也相应地减小，因而也减小了离子相互碰撞结合成分子的机会，结果使弱电解质的电离度增大。

应指出的是，溶液浓度减小，醋酸的电离度增大，但这并不意味着氢离子浓度也增大，因为 $[H^+] = c_{酸} \times \alpha$。

（3）温度　电解质分子发生电离时，一般需要吸收热量，所以当温度升高时，平衡一般向电离方向移动，从而使弱电解质的电离度增大，但由于热效应不显著，在室温范围内往往可以忽略。

（4）溶剂　同一种电解质在不同的溶剂中电离度不同。溶剂的极性越大，电解质的电离度越大。例如氯化氢在水溶液中的电离度很大，而在有机溶剂苯中几乎不电离。

（5）同离子效应　在弱电解质溶液中，加入一种与弱电解质具有相同离子的强电解质时，使弱电解质的电离度减小的现象，叫做同离子效应。

【演示实验 7-1】 取一支试管，加入 3ml 0.1mol/L 氨水溶液和 2 滴酚酞指示剂，溶液显红色。然后把溶液分成两份，一份留作对照，另一份加少量 NH_4Cl 固体，充分振摇使其溶解，观察现象。

可以看到加入 NH_4Cl 后，溶液的颜色变浅。

氨水溶液存在下列电离平衡

$$NH_3 \cdot H_2O \rightleftharpoons NH_4^+ + OH^-$$

在氨水中，加入固体 NH_4Cl 后，固体 NH_4Cl 在溶液中迅速溶解并全部电离成 NH_4^+ 和 Cl^-。相当于在氨水中加入了 NH_4^+，使溶液中 NH_4^+ 的浓度增大，破坏了氨水原有的电离平衡，导致电离平衡向左移动，NH_4^+ 与 OH^- 结合生成难电离的 $NH_3 \cdot H_2O$，使 $NH_3 \cdot H_2O$ 的电离度减小，这时 OH^- 的浓度减小，致使氨水溶液的碱性减弱。所以说在弱电解质溶液中，加入一种与弱电解质具有相同离子的强电解质时，会使弱电解质的电离度减小。

（三）有关计算

【例7-1】 已知 298K 时，醋酸的电离常数是 $K_a = 1.75 \times 10^{-5}$，计算 0.1mol/L 醋酸溶液中 H^+ 的浓度及电离度。

解： 设电离平衡时，醋酸的 $[H^+]$ 为 x mol/L

$$HAc \rightleftharpoons H^+ + Ac^-$$

初始浓度/(mol/L)	0.1	0	0
变化浓度/(mol/L)	x	x	x
平衡浓度/(mol/L)	$0.1-x$	x	x

醋酸是弱酸，醋酸已电离的浓度很小，当 $c/K_a > 500$ 时，$[HAc] = 0.1 - x \approx 0.1$ mol/L。

$$K_a = \frac{[H^+] \cdot [Ac^-]}{[HAc]} = \frac{x^2}{0.1-x} = \frac{x^2}{0.1}$$

$$[H^+] = x = \sqrt{1.75 \times 10^{-5} \times 0.1} = 1.32 \times 10^{-3} \text{mol/L}$$

从上可知，在醋酸溶液中，醋酸已电离的浓度与溶液中的 $[H^+]$ 相等。

$$\alpha = \frac{\text{已电离的醋酸浓度}}{\text{电离前醋酸的初始浓度}} \times 100\% = \frac{[H^+]}{c_{酸}} \times 100\% = \frac{1.32 \times 10^{-3}}{0.1} \times 100\% = 1.32\%$$

答： 在 298K 下，0.1mol/L 醋酸溶液中 H^+ 的浓度为 1.32×10^{-3} mol/L，电离度为 1.32%。

从上可知，在一元弱酸溶液中，$[H^+] = \sqrt{K_a \cdot c_{酸}}$

$$\alpha = \frac{[H^+]}{c_{酸}} \times 100\%$$

同理，在一元弱碱溶液中，$[OH^-] = \sqrt{K_b \cdot c_{碱}}$

$$\alpha = \frac{[OH^-]}{c_{碱}} \times 100\%$$

公式中，$c_{酸}$ 和 $c_{碱}$ 分别表示弱酸和弱碱的初始浓度。

公式在使用时，计算的近似条件是 $c/K_i > 500$。如果不符合此计算条件，此时就要用求根公式来求一元二次方程的解。

【例7-2】 求 298K 时，0.2mol/L 氨水中 OH^- 的浓度及电离度。（氨水的电离常数 $K_b = 1.7 \times 10^{-5}$）

解： $NH_3 \cdot H_2O \rightleftharpoons NH_4^+ + OH^-$

∵ 氨水的电离常数 $K_b = 1.7 \times 10^{-5}$，且 $c/K_b > 500$，

∴ $[OH^-] = \sqrt{K_b \cdot c_{碱}} = \sqrt{1.7 \times 10^{-5} \times 0.2} = 1.84 \times 10^{-3} \text{mol/L}$

$$\alpha = \frac{[OH^-]}{c_{\text{碱}}} \times 100\% = \frac{1.84 \times 10^{-3}}{0.2} \times 100\% = 0.92\%$$

答：298K 时，0.2mol/L 氨水中 OH^- 的浓度为 1.88×10^{-3} mol/L，电离度为 0.92%。

二、多元弱酸的电离平衡

分子中含有两个或两个以上可被置换的 H^+ 的弱酸称为多元弱酸，如 H_2S、H_2CO_3 等。多元弱酸在水溶液中的电离是分步进行的，每一步都有其电离常数，通常用 K_1、K_2、K_3 等来表示。例如：

$$H_2S \Longrightarrow H^+ + HS^-$$

$$K_1 = \frac{[H^+][HS^-]}{[H_2S]} = 9.1 \times 10^{-8} \qquad (18℃)$$

$$HS^- \Longrightarrow H^+ + S^{2-}$$

$$K_2 = \frac{[H^+][S^{2-}]}{[HS^-]} = 1.1 \times 10^{-12} \qquad (18℃)$$

多元弱酸的电离常数都是 $K_1 > K_2 > K_3$，可见，每一步电离都比上一步困难得多，在多元弱酸的水溶液中，氢离子主要来源于多元弱酸的第一步电离。因此，在求算氢离子浓度时，可把多元弱酸当作一元弱酸来处理，利用公式 $[H^+] = \sqrt{K_{a_1} \cdot c_{\text{酸}}}$ 计算第一步电离出来的氢离子浓度就可以了；多元弱酸溶液的酸性主要由第一步电离所决定，所以比较多元弱酸的相对强弱时，只需比较它们的第一步电离常数。

第三节 水的电离和溶液的酸碱性

在工、农业生产和日常生活中，水占有很重要的地位。研究电解质溶液往往涉及溶液的酸碱性。制药工业在进行药物的合成、组分含量测定、药物制剂、中草药有效成分的提取、分离及药物贮存时，常常需要控制溶液的酸碱性。而溶液的酸碱性与常用溶剂——水的电离有密切的关系。

一、水的电离平衡

用精密仪器测定纯水的导电性，发现水的导电能力很弱。说明水是一种极弱的电解质，它能微弱地电离出 H^+ 和 OH^-，其电离方程式为：

$$H_2O \Longrightarrow H^+ + OH^-$$

水的电离平衡常数表达式为：$K_i = \frac{[H^+] \cdot [OH^-]}{[H_2O]}$

$$K_i \cdot [H_2O] = [H^+] \cdot [OH^-]$$

25℃时，根据实验测定，1L 纯水仅有 1.0×10^{-7} mol 的水分子发生了电离，电离出 1.0×10^{-7} mol 的 H^+ 和 1.0×10^{-7} mol 的 OH^-。水的密度为 1g/ml，1L 水电离前的物质的量为 $1000 \times 1/18 \approx 55.56$mol。由于水的电离程度极弱，在达到平衡时已电离的水分子可以忽略不计，所以水的平衡浓度 $[H_2O]$ 近似等于水的初始浓度，可看作是一个常数。也就是说，$K_i \cdot [H_2O]$ 的积是一个常数，用 K_w 表示，叫做水的离子积常数，简称水的离子积。

25℃时，$K_W = [H^+][OH^-] = 1.0 \times 10^{-7} \times 1.0 \times 10^{-7} = 1.0 \times 10^{-14}$

水的离子积常数具备化学平衡常数的特征。它只与温度有关，而与 $[H^+]$ 和 $[OH^-]$ 无关。水的电离过程是一个吸热过程，当温度升高时，有利于水的电离，$[H^+]$ 和 $[OH^-]$ 增大，水的离子积必然增大。例如 25℃时，K_W 为 1.0×10^{-14}；100℃时，K_W 为 1.0×10^{-12}。在室温条件下一般认为 $K_W = 1.0 \times 10^{-14}$。

二、溶液的酸碱性

在常温时，由于水的电离平衡的存在，不仅纯水，而且酸性溶液或碱性溶液中，H^+ 浓度和 OH^- 浓度的乘积总是等于水的离子积（1.0×10^{-14}）。而溶液的酸碱性是由溶液中 $[H^+]$ 和 $[OH^-]$ 的相对大小所决定的。

纯水显中性，在 25℃时，纯水中 $[H^+]$ 和 $[OH^-]$ 相等，都为 1.0×10^{-7} mol/L。

向纯水中加酸时，由于溶液中的 $[H^+]$ 增大，使水的电离平衡向左移动，必然导致 $[OH^-]$ 的减少。例如，若在纯水中加入一定量的盐酸，使它的浓度为 0.01mol/L，由于盐酸是一元强酸，故溶液中 $[H^+] = 0.01$mol/L（水电离出来的 H^+ 浓度只有 1.0×10^{-7} mol/L，可忽略不计），$[OH^-] = K_W/[H^+] = 1.0 \times 10^{-14}/0.01 = 1.0 \times 10^{-12}$ mol/L，此时溶液中 $[H^+] > [OH^-]$，溶液显酸性。

向纯水中加碱时，由于溶液中的 $[OH^-]$ 增大，使水的电离平衡向左移动，必然导致 $[H^+]$ 的减少。例如，若在纯水中加入氢氧化钠，配成 0.01mol/L 的氢氧化钠溶液，由于氢氧化钠是一元强碱，故溶液中 $[OH^-] = 0.01$mol/L（水电离出来的 OH^- 浓度只有 1.0×10^{-7} mol/L，可忽略不计），$[H^+] = K_W/[OH^-] = 1.0 \times 10^{-14}/0.01 = 1.0 \times 10^{-12}$ mol/L，此时溶液中 $[H^+] < [OH^-]$，溶液显碱性。

综上所述，任何物质的水溶液，溶液中一定含有 H^+ 和 OH^-，而且 $[H^+] \cdot [OH^-] = K_W$，而溶液的酸碱性是由 $[H^+]$ 和 $[OH^-]$ 的相对大小来决定的。

室温下，中性溶液 $[H^+] = [OH^-] = 1.0 \times 10^{-7}$ mol/L

           酸性溶液 $[H^+] > [OH^-]$ $[H^+] > 1.0 \times 10^{-7}$ mol/L

           碱性溶液 $[H^+] < [OH^-]$ $[H^+] < 1.0 \times 10^{-7}$ mol/L

许多化学反应都在 $[H^+]$ 很小的条件下进行，医药卫生行业更多地涉及 $[H^+]$ 很小的稀溶液，如血清中 $[H^+]$ 为 3.98×10^{-8} mol/L，数值很小，这在使用和计算上很不方便，记忆起来也很麻烦，为此常采用 pH 值来表示溶液酸碱性。

三、溶液的 pH 值

（一）溶液的 pH 值

溶液中氢离子浓度的负对数，叫做溶液的 pH 值。

$$pH = -\lg[H^+]$$

例如：$[H^+] = 1.0 \times 10^{-7}$ mol/L 则 $pH = -\lg 1.0 \times 10^{-7} = 7$

         $[H^+] = 1.0 \times 10^{-4}$ mol/L 则 $pH = -\lg 1.0 \times 10^{-4} = 4$

溶液的 pH 值相差一个单位，溶液的 $[H^+]$ 相差十倍。

室温下，溶液的酸碱性与溶液的 pH 值之间的关系是：

中性溶液 $[H^+] = 1.0 \times 10^{-7}$ mol/L $pH = 7$

酸性溶液 $[H^+] > 1.0 \times 10^{-7}$ mol/L $pH < 7$

碱性溶液　　$[H^+]<1.0\times10^{-7}mol/L$　　　　　pH$>$7

溶液的酸性越强，溶液中的 H^+ 浓度越大，溶液的 pH 值越小；溶液的碱性越强，溶液中的 OH^- 浓度越大，溶液的 pH 值越大。

溶液的酸碱性也可以用 pOH 来表示，溶液的 pOH 值就是 OH^- 浓度的负对数。

$$pOH=-lg[OH^-]$$

25℃时，$[H^+]\cdot[OH^-]=1.0\times10^{-14}$，若两边同时取负对数，则

$$-lg[H^+]+-lg[OH^-]=-lg1.0\times10^{-14}$$

$$pH+pOH=14$$

需要指出的是，用 pH 值表示溶液的酸碱性，其适用范围应该在 0～14 之间，即相应的 $[H^+]$ 在 $1\times10^{-14}\sim1mol/L$ 之间，超过这个范围，使用 pH 值反而不方便。例如 $[H^+]=3mol/L$，pH$=-0.5$。所以，当溶液的 $[H^+]>1mol/L$ 或 $[OH^-]>1mol/L$ 时，一般不用 pH 值表示溶液的酸碱性，而是直接用 H^+ 浓度或 OH^- 浓度表示。

（二）溶液 pH 值的计算

利用公式 pH$=-lg[H^+]$ 可计算各类溶液的 pH 值。

1. 强酸、强碱溶液

【例 7-3】　计算 $0.01mol/L$ 盐酸溶液的 pH 值。

解：在盐酸溶液中，水电离出来的氢离子浓度很小，可以忽略不计。

盐酸是强酸，在溶液中完全电离。

$$HCl{=\!=\!=}H^++Cl^-$$
$$1\qquad\qquad1$$
$$[H^+]=0.01mol/L$$
$$pH=-lg[H^+]=-lg0.01=2$$

答：$0.01mol/L$ 盐酸溶液的 pH 值是 2。

【例 7-4】　求 $0.01mol/L$ NaOH 溶液的 pH 值。

解：在 NaOH 溶液中，水电离出来的氢氧根离子浓度很小，可以忽略不计。

NaOH 是强碱，在水溶液中完全电离。

$$NaOH{=\!=\!=}Na^++OH^-$$
$$1\qquad\qquad1$$
$$[OH^-]=0.01mol/L$$
$$pOH=-lg[OH^-]=-lg0.01=2$$
$$pH=14-pOH=14-2=12$$

答：$0.01mol/L$ NaOH 溶液的 pH 值是 12。

2. 弱酸、弱碱溶液

【例 7-5】　计算 $0.01mol/L$ 醋酸溶液的 pH 值。（醋酸的 $K_a=1.75\times10^{-5}$）

解：醋酸是一元弱酸，只有部分电离，我们先计算醋酸溶液中 $[H^+]$。

$$HAc{=\!=\!=}H^++Ac^-$$
$$[H^+]=\sqrt{K_a\cdot c_{酸}}=\sqrt{1.75\times10^{-5}\times0.01}\approx4.18\times10^{-4}mol/L$$
$$pH=-lg[H^+]=-lg4.18\times10^{-4}=3.38$$

答：$0.01mol/L$ 醋酸溶液的 pH 值是 3.38。

【例 7-6】　计算 $0.01mol/L$ 氨水的 pH 值。（氨水的 $K_b=1.7\times10^{-5}$）

解：氨水是弱碱，只有部分电离，我们先计算氨水中 $[OH^-]$。

$$NH_3 \cdot H_2O \Longleftrightarrow NH_4^+ + OH^-$$

$$[OH^-] = \sqrt{K_b \cdot c_{碱}} = \sqrt{1.7 \times 10^{-5} \times 0.01} = 4.12 \times 10^{-4} \, mol/L$$

$$pOH = -lg4.12 \times 10^{-4} = 4 - lg4.12 = 3.39$$

$$pH = 14 - pOH = 14 - 3.39 = 10.61$$

答：0.01mol/L 氨水溶液的 pH 值是 10.61。

在生产实践和科学研究工作中，溶液酸碱性控制尤为重要。如何控制溶液的酸碱性呢？首先要测定溶液的 pH 值。通常使用酸碱指示剂或 pH 试纸进行粗略的测定。需要精确测定时，可使用酸度计。下面着重介绍酸碱指示剂。

四、酸碱指示剂

(一) 酸碱指示剂

酸碱指示剂是一些借助自身颜色的改变来指示溶液酸碱性的物质。它们大多数是有机弱酸或有机弱碱，这些有机弱酸（或有机弱碱）溶于水后，也存在电离平衡，其未电离的分子与电离产生的离子的颜色不同。

例如酚酞为有机弱酸，分子式简写为 HIn，电离方程式为 $HIn \Longleftrightarrow H^+ + In^-$，HIn 为无色，$In^-$ 为红色。由于酚酞是弱电解质，部分电离，所以在酚酞试液中，指示剂分子（HIn）与离子（In^-）同时存在，但主要以分子形式 HIn 存在，所以酚酞试液为无色。

如果把酚酞加入酸性溶液中，H^+ 浓度增大，根据平衡移动原理，平衡向左移动，使得溶液中红色离子 In^- 减少，而无色分子 HIn 增多。当溶液的 pH 值在 8.0 以下时，酚酞在溶液中主要以无色 HIn 分子形式存在，溶液就呈现无色，称之为酸色。

如果把酚酞加入碱性溶液中，OH^- 浓度增大，OH^- 与酚酞电离出的 H^+ 结合成水，从而使 H^+ 浓度减小，根据平衡移动原理，平衡向右移动，使得红色离子 In^- 增多，而无色 HIn 分子减少，当溶液的 pH 值达到 10.0 以上时，酚酞在溶液中主要以红色的离子形式存在，溶液就呈现红色，称之为碱色。

当溶液的 pH 值由 8.0 逐渐向 10.0 过渡时，可看到溶液的颜色由无色逐渐转变为红色。反之则由红色转变为无色。我们把指示剂发生颜色变化的 pH 值范围称为该指示剂的变色范围。例如酚酞的变色范围是 8.0～10.0。不同的指示剂有不同的变色范围，变色范围一般由实验测定。常见酸碱指示剂见表 7-2。

表 7-2　常见酸碱指示剂

名　称	变色范围(pH值)	颜色变化	配制方法
酚酞	8.0～10.0	无色～红色	0.1%的90%酒精溶液
石蕊	5.1～8.0	红色～蓝色	一般作试纸,不作试液
甲基橙	3.1～4.4	红色～黄色	0.05%的水溶液
甲基红	4.4～6.2	红色～黄色	0.1%的60%酒精溶液
溴麝香草酚蓝	6.2～7.6	黄色～蓝色	0.1%的20%酒精溶液
溴酚蓝	3.2～4.6	黄色～蓝紫色	0.1%的20%酒精溶液
中性红	6.8～8.0	红色～黄色	0.1%的60%酒精溶液
麝香草酚酞	9.4～10.6	无色～蓝色	0.1%的90%酒精溶液

（二）用酸碱指示剂测定溶液的 pH 值

用酸碱指示剂测定溶液的 pH 值时，只能测出 pH 值的范围，得不到具体的数值。例如，如果在某无色溶液中加入几滴甲基橙指示剂后，溶液显黄色，说明溶液的 pH>4.4，如果在该无色溶液中加入几滴酚酞指示剂，溶液呈无色，说明溶液的 pH<8.0，那么该溶液的 pH 值在 4.4～8.0 之间。

测定溶液 pH 值比较简便的方法是使用 pH 试纸。pH 试纸是将干净、中性的试纸放在多种指示剂的混合溶液浸制而成。把待测溶液滴在 pH 试纸上，将试纸上显示的颜色与标准色卡比较，就可得知待测溶液的近似 pH 值。广泛 pH 试纸的变色谱见表 7-3 所列。若需要精确测定溶液的 pH 值，可使用酸度计。参见实验五。

表 7-3 广泛 pH 试纸的变色谱

pH 值	1	2	3	4	5	6	7	8	9	10	11	12	13	14
颜色	深红	红	橙红	橙黄	深黄	浅黄	黄绿	绿	蓝绿	蓝	靛蓝	蓝紫	紫	深紫

了解溶液的 pH 值相关知识对医药方面的研究有着十分重要的意义。例如，人体血液的 pH 值正常范围是 7.35～7.45，当 pH<7.35 时就会表现为酸中毒；pH>7.45 时就会表现为碱中毒。pH 值偏离正常范围 0.4 个单位就会有生命危险。另外，在药品生产过程中，必须严格控制 pH 值，才能提高药品质量，为人类的健康负责。

第四节 缓冲溶液

许多化学反应必须在适宜而稳定的 pH 值范围内才能进行，例如人体血液的 pH 值在 7.35～7.45 之间才能维持机体的酸碱平衡，一些药物制剂只有在一定 pH 值范围内才不容易变质。怎样的溶液才具有维持自身 pH 值相对稳定的能力呢？实验发现弱酸及其弱酸盐、弱碱及其弱碱盐等物质的混合溶液具有这种作用。

一、缓冲溶液的概念及组成

（一）缓冲溶液的概念

【演示实验 7-2】

实验一：取大试管两支，各加入 10ml 0.5mol/L NaCl 溶液（pH=7），在第一支试管中滴入甲基橙指示剂 2 滴，溶液呈黄色，再滴入 0.5mol/L 盐酸 1 滴，溶液立即呈红色，说明溶液的 pH<3.1；在第二支试管中滴入酚酞指示剂 2 滴，溶液呈无色，再滴入 0.5mol/L 氢氧化钠溶液 1 滴，溶液立即呈红色，说明溶液的 pH>10.0。

实验二：取大试管四支，各加入 10ml 0.5mol/L 醋酸与醋酸钠的混合溶液，再各加入甲基红指示剂 2 滴，四支试管溶液均呈橙色。第一支试管留作对照，在第二支试管中滴入 0.5mol/L 盐酸 1 滴，在第三支试管中滴入 0.5mol/L 氢氧化钠溶液 1 滴，在第四支试管中加入 5 滴蒸馏水，观察现象。

可以看到这四支试管中的溶液颜色基本上没有差别，说明第二支、第三支和第四支试管内的溶液的 pH 值几乎没有发生改变。0.5mol/L 的 HAc 与 NaAc 的混合溶液既对外来少量的酸或碱有抵抗能力，又能抵抗水的稀释。

这种能够抵抗外加少量酸、碱，也能抵抗水的稀释，而溶液 pH 值几乎保持不变的作用叫做缓冲作用，具有缓冲作用的溶液叫做缓冲溶液。例如上述 HAc 与 NaAc 的混合溶液就是缓冲溶液。

0.5mol/L 的 NaCl 溶液不具备抵抗外来少量的酸或碱的能力，因此，NaCl 溶液不是缓冲溶液。

（二）缓冲溶液的组成

缓冲溶液之所以具有缓冲作用，是因为任何一种缓冲溶液中都存在着抗酸、抗碱两种成分，具有缓冲作用的两种物质称为缓冲对或缓冲系。根据组成的不同，缓冲对分为三种类型。

1. 弱酸及其弱酸强碱盐

例如，HAc-NaAc、H_2CO_3-NaHCO_3、H_3PO_4-NaH_2PO_4 等。

2. 弱碱及其弱碱强酸盐

例如，$NH_3 \cdot H_2O$-NH_4Cl 等。

3. 多元酸的酸式盐及其次一级的盐

例如，NaH_2PO_4-Na_2HPO_4、NaHCO_3-Na_2CO_3 等。

二、缓冲溶液的缓冲作用原理

为什么缓冲溶液具有抵抗外来少量的酸、碱和抗稀释的作用？要从缓冲溶液的组成和弱电解质的电离平衡移动两方面说明。

（一）弱酸及其弱酸强碱盐的缓冲作用

以 HAc-NaAc 的缓冲对为例。

在 HAc-NaAc 的缓冲溶液中，醋酸钠是强电解质，在溶液中完全电离成 Na^+ 和 Ac^-；醋酸为弱酸，仅有小部分醋酸电离成 H^+ 和 Ac^-，大多数仍以醋酸分子形式存在，而且，在醋酸溶液中加入醋酸钠，发生同离子效应，使醋酸的电离度降低，造成已电离的醋酸分子浓度减小，未电离的醋酸分子浓度增大，所以，在 HAc-NaAc 缓冲溶液中 HAc 和 Ac^- 的含量比较大，而 H^+ 的较小。

在 HAc-NaAc 缓冲溶液中存在着以下电离方程式：

$$HAc \rightleftharpoons H^+ + Ac^-$$
$$NaAc \rightleftharpoons Na^+ + Ac^-$$

当加入少量的强酸时，强酸电离出的 H^+ 能与溶液中的 Ac^- 结合成弱电解质 HAc 分子，由于在溶液中 Ac^- 的含量比较大，而加入的 H^+ 少，加入的 H^+ 几乎全部与 Ac^- 结合成 HAc 分子，因此，溶液中 H^+ 浓度几乎没有增大，故溶液 pH 值几乎保持不变。所以，Ac^-（弱酸根）是缓冲对的抗酸成分。

当加入少量的强碱时，强碱电离出的 OH^- 能与醋酸电离出的 H^+ 结合成更弱的电解质 H_2O，消耗了一部分 H^+，使醋酸的电离平衡向右移动，在溶液中 HAc 的含量比较大，醋酸不断电离，补充了因与 OH^- 反应而消耗的 H^+，直至加入的 OH^- 几乎全部与 H^+ 反应生成 H_2O 为止，因此，溶液中 H^+ 浓度几乎没有减小，故溶液 pH 值几乎保持不变。所以，HAc（弱酸）是缓冲对的抗碱成分。

在弱酸及其弱酸强碱盐的缓冲溶液中，弱酸根离子是抗酸成分，弱酸是抗碱成分。

（二）弱碱及其弱碱强酸盐的缓冲作用

以 $NH_3 \cdot H_2O$-NH_4Cl 的缓冲对为例。

在 $NH_3 \cdot H_2O\text{-}NH_4Cl$ 组成缓冲溶液中，氯化铵是强电解质，在溶液中完全电离成 NH_4^+ 和 Cl^-，氨水为弱碱，只有少部分电离成离子，而且，在氨水中加入氯化铵，发生同离子效应，使氨水的电离度降低，造成已电离的分子浓度减小，未电离的分子浓度增大，所以，在 $NH_3 \cdot H_2O\text{-}NH_4Cl$ 缓冲溶液中 $NH_3 \cdot H_2O$ 和 NH_4^+ 的含量比较大，而 OH^- 的较小。

在 $NH_3 \cdot H_2O\text{-}NH_4Cl$ 缓冲溶液中存在着如下电离方程式：

$$NH_3 \cdot H_2O \Longrightarrow NH_4^+ + OH^-$$

$$NH_4Cl \Longrightarrow NH_4^+ + Cl^-$$

当加入少量的强碱时，强碱电离出的 OH^- 能与溶液中的 NH_4^+ 结合成弱电解质 $NH_3 \cdot H_2O$，由于在溶液中 NH_4^+ 的含量比较大，而加入的 OH^- 少，加入的 OH^- 几乎全部与 NH_4^+ 结合成 $NH_3 \cdot H_2O$ 分子，因此，溶液中 OH^- 浓度几乎没有增大，故溶液 pH 值几乎保持不变。所以，NH_4Cl（弱碱强酸盐）是缓冲对的抗碱成分。

当加入少量的强酸时，强酸电离出的 H^+ 能与氨水电离出的 OH^- 结合，使 OH^- 浓度减小，氨水的电离平衡向右移动，在溶液中 $NH_3 \cdot H_2O$ 的含量比较大，$NH_3 \cdot H_2O$ 不断电离，补充了因与 H^+ 反应而消耗的 OH^-，直至加入的 H^+ 几乎全部与 OH^- 反应生成 H_2O 为止，因此，溶液中 OH^- 浓度几乎没有减小，故溶液 pH 值几乎保持不变。所以，$NH_3 \cdot H_2O$（弱碱）是缓冲对的抗酸成分。

在弱碱及其弱碱强酸盐的缓冲溶液中，弱碱是抗酸成分，弱碱强酸盐是抗碱成分。

综上所述，缓冲溶液具有抗酸成分和抗碱成分，因此缓冲溶液能够抵抗外来的少量酸、碱的影响，而本身 pH 值几乎保持不变。但是，任何一种缓冲溶液的缓冲能力都是有限的，只能抵抗少量酸或碱的侵入，当加入大量的酸或碱时，抗酸、抗碱成分一旦消耗完，缓冲作用自然就消失了。

三、缓冲溶液的 pH 值计算

既然缓冲溶液有稳定溶液 pH 值的作用，所以掌握缓冲溶液的 pH 值的计算就显得尤为重要。

（一）弱酸-弱酸强碱盐缓冲溶液的 pH 值

以 HA 表示弱酸，HA-MA 缓冲溶液中存在着如下电离方程式：

$$MA \longrightarrow M^+ + A^-$$

$$HA \Longrightarrow H^+ + A^-$$

弱酸强碱盐 MA 是强电解质，电离出大量的 A^-，在 HA 溶液中加入 MA，发生同离子效应，弱酸 HA 的电离度明显减小，已电离的 HA 分子浓度很小，所以在 HA-MA 缓冲溶液中，$[HA] \approx c_{弱酸}$（弱酸的初始浓度），$[A^-] \approx c_{盐}$（弱酸强碱盐的初始浓度）。

$$HA \Longrightarrow H^+ + A^-$$

初始浓度/(mol/L)　　　　　　$c_{弱酸}$　　　0　　　$c_{盐}$

平衡浓度/(mol/L)　　　　　$c_{弱酸} - x$　　x　　$c_{盐} + x$

　　　　　　　　　　　　　　$\approx c_{弱酸}$　　　　　$\approx c_{盐}$

弱酸的电离常数 $K_a = \dfrac{[H^+] \cdot [A^-]}{[HA]}$

$$[H^+] = \frac{K_a[HA]}{[A^-]}$$

$[H^+] = K_a \cdot \dfrac{c_{弱酸}}{c_{盐}}$，等式两边同时取负对数，得

$$pH = pK_a + \lg \frac{c_{盐}}{c_{弱酸}} 或 pH = pK_a + \lg \frac{c_{弱酸根}}{c_{弱酸}} \qquad (pK_a = -\lg K_a)$$

该公式同样适用于多元酸的酸式盐及其次一级盐缓冲溶液的 pH 值计算。

【例 7-7】 将 45ml 0.1mol/L 的 HAc 溶液与 45ml 0.1mol/L 的 NaAc 溶液混合，溶液的 pH 值是多少？

解：依题意，HAc 溶液和 NaAc 溶液等体积混合后形成了缓冲溶液，混合后 HAc、NaAc 浓度各为原来的一半。

即 $c_{盐} = c_{酸} = 0.05 mol/L$

缓冲溶液的 $pH = pK_a + \lg \dfrac{c_{盐}}{c_{弱酸}}$

$$pH = -\lg 1.75 \times 10^{-5} + \lg \frac{0.05}{0.05} = 5 - \lg 1.75 = 4.76$$

（二）弱碱-弱碱强酸盐缓冲溶液 pH 值的计算

同理，我们也可以推出弱碱-弱碱强酸盐缓冲溶液 pOH 值的计算公式。

$$pOH = pK_b + \lg \frac{c_{盐}}{c_{弱碱}} 或 pOH = pK_b + \lg \frac{c_{弱碱阳离子}}{c_{弱碱}} \qquad (pK_b = -\lg K_b)$$

常温时，$pH = 14 - pOH$

$$pH = 14 - pK_b - \lg \frac{c_{盐}}{c_{弱碱}} 或 pH = 14 - pK_b - \lg \frac{c_{弱碱阳离子}}{c_{弱碱}}$$

【例 7-8】 25℃时，计算 40ml 含 $NH_3 \cdot H_2O$ 0.02mol/L 和 NH_4Cl 0.01mol/L 的缓冲溶液的 pH 值是多少？

解：在弱碱-弱碱强酸盐缓冲对中，$pOH = pK_b + \lg \dfrac{c_{盐}}{c_{弱碱}}$

$$pOH = -\lg 1.7 \times 10^{-5} + \lg \frac{0.01}{0.02} = 4.47$$

$$pH = 14 - pOH = 14 - 4.47 = 9.53$$

答：该缓冲溶液的 pH 值为 9.53。

四、缓冲溶液的配制

在实际工作中，有时需要配制一定 pH 值且缓冲能力较大的缓冲溶液。如何达到这个目的呢？可按以下原则设计。

1. 选择合适的缓冲对

对于弱酸-弱酸强碱盐缓冲对来说，弱酸的 pK_a 与所需的 pH 值相等或接近；对于弱碱-弱碱强酸盐缓冲对来说，弱碱的 pK_b 与所需的 pOH 值相等或接近。

2. 如果 $pK_a(pK_b)$ 与 pH(pOH) 不完全相等，可以按照 pH(pOH) 值，利用公式计算出弱酸和弱酸强碱盐（弱碱和弱碱强酸盐）的浓度比。

3. 为了有较大的缓冲能力，一般所需的弱酸（弱碱）及其盐的浓度范围为 $0.05 \sim 0.5mol/L$。

4. 所选择的缓冲溶液不能与反应物或生成物发生作用。选择药用缓冲溶液时，应考虑是否与主药发生配伍禁忌，还要考虑缓冲对的热稳定性及是否有毒性等。

在《中国药典》2005 版附录缓冲液，列出了一些医药上常用的缓冲溶液的配制方法。配制缓冲溶液时，可以查阅《中国药典》，找出适宜的配制方法。例如，配制 1000ml 醋酸-醋酸钠缓冲液（pH4.5），取醋酸钠 18g，加冰醋酸 9.8ml，再加水稀释至 1000ml，即得；配制 100ml 氨-氯化铵缓冲液（pH10.0），取氯化铵 5.4g，加水 20ml 溶解后，加浓氨溶液 35ml，再加水稀释至 100ml，即得；配制 1000ml 磷酸盐缓冲液（pH5.8），取磷酸二氢钾 8.34g 与磷酸氢二钾 0.87g，再加水使溶解成 1000ml，即得。等等。

五、缓冲溶液在医药上的意义

缓冲溶液在医药方面有着重要的意义。缓冲作用对药剂生产、保存，对理解和探讨人体生理机制和病理生理变化，特别是体液中的酸碱平衡和水盐代谢的正常状态和失调等原因是有很大帮助的。

正常人体血液的 pH 值总是维持在 7.35～7.45 的范围内，这与血液中存在多个缓冲对有关，人体血液中除有血红蛋白和血浆蛋白缓冲对外，最重要就是 H_2CO_3-HCO_3^- 和 $H_2PO_4^-$-HPO_4^{2-} 缓冲对，它们对人体内代谢过程中产生的有机酸或来源于食物中的碱性物质（或酸性物质）起缓冲作用，使血液的 pH 值几乎保持不变，保证了人的正常生理活动能在酸碱环境相对稳定的条件下进行。

药剂生产、药品的保存通常要求在一定的 pH 值范围内，所以需要适当的缓冲溶液来稳定 pH 值。如维生素 C 注射液，常用碳酸氢钠来调节 pH 值在 5.0～7.0 之间，既可增加维生素 C 的稳定性，又能减轻病人注射时的痛苦。由于人的血液具有较强的缓冲能力，所以一般注射剂的 pH 值调节在 4～9 之间均可。人的泪液的 pH 值在 7.3～7.5 之间，虽然泪液也有一定的缓冲能力，但滴眼剂的 pH 值若控制不当，就会刺激眼黏膜。因此，在配制过程中应根据滴眼剂的性质加入缓冲液调节 pH 值。

此外，组织切片和细菌染色、微生物的培养以及酶的催化和生化制剂中有效成分的提取等，所有这些都要求 pH 值的相对稳定，要使溶液的 pH 值达到相对稳定，必须使用缓冲溶液。

第五节　盐类的水解

一、盐类的水解实质

盐是电解质中最常见的一种，它是酸碱中和反应的产物。酸的水溶液呈酸性，碱的水溶液呈碱性，正盐的结构中一般不含 H^+ 或 OH^-，那么盐的水溶液是否都呈中性呢？

【演示实验 7-3】　用 pH 试纸分别测定 0.1mol/L 的氯化铵溶液、氯化钠溶液和醋酸钠溶液的 pH 值。

实验结果见表 7-4。

氯化铵、醋酸钠等盐的水溶液的酸碱性为什么不同？这是因为绝大多数的盐溶于水后，能完全电离成金属阳离子和酸根离子，在这些离子中有的可与水电离出的 H^+ 或 OH^- 作用，生成弱电解质，破坏了水的电离平衡，使得溶液中的 〔H^+〕与 〔OH^-〕发生相对变化，所以盐类水溶液的酸碱性各不相同。

表 7-4　0.1mol/L 的氯化铵溶液、氯化钠溶液和醋酸钠溶液的酸碱性

项　　目	0.1mol/LNH₄Cl 溶液	0.1mol/LNaCl 溶液	0.1mol/LNaAc 溶液
溶液的 pH 值	5	7	9
溶液的酸碱性	溶液显酸性	溶液显中性	溶液显碱性

盐在水溶液中电离出的离子和水电离出的 H^+ 或 OH^- 作用生成弱电解质（弱酸或弱碱）的反应，叫做盐类的水解。

盐类的水解反应是酸碱中和反应的逆反应。

二、各类盐的水解

(一) 弱酸强碱盐

弱酸强碱盐＋水⇌弱酸＋强碱，因此弱酸强碱盐能水解。弱酸强碱盐水解后，溶液显酸性、中性还是碱性呢？下面以醋酸钠为例说明。

醋酸钠溶于水后，发生下列反应：

$$NaAc = Na^+ + Ac^-$$
$$+$$
$$H_2O \rightleftharpoons OH^- + H^+$$
$$\Updownarrow$$
$$HAc$$

NaAc 电离出的 Ac^- 能与 H_2O 电离出的 H^+ 结合生成弱酸 HAc 分子，因此，NaAc 能水解。H_2O 电离出的 H^+ 与 NaAc 电离出的 Ac^- 结合生成 HAc 分子，H^+ 浓度减少，水的电离平衡向右移动，在 H^+ 得到补充的同时，OH^- 的浓度随之增大，直到建立新的平衡。结果，溶液中 $[OH^-] > [H^+]$，溶液呈碱性。

醋酸钠水解的化学方程式为：$NaAc + H_2O \rightleftharpoons NaOH + HAc$

醋酸钠水解的离子方程式为：$Ac^- + H_2O \rightleftharpoons OH^- + HAc$

弱酸强碱盐能水解，其水溶液显碱性，水解作用的实质是弱酸根离子与水电离出的 H^+ 结合形成了弱酸的反应。

(二) 强酸弱碱盐

强酸弱碱盐＋水⇌强酸＋弱碱，因此强酸弱碱盐能水解。强酸弱碱盐水解后，溶液显酸性、中性还是碱性呢？下面以氯化铵为例说明。

氯化铵溶于水后，发生下列反应：

$$NH_4Cl = NH_4^+ + Cl^-$$
$$+$$
$$H_2O \rightleftharpoons OH^- + H^+$$
$$\Updownarrow$$
$$NH_3 \cdot H_2O$$

氯化铵水解的化学方程式为：$NH_4Cl + H_2O \rightleftharpoons NH_3 \cdot H_2O + HCl$

氯化铵水解的离子方程式为：$NH_4^+ + H_2O \Longrightarrow NH_3 \cdot H_2O + H^+$

离子方程式反映了氯化铵水解的实质，即一部分弱碱的阳离子（NH_4^+）与水电离出的 OH^- 结合生成了弱碱（$NH_3 \cdot H_2O$）分子，因此，NH_4Cl 能水解。H_2O 电离出的 OH^- 与 NH_4Cl 电离出的 NH_4^+ 结合生成 $NH_3 \cdot H_2O$ 分子，使 OH^- 浓度减少，水的电离平衡向右移动，在 OH^- 得到补充的同时，H^+ 的浓度随之增大，直到建立新的平衡。结果，溶液中 $[H^+] > [OH^-]$，溶液呈酸性。

强酸弱碱盐能水解，其水溶液呈酸性，水解作用的实质是弱碱的阳离子与水电离出的 OH^- 结合生成了弱碱的反应。

（三）弱酸弱碱盐

弱酸弱碱盐＋水 $\Longrightarrow$ 弱酸＋弱碱，因此弱酸弱碱盐能水解。

弱酸弱碱盐溶液呈酸性、中性还是碱性，取决于组成盐的弱酸、弱碱的相对强弱。$K_a = K_b$，溶液呈中性；$K_a > K_b$，溶液呈酸性；$K_a < K_b$，溶液呈碱性。

例如，醋酸铵溶液，醋酸电离常数 $K_a = 1.75 \times 10^{-5}$，氨水的电离常数 $K_b = 1.7 \times 10^{-5}$，两者几乎相等（$K_a \approx K_b$），所以，醋酸铵溶液呈中性。又如氰化铵溶液，氢氰酸的 $K_a = 6.20 \times 10^{-10}$，氨水的 $K_b = 1.7 \times 10^{-5}$，氨水的电离常数比氢氰酸的大得多（$K_a < K_b$），所以氰化铵溶液呈碱性。

（四）强酸强碱盐

强酸和强碱反应生成的盐，叫做强酸强碱盐。在水溶液中，强酸强碱盐如氯化钠等，由于它们电离出来的阴、阳离子都不与水电离出来的 H^+ 或 OH^- 结合生成弱电解质，所以水中 H^+ 浓度和 OH^- 浓度保持不变，水的电离平衡没有受到破坏，溶液中 H^+ 的浓度和 OH^- 的浓度仍然相等，所以，强酸强碱盐不能水解，其水溶液呈中性。

例如，氯化钠、氯化钾、硝酸钠等强酸强碱盐不发生水解，它们的水溶液呈中性。

三、影响盐类水解的因素

盐的水解程度主要取决于盐的本性，其次还受温度、浓度和酸度的影响。现分别讨论如下。

（一）盐的本性

不同类型的盐，其水解程度不同，组成盐的弱酸或弱碱越弱，其水解程度就越大。如 NaCN 比 NaAc 的水解程度大。当盐的水解产物中有难溶电解质或易挥发气体生成时，更能促进水解。如三氯化铁的水解，其水解方程式为：

$$FeCl_3 + 3H_2O \Longrightarrow Fe(OH)_3 + 3HCl$$

（二）温度的影响

我们知道，盐类的水解反应是酸碱中和反应的逆反应，酸碱中和反应是放热反应，所以盐类的水解反应是吸热反应，根据平衡移动原理，温度升高有利于盐的水解。例如纯碱洗涤沾有油污的物品时，热的碱水去污效果好，就是利用了这个原理。

例如在加热 $FeCl_3$ 溶液时，发现溶液颜色逐渐变深。加热至沸时，生成了棕红色的氢氧化铁沉淀，说明 $FeCl_3$ 溶液水解加剧，水解方程式为：

$$FeCl_3 + 3H_2O \overset{\triangle}{\Longrightarrow} Fe(OH)_3 \downarrow + 3HCl$$

由此可见，加热促进盐的水解。在配制容易水解的盐溶液时，不宜加热溶解。

（三）盐溶液浓度的影响

对于强酸弱碱盐或弱酸强碱盐而言，溶液越稀，水解程度越大。

对于弱酸弱碱盐，水解程度与浓度无关。

（四）酸度的影响

盐类的水解，改变了溶液的酸碱性，所以根据平衡移动原理，在盐溶液中加入适量的酸或碱，或将盐直接溶于稀酸或稀碱溶液中，都能够抑制或促进盐的水解。下面以实验室配制 $SbCl_3$ 为例来说明。

【演示实验 7-4】 取试管一支，在试管中放入少量的三氯化锑固体，慢慢地加入蒸馏水，可见到有白色沉淀生成。逐滴加入 6mol/L 的盐酸，边加边振荡，直到白色沉淀消失，再滴加 6mol/L 的 NaOH 溶液，可以看到白色沉淀又复出。

$$SbCl_3 + 2H_2O \rightleftharpoons Sb(OH)_2Cl + 2HCl$$
$$Sb(OH)_2Cl \rightleftharpoons SbOCl \downarrow + H_2O$$
$$（氯化氧锑）$$

加入盐酸，抑制了三氯化锑的水解；加入 NaOH，促进了三氯化锑的水解。所以，在实验室配制三氯化锑溶液时，为了防止沉淀的产生，常常加些盐酸。

以上现象说明，对于强酸弱碱盐，加酸可以抑制它的水解，而加碱可以促进它的水解。因此，在配制 $FeCl_3$、$Bi(NO_3)_3$、$SnCl_2$ 等易水解盐溶液时，为了防止沉淀的产生，都需要将其固体先加入与之对应的酸溶液中，才能得到澄清的溶液。

同理，对于弱酸强碱盐，加碱可以抑制它的水解，加酸可以促进它的水解。在实验室配制这种溶液时，应将固体先溶于与之对应的碱溶液中，再进行稀释。例如，KCN 水解的化学方程式为：$KCN + H_2O \rightleftharpoons KOH + HCN$，KCN 水解产物 HCN 是剧毒气体，在配制 KCN 的溶液时，为了抑制这种剧毒气体的逸出，需将固体 KCN 先溶解在 KOH 溶液中，配成浓溶液，需要时再稀释至所需浓度。

盐的水解在医药上有重要意义。如治疗酸中毒时使用碳酸氢钠，就是利用它水解后呈碱性的性质。有些药物因水解而非常不稳定，经常通过调节酸度来抑制它的水解。例如，碱性环境能加速硫酸阿托品注射液的水解，就需要加入酸性物质来抑制水解，一般硫酸阿托品注射液的 pH 值要控制在 4.5 左右。

第六节　难溶电解质的沉淀-溶解平衡

不同电解质的溶解度是不同的。习惯上，把 298K 时，溶解度小于 0.01g/100g 水的电解质叫做难溶电解质。如氯化银、硫酸钡、氢氧化铁等都是难溶强电解质。

一、溶度积

电解质的溶解度有大有小，但绝对不溶于水的物质是不存在的。例如，将固体氯化银放入水中，固体表面上的 Ag^+ 和 Cl^- 受到极性水分子的吸引和撞击，在水分子的作用下就会脱离固体表面形成水合离子进入溶液，这个过程称为氯化银的溶解；同时，溶液中的水合 Ag^+ 和 Cl^- 在运动过程中又会重新形成氯化银回到固体表面，这个过程称为氯化银的沉淀。当溶液达到饱和时，溶解速率和沉淀速率相等，体系达到动态平衡，即难溶电解质的沉淀-溶解平衡。氯化银的饱和溶液中，存在如下沉淀-溶解平衡：

$$AgCl(s) \Longrightarrow Ag^+ + Cl^-$$

　　未溶解的固体　　溶液中的离子

　　难溶电解质溶液中的固体与其溶解在溶液中的相应离子之间存在的平衡，称为沉淀-溶解平衡。

　　沉淀-溶解平衡是化学平衡中的一种，服从化学平衡定律，上述反应的平衡常数为：

$$K_{sp} = [Ag^+][Cl^-]$$

　　K_{sp} 称为难溶电解质的溶度积常数。当温度一定时，难溶电解质的饱和溶液中，其阴、阳离子浓度系数次方的乘积是一个常数，即溶度积常数，简称溶度积。

　　对于任一难溶电解质 A_mB_n，在一定温度下达到平衡时：

$$A_mB_n(s) \Longrightarrow mA^{n+} + nB^{m-}$$

$$K_{sp} = [A^{n+}]^m[B^{m-}]^n$$

例如：
$$CaF_2(s) \Longrightarrow Ca^{2+} + 2F^-$$

$$K_{sp} = [Ca^{2+}][F^-]^2$$

　　应用溶度积时注意以下几点。

　　1. 溶度积只适用于难溶化合物的饱和溶液，即只有在沉淀-溶解达到平衡时，溶液中相应离子浓度系数次方的乘积才等于 K_{sp}。

　　2. 溶度积与其他平衡常数一样，只与难溶电解质的本性和温度有关，而与溶液中离子的浓度无关。

　　3. 在溶度积关系式中，离子浓度为物质的量浓度，单位为 mol/L。

　　一些常见难溶电解质的溶度积见附录。

二、溶度积规则

　　溶度积规则是判断溶液中有没有沉淀生成或沉淀是否能溶解的依据。这里首先需要引入一个离子积的概念。

(一) 离子积 (Q)

　　所谓离子积，是指在一定温度下，难溶电解质溶液中离子浓度系数次方的乘积，用符号 Q 表示。例如：

$$BaSO_4(s) \Longrightarrow Ba^{2+} + SO_4^{2-}$$

　　$BaSO_4$ 的离子积 $Q = c(Ba^{2+})c(SO_4^{2-})$，其中 $c(Ba^{2+})$ 和 $c(SO_4^{2-})$ 分别表示 Ba^{2+} 和 SO_4^{2-} 在任意状态时的浓度；而 $BaSO_4$ 的 $K_{sp} = [Ba^{2+}][SO_4^{2-}]$，其中 $[Ba^{2+}]$ 和 $[SO_4^{2-}]$ 分别表示 $BaSO_4$ 饱和溶液中 Ba^{2+} 和 SO_4^{2-} 的浓度。显然，离子积 Q 与溶度积 K_{sp} 虽然表达式相似，但它们具有不同的意义，K_{sp} 仅仅是 Q 的一个特例。

(二) 溶度积规则

　　对于某一给定的难溶电解质溶液，Q 与 K_{sp} 相比较，有以下三种情况：

　　1. 若 $Q = K_{sp}$，则表示溶液为饱和溶液，沉淀和溶解处于动态平衡，表面上无沉淀析出；

　　2. 若 $Q > K_{sp}$，则表示溶液为过饱和溶液，有沉淀从溶液中析出，直至形成该温度下的饱和溶液为止；

　　3. 若 $Q < K_{sp}$，则表示溶液为不饱和溶液，无沉淀析出。如果溶液中有该难溶电解质固

体，将继续溶解直至形成饱和溶液为止。

以上规则称为溶度积规则。溶度积规则是判断某溶液中有无沉淀生成或沉淀能否溶解的标准。

三、沉淀的生成和溶解

（一）沉淀的生成

由溶度积规则可知，要使沉淀自溶液中析出，必须设法增大溶液中相关离子的浓度，使难溶电解质的离子积大于溶度积（即 $Q>K_{sp}$）。

【例 6-9】　将 $0.004mol/L$ $AgNO_3$ 溶液与 $0.002mol/L$ KI 溶液等体积混合，问是否有 AgI 沉淀析出？（已知 AgI 的溶度积 $K_{sp}=8.3\times10^{-17}$）

解：$AgNO_3$ 溶液与 KI 溶液是等体积混合，体积增加一倍，各物质浓度减小一半。因此，混合后 $AgNO_3$ 与 KI 的浓度分别为 $0.002mol/L$、$0.001mol/L$。$AgNO_3$ 与 KI 都是强电解质，它们在水溶液中完全电离。

$$AgNO_3 = Ag^+ + NO_3^- \qquad\qquad KI = K^+ + I^-$$
$$c(Ag^+) = 0.002mol/L \qquad\qquad c(I^-) = 0.001mol/L$$

AgI 的离子积 $Q = c(Ag^+) \cdot c(I^-) = 0.002\times0.001 = 2.0\times10^{-6}$

AgI 的溶度积 $K_{sp} = 8.3\times10^{-17}$

$Q>K_{sp}$，有 AgI 沉淀析出。

答：若将 $0.004mol/L$ $AgNO_3$ 溶液与 $0.002mol/L$ KI 溶液等体积混合，有 AgI 沉淀析出。

【例 6-10】　在含有 $0.1mol/L$ Cl^-、CrO_4^{2-} 的混合溶液中，逐滴加入 $AgNO_3$ 溶液，能分别生成 AgCl、Ag_2CrO_4 沉淀，问首先生成哪一种沉淀？（AgCl 的 $K_{sp}=1.8\times10^{-10}$、Ag_2CrO_4 的 $K_{sp}=1.1\times10^{-12}$）

AgCl 开始沉淀时需要的 Ag^+ 浓度：

$$[Ag^+] > \frac{K_{sp,AgCl}}{[Cl^-]} = \frac{1.81\times10^{-10}}{0.1} = 1.8\times10^{-9} mol/L$$

Ag_2CrO_4 开始沉淀时需要的 Ag^+ 浓度：

$$[Ag^+] > \sqrt{\frac{K_{sp,Ag_2CrO_4}}{[CrO_4^{2-}]}} = \sqrt{\frac{1.1\times10^{-12}}{0.1}} = 3.3\times10^{-6}(mol/L)$$

由此可见，在混合溶液中，逐滴加入 $AgNO_3$ 溶液，由于生成 AgCl 沉淀需要的 Ag^+ 浓度比生成 Ag_2CrO_4 沉淀的要小，所以，先生成 AgCl 沉淀，后生成 Ag_2CrO_4 沉淀。

这种应用一种沉淀剂，使溶液中的几种离子先后沉淀出来的方法，称为分级沉淀或分步沉淀。

掌握分步沉淀的规律，根据具体情况，适当地控制条件，就可以达到分离离子的目的。

（二）沉淀的溶解

根据溶度积规则，沉淀溶解的必要条件是 $Q<K_{sp}$。因此要使沉淀溶解，必须降低难溶电解质饱和溶液中有关离子浓度，这样沉淀才可以溶解或转化为更难溶的沉淀。对于不同类型的沉淀，可采用不同的化学反应来降低离子的浓度。常用的方法有以下

几种。

1. 生成弱电解质或气体

根据难溶电解质的组成，加入适当的试剂与溶液中某种离子结合生成水、弱酸、弱碱或气体。

例如：$Fe(OH)_3$ 能溶于盐酸，反应如下：

$$Fe(OH)_3(s) \rightleftharpoons Fe^{3+} + 3OH^-$$
$$+$$
$$3HCl \Longrightarrow 3Cl^- + 3H^+$$
$$\Big\Updownarrow$$
$$3H_2O$$
$$Fe(OH)_3 + 3HCl \Longrightarrow FeCl_3 + 3H_2O$$

由于难溶电解质 $Fe(OH)_3$ 电离出的 OH^- 与盐酸电离出 H^+ 结合生成了水，使溶液中的 OH^- 浓度减小，$Fe(OH)_3$ 的沉淀-溶解平衡向沉淀溶解方向移动，如果加入足够的盐酸，$Fe(OH)_3$ 沉淀将不断溶解，直至完全溶解为至。

2. 氧化还原反应

加入氧化剂或还原剂，与难溶电解质发生氧化还原反应，改变溶液中某种离子的氧化数，使离子浓度降低。

例如，难溶电解质 CuS 不溶于盐酸，但它可溶于硝酸。这是为什么呢？原因在于硝酸具有强氧化性，HNO_3 可将 CuS 中 S^{2-} 转化为 S，破坏了 CuS 的沉淀-溶解平衡，使平衡向着沉淀溶解的方向移动，沉淀将不断溶解，直至 CuS 完全溶解为至。反应式如下：

$$3CuS + 8HNO_3 \Longrightarrow 3Cu(NO_3)_2 + 3S\downarrow + 2NO\uparrow + 4H_2O$$

3. 形成配离子（配离子的基本概念见第九章）

一些难溶于水的电解质能溶于过量的 Cl^-、Br^-、I^- 等离子和氨水中，形成可溶性的配合物。例如，难溶于水的 AgCl，可溶于过量氨水中，生成可溶性的 $[Ag(NH_3)_2^+]$ 配离子，使溶液中 Ag^+ 浓度大大减小，AgCl 的沉淀-溶解平衡向沉淀溶解方向移动，所以沉淀溶解。反应式如下：

$$AgCl + 2NH_3 \rightleftharpoons [Ag(NH_3)_2^+] + Cl^-$$

对于溶解度很小的难溶电解质来说，有时需要同时采取多种方法才能使其溶解。

第七节　酸碱质子理论

酸碱概念是无机化学中最基本、最重要的概念之一。酸碱理论经历了一个由浅入深、由表及里、由低级到高级的发展过程。最初人们认为：酸是具有酸味，能使蓝色石蕊变为红色的物质；碱是有涩味，有滑腻感，使红色石蕊变蓝并能与酸反应生成盐和水的物质。直到 18 世纪后期，化学家才从物质的内在本质去认识酸碱，并提出了多种酸碱理论。其中比较重要的有阿累尼乌斯的酸碱电离理论，布朗斯蒂德和劳瑞的酸碱质子理论，路易斯的酸碱电子理论等，每一个新的理论都是对前一个理论的补充，它们之间并不矛盾，只是适用范围不同。在这里我们只介绍酸碱电离理论和酸碱质子理论。

　　1887 年瑞典化学家阿累尼乌斯提出酸碱电离理论。该理论认为：电解质在水溶液中能够电离。凡是在水溶液中电离时产生的阳离子全部是 H^+ 的化合物叫酸，如 HCl、HNO_3、H_2SO_4、H_3PO_4、H_2CO_3 等属于酸；电离时产生的阴离子全部是 OH^- 的化合物叫做碱，如 NaOH、KOH、$Ba(OH)_2$、$NH_3 \cdot H_2O$ 等属于碱。盐是酸碱反应的产物。

　　酸碱电离理论明确指出 H^+ 是酸的特征，OH^- 是碱的特征；酸碱中和反应的实质就是 H^+ 与 OH^- 作用生成水的反应。即：

$$H^+ + OH^- \Longrightarrow H_2O$$

　　酸碱电离理论对科学发展起了积极作用，直到现在仍然普遍应用。然而这一理论有很大的局限性，它把酸碱局限于水溶液中，对非水溶液及无溶剂体系均不能使用。按照电离理论，离开水溶液就没有酸、碱及酸碱反应，也不能用 H^+ 浓度和 OH^- 浓度的相对大小来衡量在非水溶剂体系（如液氨、醋酸、苯、四氯化碳、丙酮等）中的物质酸碱性的相对强弱。1923 年丹麦化学家布朗斯蒂德和英国化学家劳瑞同时提出了酸碱质子理论，扩大了酸碱的范围。

一、酸碱的定义

　　酸碱质子理论认为：凡能给出质子（H^+）的物质都是酸；凡能接受质子（H^+）的物质都是碱。酸和碱的关系可用下式表示为：

$$酸 \Longrightarrow 质子 + 碱$$

例如：

$$HB \Longrightarrow H^+ + B^-$$
$$HCl \Longrightarrow H^+ + Cl^-$$
$$HAc \Longrightarrow H^+ + Ac^-$$
$$HCO_3^- \Longrightarrow H^+ + CO_3^{2-}$$
$$H_2CO_3 \Longrightarrow H^+ + HCO_3^-$$
$$H_3O^+ \Longrightarrow H^+ + H_2O$$
$$H_2O \Longrightarrow H^+ + OH^-$$

　　(1) 从以上关系式可看出酸（HB）给出质子后变成碱（B^-），而碱（B^-）接受质子后变成酸（HB）。酸与碱的这种相互依存的关系称为共轭关系。右边的碱是左边酸的共轭碱，左边酸是右边碱的共轭酸，一对共轭酸碱在化学组成上仅相差一个质子。例如 HAc 是 Ac^- 的共轭酸，Ac^- 是 HAc 的共轭碱。

　　(2) 酸和碱可以是中性分子，也可以是阴离子或阳离子。如 HCl、HAc、NH_4^+ 等是酸；Cl^-、SO_4^{2-} 等是碱。有些物质如 H_2O、HCO_3^-、$H_2PO_4^-$ 等既可以给出质子又可以接受质子，这类分子或离子既是酸又是碱，为两性物质。

　　(3) 酸碱质子理论没有盐的概念。例如 NH_4Cl 在阿累尼乌斯电离理论中称为盐，但在酸碱质子理论中则认为 NH_4^+ 是酸，Cl^- 是碱。

二、酸碱反应

　　按照酸碱质子理论，酸碱反应的实质是两对共轭酸碱间的质子传递。酸碱反应也不一定生成水。

酸碱半反应 1　　　　酸$_1$ $\rightleftharpoons$ 碱$_1$＋H$^+$

酸碱半反应 2　　　　碱$_2$＋H$^+$ $\rightleftharpoons$ 酸$_2$

总反应　　　　　　　酸$_1$ ＋ 碱$_2$ $\rightleftharpoons$ 碱$_1$＋酸$_2$

两对共轭酸碱对相互作用的净结果是酸$_1$把质子传递给了碱$_2$，自身变为碱$_1$，碱$_2$从酸$_1$接受质子后变为酸$_2$。这种质子传递反应，既不要求反应必须在溶剂中进行，也不要求酸先给出独立的质子再加到碱上，而只是质子从一种物质传递到另一种物质中去。因此，反应可在水溶液中进行，也可在非水溶液中或气相中进行。例如：

$$HCl + NH_3 \rightleftharpoons NH_4^+ + Cl^-$$

NH$_3$ 和 HCl 的反应，在水溶液中、液氨溶液中、苯溶液中或气相中，其实质都是一样的，即 HCl 是酸，NH$_3$ 是碱，HCl 把质子传递给 NH$_3$，HCl 给出质子后转变为它的共轭碱Cl$^-$；NH$_3$ 接受质子后，转变为它的共轭酸 NH$_4^+$。由于 HCl 给出质子的能力比 NH$_4^+$ 强，即 HCl 的酸性比 NH$_4^+$ 的强；NH$_3$ 接受质子能力比 Cl$^-$ 强，即 NH$_3$ 的碱性比 Cl$^-$ 的强。而且酸碱反应总是由较强的酸和较强的碱作用，向着生成较弱的酸和较弱的碱的方向进行。所以上述反应从左向右进行，质子传递方向是 HCl 把质子传递给 NH$_3$。

从上面的分析看出，酸碱的质子理论摆脱了酸碱必须在水中发生反应的局限性，并把水溶液中进行的各种离子反应系统地归纳为质子传递的酸碱反应，这样，进一步加深了人们对于酸、碱和酸碱反应本质的认识。

日常生活中，我们所熟悉的很多药物都有酸碱性，药物在生产、制剂、分析、贮存，在体内吸收、分布、代谢和发生药效，以及药物对皮肤、黏膜、肌肉、内脏的刺激性等等都与药物的酸碱性有密切关系，这些关系通常可依据酸碱质子理论来加以解释和说明。但是，酸碱质子理论也有其局限性，它只限于质子的给予和接受，对于无质子参与的酸碱反应就无能为力了。

三、酸碱强度

不同物质在同一溶剂中显示出不同的酸碱性。如在水溶液中，酸碱强度决定于酸将质子给予水分子或碱从水分子中夺取质子的能力，通常用其在水中的离解常数的大小来衡量。酸（碱）的离解常数愈大，其酸（碱）性愈强。例如，HAc 的 $K_a = 1.75 \times 10^{-5}$，HNO$_2$ 的 $K_a = 4.6 \times 10^{-4}$，所以 HNO$_2$ 的酸性比 HAc 稍强。酸性越强的酸，越容易给出质子，其共轭碱就越难接受质子，即其共轭碱的碱性越弱；碱性越强的碱，其共轭酸的酸性就越弱。表7-5 列出了常见的共轭酸碱对以及它们酸、碱性的强弱变化。

一种物质酸碱性的强弱不仅决定于酸碱物质的本性，同时还与反应对象或溶剂的性质有关。在酸碱反应中，如果酸给出质子的能力越强，与其作用的碱就越容易接受质子，该碱的碱性越强；如果碱接受质子的能力越强，与其作用的酸就越容易给出质子，该酸的酸性越强。同一种物质在不同的溶剂中，由于溶剂接受或给出质子的能力不同而显示不同的酸碱性。例如 NH$_3$ 在水中为一弱碱，而在冰醋酸中表现出较强的碱性；又如 HAc 在水中是弱酸，在乙二胺中表现出较强的酸性。

表 7-5　常见的共轭酸碱对

共　轭　酸		共　轭　碱	
	$HClO_4$	ClO_4^-	
	H_2SO_4	HSO_4^-	
	HCl	Cl^-	
	HNO_3	NO_3^-	
共	H_3O^+	H_2O	共
轭	HSO_4^-	SO_4^{2-}	轭
酸	H_3PO_4	$H_2PO_4^-$	碱
酸	HF	F^-	碱
性	HNO_2	NO_2^-	性
增	HAc	Ac^-	增
加	H_2CO_3	HCO_3^-	加
	$H_2PO_4^-$	HPO_4^{2-}	
	H_2S	HS^-	
	NH_4^+	NH_3	
	HCN	CN^-	
	HCO_3^-	CO_3^{2-}	
	HPO_4^{2-}	PO_4^{3-}	
	HS^-	S^{2-}	
	H_2O	OH^-	
	NH_3	NH_2^-	

习　　题

1. 下列的酸、碱、盐中，哪些是强电解质？哪些是弱电解质？分别写出它们的电离方程式：

$NH_3 \cdot H_2O$、HAc、KCl、H_2S、$Ba(OH)_2$、$MgSO_4$、HNO_3、NH_4NO_3

2. 求算下列溶液中，各种离子的浓度：

(1) 0.1mol/L 的 K_2SO_4　　　(2) 0.2mol/L 的 $BaCl_2$

(3) 0.1moL/L 的 HNO_3　　　(4) 0.2mol/L 的 KOH

3. 计算 0.1mol/L HAc 的 pH 值，并与 0.1mol/L 的 HCl 比较酸性的强弱。

4. 某温度下，氨水电离常数为 1.70×10^{-5}，求 0.5mol/L 氨水溶液中 NH_4^+ 浓度、pH 值和电离度。

5. 25℃时，0.01mol/L HCN 的电离度为 0.025％，求该温度下 HCN 的电离平衡常数。若 HCN 的浓度变为 0.1mol/L，它的电离常数是否变化？此时它的电离度又为多少？

6. (1) 在氨水溶液中加入下列物质时，氨水的电离平衡将向什么方向移动？氨水的电离度有何变化？

NH_4Cl　　　H_2SO_4　　　$NaOH$

(2) 在醋酸溶液中加入下列物质时，醋酸的电离平衡将向什么方向移动？醋酸的电离度有何变化？

$NaAc$　　　HCl　　　$NaOH$

7. 什么是水的离子积？它的大小与哪些因素有关？水中加入少量酸或碱后，水的离子积有无变化？水中 $[H^+]$ 和 $[OH^-]$ 有无变化？

8. 计算下列溶液的 pH 值

（1）0.001mol/L HCl　　（2）0.001mol/L NaOH

（3）0.1mol/L HCN　　　（4）0.1mol/L $NH_3 \cdot H_2O$

9. 两种溶液的 pH 值分别为 2 和 5，哪种溶液的酸性较强？

10. 把下列盐的水溶液按酸性、碱性和中性分类。

Na_2CO_3、KNO_3、NH_4NO_3、NaCN、$AlCl_3$、KCl、$MgSO_4$、盐酸麻黄碱（麻黄碱为弱碱）

11. 配制 $FeCl_3$ 溶液为什么不能用蒸馏水而要用盐酸配制？配制 NaCN 溶液时，为什么要先把 NaCN 固体溶于氢氧化钠溶液中？

12. 写出下列难溶电解质的溶度积表达式：

$CaCO_3$　　　$PbCl_2$　　　AgBr　　　Ag_2S

13. 说明下列情况有无沉淀生成？

（1）1.0×10^{-3} mol/L 的 Ag^+ 和 1.0×10^{-3} mol/L 的 Cl^- 等体积混合；

（2）0.01mol/L 的 $MgCl_2$ 溶液 5ml 和 15ml 0.01mol/LNaOH 溶液相混合；

14. 某溶液中含有 Ba^{2+} 和 Pb^{2+}，Ba^{2+}、Pb^{2+} 浓度都为 0.1mol/L，逐滴加入硫酸钠溶液，分别生成 $BaSO_4$、$PbSO_4$ 沉淀，问哪种离子先沉淀？

15. 写出下列反应的离子方程式。

（1）$CaCO_3 + 2HCl \mathbin{=\!=} CaCl_2 + H_2O + CO_2 \uparrow$

（2）$CuSO_4 + 2NaOH \mathbin{=\!=} Cu(OH)_2 \downarrow + Na_2SO_4$

（3）$Ba(OH)_2 + H_2SO_4 \mathbin{=\!=} BaSO_4 \downarrow + 2H_2O$

（4）$NaOH + HCl \mathbin{=\!=} NaCl + H_2O$

（5）$CuCl_2 + Fe \mathbin{=\!=} FeCl_2 + Cu$

（6）$2KI + Cl_2 \mathbin{=\!=} 2KCl + I_2$

第八章　胶体溶液

第一节　分　散　系

一、分散系的概念

一种或一种以上物质的微粒分散在另一种物质里所形成的体系叫分散系。其中被分散的物质叫分散质或分散相，能容纳分散质的物质叫分散介质或分散剂。如氯化钾注射液，是将氯化钾分散在水中形成的灭菌水溶液，其中氯化钾是被分散的物质，是分散质，水是容纳分散质的物质，是分散剂。

二、分散系的分类

按照分散相微粒的大小，将分散系分成分子或离子分散系、粗分散系和胶体分散系三大类。

（一）分子或离子分散系

分散相是以分子或离子的形式存在，分散相微粒的直径小于$1nm[1$纳米$(nm)=10^{-9}$米$(m)]$的分散系叫分子或离子分散系，又叫真溶液，简称溶液。如碘酊、生理氯化钠溶液等。这种分散系透明、澄清、均匀、稳定，无论放置多久，分散相与分散剂也不会分离。

（二）粗分散系

分散相微粒的直径大于100nm的分散系叫粗分散系。根据分散相的状态不同，粗分散系又分为悬浊液和乳浊液两种。难溶性固体分散在液体中形成的粗分散系叫悬浊液，如泥浆。液体分散在另一种互不相溶的液体中所形成的粗分散系叫乳浊液，如水和油剧烈振荡后就能形成乳浊液。

粗分散系的分散相颗粒大，用肉眼或普通显微镜可以看到，能阻挡光线的通过。粗分散系浑浊、不均匀、不稳定，久置分散相与分散剂会分离。

医药上把悬浊液称为混悬液，把乳浊液称为乳剂。混悬液和乳剂在药剂上应用较广，在注射剂、眼用制剂、口服混悬剂、口服乳剂、洗剂、涂剂和搽剂等剂型中都有应用，如有收敛、止痒、消炎作用的炉甘石洗剂，有防治夜盲症、骨软化症等作用的鱼肝油乳等。混悬液和部分乳剂在储藏时有分层现象，但振摇后会再分散，所以，为了避免用药剂量不够或超剂量的现象发生，混悬液和部分乳剂在使用前应摇匀。

（三）胶体分散系

分散相微粒的直径在1~100nm之间的分散系叫胶体分散系。胶体分散系的分散相粒子叫胶粒，胶体分散系的分散剂大多为水，少数为非水溶剂如乙醇、乙醚、丙酮等。本章介绍的胶体分散系均以水为分散剂。胶体分散系按胶粒与分散剂（水）的亲和力的不同，分为亲水胶体和疏水胶体。

胶体溶液，简称溶胶，属于疏水胶体，是固态分散相分散在液态分散剂中形成的胶体分散系，其外观与溶液一样是透明的。疏水胶体的胶粒与水的亲和作用很弱，一般不能形成水合物，胶粒是由许多低分子或离子聚合而成的，与水有明显的界面，属于多相不均匀体系。如氢氧化铁胶体溶液。胶体溶液的分散相微粒，不能阻挡可见光的通过，也不易受重力的作用和分散剂分离，所以胶体溶液有一定的透明性和稳定性。

高分子化合物溶液，属于亲水胶体，高分子化合物溶液的分散相是单个分子，这个大分子的直径已达到 $1 \sim 100nm$ 之间，在这类大分子中都含有较多的亲水基团如 $—COOH$、$—NH_2$、$—OH$ 等，与水有较强的亲和作用，在水中呈现亲水性并溶于水，以单个分子分散在水中形成单相、均匀、稳定的体系，如蛋白质溶液、淀粉溶液等。

第二节　胶体溶液

一、胶体溶液的制备

要制备胶体溶液首先要选择适当的分散相和分散剂，使分散相在分散剂中几乎不溶解，然后采用适当的方法使分散相的颗粒直径在 $1 \sim 100nm$ 之间，再加入一些稳定剂，就能得到胶体溶液。制备胶体溶液的方法基本上有两种：一种是分散法，一种是凝聚法。

（一）分散法

分散法是把大的颗粒分散成 $1 \sim 100nm$ 的颗粒的方法，常用的有研磨法。在药房和药厂中，是将要分散的物质和液体分散剂放入研钵或胶体磨中，再加入少量稳定剂，反复研磨，使分散相的颗粒直径达到 $1 \sim 100nm$ 之间，即可得到稳定的胶体溶液。

（二）凝聚法

利用物理或化学方法，如改变溶解条件、氧化还原反应、水解反应、复分解反应等，把分子或离子凝聚成直径为 $1 \sim 100nm$ 大小的颗粒，从而制成胶体溶液。

1. 物理凝聚法

常用的有更换溶剂法。利用物质在不同的溶剂中溶解度不同，更换溶剂，使其溶解度突然降低，以很快的速度凝聚成胶粒而形成胶体溶液。如把少量硫的饱和无水酒精溶液滴入蒸馏水中，由于硫在水中溶解度极小，硫在水中迅速析出并凝聚形成胶粒，分散于水中形成硫的水溶胶。注意，在水中滴入的硫的饱和无水酒精溶液的量不能太多，否则会形成悬浊液。

2. 化学凝聚法

在适当条件下，把化学反应所生成的难溶物质凝聚成胶粒，例如：

（1）水解反应

$$FeCl_3（稀溶液）＋3H_2O \Longleftrightarrow Fe(OH)_3（溶胶）＋3HCl$$

配制 $FeCl_3$ 溶液时不能加酸，应用蒸馏水。制备 $Fe(OH)_3$ 胶体溶液时，应先把蒸馏水煮沸，在沸腾时连续滴加适量的 $FeCl_3$ 稀溶液，加完后再煮沸 $1 \sim 2min$，当出现明显红棕色，说明 $Fe(OH)_3$ 胶体溶液已生成，应立即停止加热。

（2）复分解反应　在硫代硫酸钠的稀溶液中滴加稀盐酸，所产生的新生态的硫分散在水中，形成胶体溶液。这种新生态的硫具有很强的杀菌作用。

$$Na_2S_2O_3 + 2HCl == 2NaCl + S(溶胶) + SO_2 + H_2O$$

用化学凝聚法制备胶体溶液时，要控制电解质溶液的浓度和用量，因为电解质溶液的浓度太大或用量过多，会使溶胶沉淀，形成粗分散系。

在药剂的工业生产上比较少采用凝聚法制备胶体溶液。

二、胶体溶液的性质

1. 胶粒能扩散，能通过滤纸，但不能通过普通分子和离子所能通过的半透膜。

如果将胶体溶液和悬浊液（或乳浊液）分别用滤纸过滤，可以发现，悬浊液（或乳浊液）的分散质和分散剂能被分离，而胶体溶液则不能。

【演示实验 8-1】 用半透膜制成一个袋子，往里面装入由 10ml 淀粉溶液和 3ml 氯化钠溶液混合而成的液体，如图 8-1 所示，用线把半透膜袋的口扎紧，系在玻璃棒上，并把它悬挂在盛有蒸馏水的烧杯中。几分钟后，取二支试管，各加入 2ml 烧杯里的液体，往其中一支试管里加入少量硝酸银溶液；往另一支试管里加入少量的碘水。观察现象。

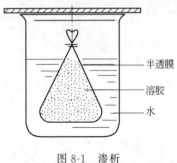

图 8-1 渗析

从实验可以看到，在加入硝酸银溶液的试管里有白色沉淀生成，说明烧杯里的液体含有氯离子；在加入碘水的试管里的液体没有显蓝色，说明烧杯里的液体不含有淀粉。通过实验证明了氯离子可以通过半透膜，从半透膜袋中扩散到了蒸馏水中；淀粉溶液的胶粒不能透过半透膜，没有扩散到蒸馏水中。

利用胶体溶液的胶粒不能通过半透膜而分子和离子能通过这一性质，使用半透膜可以把电解质的离子或分子从胶体溶液中分离出来，使胶体溶液净化，这一种方法叫透析或渗析。

2. 布朗运动

在超显微镜下观察胶体溶液，可以看到胶粒做不停的、无规则的运动。这种运动叫布朗运动。

布朗运动是不断运动的分散剂分子对胶粒冲击的结果。由于胶粒不断受到各个方向、不同速度的分散剂分子的碰撞，在每一瞬间胶粒在不同方向受的力是不相同的，所以胶粒的运动方向每一瞬间都在改变，因而形成不停的、无规则的运动。

3. 丁达尔效应

【演示实验 8-2】 取一只小烧杯，加入适量 $FeCl_3$ 溶液，另取一只小烧杯，加入适量新制得的 $Fe(OH)_3$ 胶体溶液，然后把这两个烧杯分别置于暗处，将一束被聚光镜会聚的强光（手电筒光源，如图 8-2）射向两杯液体，从侧面观察现象。

可以看到，光束通过 $Fe(OH)_3$ 胶体溶液时，形成一条光亮的"通路"；光束通过 $FeCl_3$ 溶液时，没有看到这样的现象。

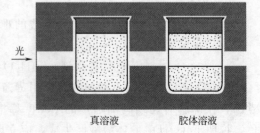

真溶液　　　　胶体溶液

图 8-2 丁达尔效应

将一束被聚光镜会聚的强光射入胶体溶液，在光束的垂直方向上可以观察到一条发亮的光柱，这种现象称为丁达尔效应。

丁达尔效应的产生是由于胶体粒子对光的散射而形成的，我们把散射光又称为乳光，所以丁达尔效应又称乳光现象。可见光射入真溶液时，由于真溶液的分散相是分子或离子，它们的直径很小，对光的散射十分微弱，入射光几乎全部发生透射作用，使真溶液具有透明性而没有丁达尔效应。

由此可见丁达尔效应可以用来鉴别溶液和胶体溶液。

4. 胶粒具有强烈的吸附作用

气体或溶液里的物质被吸在固体的表面，这种现象叫做吸附。

固体之所以具有吸附能力，是由固体结构所决定的。在固体内部每个粒子被周围的粒子包围着，各个方向的吸引力是平衡的，但是在固体表面层上的粒子情况却不同，它们向内的引力没有平衡，使固体表面具有吸附力，把周围介质中的某些离子或分子吸附在它的表面上。被吸附的离子或分子由于振动可以脱离表面而解吸，同时又有另一些离子或分子被固体表面吸附，形成了吸附和解吸附的动态平衡。

固体的吸附作用和固体物质的表面积有关，表面积越大，其吸附能力越强。如活性炭有很多细孔，其表面积很大，因此，活性炭有强烈的吸附作用，常用作吸附剂。

胶体溶液中，胶体颗粒（固体）比较小，总的胶体颗粒表面积很大，因此胶粒具有强烈的吸附作用。

5. 胶粒带电，在直流电场中能产生电泳

在胶体溶液中既存在胶粒，又存在其他电解质，由于胶粒具有强烈的吸附作用，对离子选择性吸附，一般优先吸附与它组成相似且浓度大的离子，而使胶粒带上与被吸附离子相同的电荷。

如制备 AgI 溶胶，反应式为：$AgNO_3 + KI \longrightarrow AgI(溶胶) + KNO_3$

如果 $AgNO_3$ 过量，AgI 胶粒优先吸附与它组成相似且浓度大的 Ag^+ 而带正电荷；反过来，如果 KI 过量，AgI 胶粒优先吸附 I^- 而带负电荷。

【演示实验 8-3】　如果把红棕色 $Fe(OH)_3$ 胶体溶液放入图 8-3 的 U 形管中，接着在胶体溶液上面仔细放入少许分散剂，使分散剂和胶体溶液间保持清晰的界面，然后在分散剂中插入电极，接通直流电源，观察现象。

过一段时间，可以看到阴极附近颜色逐渐变深，阳极附近颜色逐渐变浅，说明 $Fe(OH)_3$ 胶粒定向阴极移动，它带正电，$Fe(OH)_3$ 胶体是正胶体。

若用金黄色的 As_2S_3 胶体溶液做上述实验，可知 As_2S_3 胶粒定向阳极移动，它带负电，As_2S_3 胶体是负胶体。

这种在外加直流电场中，分散相的颗粒在分散剂中定向阴极或阳极移动的现象称为电泳。胶体粒子能产生电泳，说明胶粒带电。根据胶粒在电场中定向移动的方向，可以确定它们带什么电荷。定向阴极移动的胶粒带正电，该胶体为正胶体；定向阳极移动的胶粒带负电，该胶体为负胶体。

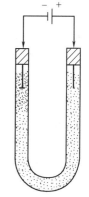

图 8-3　电泳现象

药剂中常见胶体所带电荷如下。

带正电荷的正胶体：金属氢氧化物（氢氧化铁、氢氧化铝等）、碱性染料（龙胆紫、亚甲蓝、玫瑰红等）、汞溴红、血红素、酸性溶液中的蛋白质等。

带负电荷的负胶体：金属及金属硫化物、酸性染料（苋菜红、靛蓝等）、淀粉、西黄蓍胶、羧甲基纤维素钠、硫、碳、碘、碱性溶液中的蛋白质、白陶土等。

三、溶胶的稳定性和聚沉

制备胶体溶液，当然希望制得的胶体越稳定越好。然而，在很多药物生产和化学分析中，生成胶体又是不利的，所以有时又要破坏胶体。不论增强胶体的稳定性还是破坏胶体，都必须弄清楚胶体稳定的因素。

（一）胶体稳定的因素

1. 布朗运动

由于胶粒比较小，受地心吸引力也小，而且布朗运动激烈，因此布朗运动产生的动能足够克服地心对它的吸引力，在重力作用下不易沉降，从而使胶体具有一定的稳定性。布朗运动是胶体稳定的次要因素。

2. 胶体的胶粒带电

胶粒具有强烈的吸附作用，胶体粒子由于选择性吸附离子而带电，一般情况下，同种胶粒在相同条件下带相同电荷（正电荷或负电荷）。同性电荷的胶粒互相排斥，阻止了胶粒在运动时的相互接近，从而使胶粒不易聚合成较大的颗粒而沉淀下来。

3. 溶剂化膜-水化膜的存在

由于胶粒能吸附离子，而离子的水化能力较强，使胶粒外面包围了一层水分子，形成水化膜，即胶粒增加了一层保护膜，阻止胶粒互相聚合成较大的颗粒而沉淀下来。

（二）使胶体破坏即聚沉的方法

聚沉：使胶体微粒聚合成大的颗粒而沉淀下来的过程叫聚沉。使胶体聚沉，关键是破坏胶体稳定的因素，常用的方法有如下几种。

1. 加入少量电解质

【演示实验8-4】 取试管一支，加入 2ml $Fe(OH)_3$ 溶胶，然后滴入 3 滴 1mol/L Na_3PO_4 溶液，观察现象。

可以看到在 $Fe(OH)_3$ 胶体溶液中加入少量 Na_3PO_4 后，$Fe(OH)_3$ 胶体溶液变浑浊。

胶体溶液稳定的主要因素是胶粒带电，要使胶体溶液聚沉，中和胶粒的电荷为主，破坏水化膜为次。在胶体溶液中加入少量电解质后，增加了胶体溶液中电解质离子的浓度，特别是增加了与胶粒带相反电荷的离子（即反离子）的浓度，这样，就减少甚至中和了胶粒的电荷，胶粒电荷被中和后，水化膜也被破坏，即胶体稳定的主要因素被破坏，因此，胶粒在运动时，互相碰撞而聚合成大的颗粒沉淀下来。

电解质对胶体的聚沉能力除了与电解质的浓度有关外，更主要的是取决于反离子所带的电荷数。反离子所带的电荷数越多，聚沉能力越强。例如对 $Fe(OH)_3$ 胶体溶液（正胶体）的聚沉能力：$Na_3PO_4 > Na_2SO_4 > NaCl$。

2. 加入带相反电荷的胶体溶液

【演示实验8-5】 取试管一支，加入 2ml $Fe(OH)_3$ 溶胶，然后加入 2ml As_2S_3 胶体溶液，观察现象。

可以看到带正电荷的 $Fe(OH)_3$ 胶体溶液和带负电荷的 As_2S_3 胶体溶液混合后，有沉淀生成。

当带有相反电荷的两种胶体溶液相互混合时，由于两种胶体溶液的胶粒带的电荷相反，能互相中和电荷，从而发生聚沉。

沿用至今的明矾净水法就是在水中加入明矾（主要成分是硫酸铝），明矾水解后形成带正电荷的氢氧化铝胶粒，遇到悬浮在水中的带负电荷的杂质如泥沙时，互相中和电荷后发生聚沉，再加上氢氧化铝絮状物有吸附作用，从而达到净化水的目的。

3. 加热

【演示实验 8-6】　取试管一支，加入 2ml $Fe(OH)_3$ 溶胶，然后加热，观察现象。

过一段时间，可以看到 $Fe(OH)_3$ 胶体溶液中有沉淀生成。

许多胶体溶液在加热时都能发生聚沉，这是因为一方面温度升高，胶粒的运动速度加快，相互间的碰撞机会增多；另一方面，升高温度，胶粒吸附离子的能力降低，即胶粒所带电荷减少，离子减少也造成水化程度降低，有利于胶粒在碰撞时发生聚沉。

在制备 $Fe(OH)_3$ 溶胶时，加热时间不能太长，否则会生成红棕色 $Fe(OH)_3$ 沉淀。又如加热蛋白质溶液时，能使蛋白质凝固而沉淀下来。

4. 加入亲水性强的有机溶剂

在溶胶中加入亲水性强的有机溶剂如酒精、丙酮等，胶粒外面的水化膜会被夺取，使胶粒稳定性降低而发生聚沉。

第三节　高分子化合物

药剂中使用的胶体溶液不多，应用较广泛的是高分子化合物溶液，如胃蛋白酶合剂、龙胆紫溶液、汞溴红溶液和右旋糖酐注射液等都属于高分子化合物溶液；高分子化合物也常制成胶浆剂，如阿拉伯胶浆、西黄蓍胶浆、琼脂浆等；另外，高分子化合物也常作制剂中的助悬剂、乳化剂、稳定剂以及固体药剂的黏合剂等。

一、高分子化合物的概念

高分子化合物又名大分子化合物，是由几百个、几千个甚至更多的原子组成的具有巨大相对分子质量的化合物。如蛋白质、淀粉、纤维素、阿拉伯胶和明胶等。

高分子化合物和低分子化合物比较起来有以下几个特点。

（1）高分子化合物的相对分子质量很大，一般在几万至几百万之间。如蛋白质的相对分子质量就是从二三万到五六十万。而低分子化合物的相对分子质量一般在一千以下，如 $NaHCO_3$ 的相对分子质量只有 84。

（2）分子很长，单个分子的直径已达到 $1\sim100nm$ 之间，有的甚至达几百万纳米。

（3）分子结构是链状的能卷曲的线形分子。

二、高分子化合物溶液的制备

高分子化合物溶液的制备方法比较简单，只要将高分子化合物直接投入水中，浸泡一段时间，再搅拌或加热即得，无需特殊处理。制备时，为了防止高分子化合物黏结成团，不能将水直接加到高分子化合物中，也不能在高分子化合物刚加入水中就立即搅拌。如制备汞溴红溶液（红药水），取汞溴红缓缓撒入适量蒸馏水中，浸泡一段时间后，再搅拌使之完全溶解，最后加蒸馏水至所需体积即得。

三、高分子化合物溶液的特点

由于高分子化合物的分子比较大，单个分子的大小就能达到胶体颗粒的范围。因此，高分子化合物溶液具有胶体溶液的一些性质，如布朗运动、分散相的颗粒不能通过半透膜和胶粒带电、在直流电场中能电泳等。但又由于高分子化合物溶液的分散相是单个分子或离子，其结构与胶体溶液的胶粒不同，所以它又具有与溶胶不同的性质，例如高分子化合物溶液的丁达尔效应不显著等。高分子化合物溶液与一般溶胶比较起来有以下特点。

1. 黏度大

高分子化合物溶液的黏度很大，如蛋白质溶液。而溶胶的黏度很小，和纯溶剂几乎一样，如氢氧化铁溶胶的黏度与水几乎相同。

在医学临床上，因为高分子化合物溶液具有一定的黏性，所以能覆盖在皮肤或黏膜表面，减小药物对皮肤或黏膜的刺激，而且当它与药物配伍后能降低药物的扩散，延缓药物吸收而起延效作用。

2. 溶解的可逆性

高分子化合物在适当的溶剂中可以自动溶解而形成真溶液，若设法使它从分散介质中分离出来后，再加入原来的分散剂，高分子化合物又可以自动再分散，形成原来状态的真溶液，因此它的溶解过程是可逆的。胶体溶液一旦聚沉，除非采用特殊方法，否则加入原来的分散剂不易再形成胶体溶液。

3. 稳定性

高分子化合物溶液很稳定，其稳定的主要因素是高分子化合物溶剂化能力很强，在分子外面形成了很厚的水化膜。要使高分子化合物溶液发生聚沉，关键是破坏高分子的水化膜。破坏水化膜的方法主要有两种，一种是加入亲水性强的有机溶剂如乙醇、丙酮等。例如在蛋白质溶液中加入酒精，可使蛋白质失去水化膜而发生聚沉。用 75% 酒精来消毒杀菌就是利用这个原理。此外，在药厂制备高分子代血浆如右旋糖酐，就是加入大量的乙醇，使它失去水化膜而沉淀出来。

【演示实验 8-7】　取试管一支，加入 1ml $Fe(OH)_3$ 胶体溶液，然后滴加 3 滴 1mol/L Na_2SO_4 溶液，观察现象。另取一支试管加入 1ml 明胶溶液，同样滴入 3 滴的 1mol/L Na_2SO_4 溶液，观察现象。继续加入大量的 Na_2SO_4 溶液，观察现象。

可以看到装有 $Fe(OH)_3$ 胶体溶液的试管里有沉淀生成；装有明胶溶液的试管里刚开始没有沉淀生成，继续加入大量的硫酸钠，明胶溶液才有沉淀生成。

向高分子化合物溶液中加入少量电解质，反离子的作用并不能使它发生聚沉，而加入大量的电解质，不仅能中和胶粒电荷，而且，电解质离子强烈的水化作用，能把高分子的水化膜夺走，从而使高分子化合物从溶液中析出，所以加入大量电解质是破坏水化膜的另一种方法。这种向高分子化合物溶液中加入大量电解质，而使高分子化合物从溶液中析出的过程叫盐析。在制备生化制品时经常应用盐析。

此外，高分子化合物溶液的分散相粒子所带的电荷被中和后，高分子化合物溶液也会发生聚沉，因此，在制备高分子化合物溶液时，应尽量避免用滤纸、棉花、纱布等纤维性滤材过滤，如制备胃蛋白酶合剂时，如果用带负电荷的滤材过滤，在酸性溶液中带正电荷的胃蛋白酶会与带负电荷的滤材发生中和而析在滤器上，影响制剂质量和药效。

四、高分子化合物对胶体的保护作用

【演示实验 8-8】　取试管一支，加入 1ml $Fe(OH)_3$ 胶体溶液，再加入 1ml 明胶溶液，振荡，然后滴入 3 滴的 1mol/L Na_2SO_4 溶液，观察现象。

可以看到试管里没有沉淀生成。

在胶体溶液中加入足量的高分子化合物溶液时，可以增强胶体溶液的稳定性，这种现象叫高分子化合物的保护作用。高分子化合物对溶胶的保护作用是由于高分子化合物都是链状且能卷曲的线形分子，容易吸附在胶粒表面包住胶粒，又由于高分子化合物外面又有一层很厚的水化膜，这样就阻止了胶粒对溶液中异电离子的吸引，同时减少了胶粒之间的碰撞，阻碍了胶粒的聚集，从而增强了胶体的稳定性，保护了胶体。如临床上使用的蛋白银就是在氧化银溶胶中加入蛋白质溶液制成的，蛋白质是高分子化合物，对氧化银溶胶有保护作用。

五、凝胶

一些高分子化合物溶液，如明胶溶液、琼脂溶液等，在温热时为黏稠流动的液体，但当温度降低或溶解度减小时，链状的高分子化合物形成网状结构，分散剂固定在网状结构的孔隙中，形成了不流动的有弹性的半固体物质，这种物质称为凝胶或胶冻，形成凝胶的过程叫胶凝。如中成药"阿胶"是凝胶制剂。

凝胶可分为脆性凝胶和弹性凝胶两大类。若将脆性凝胶干燥，它失去水分子后，体积和外形变化很小，但失去弹性变脆，能研碎成粉，如硅胶。弹性凝胶干燥时体积明显缩小，但仍然保持弹性，如蛋白质、琼脂、明胶等。把干燥的弹性凝胶放入合适的液体中，它会自动吸收液体而使体积明显地胀大，有的弹性凝胶甚至能无限吸收液体直至完全溶解。脆性凝胶没有这种性质。软胶囊、硬胶囊和微囊等就是某些弹性凝胶干燥后形成的固体。

某些凝胶能自动分离出部分液体而使凝胶体积缩小，这种现象叫离浆。如淀粉糊放久了有水分析出，血块搁置久了会逐渐分离出血清，都是离浆现象。

凝胶在生物科学上有重要的意义，各种各样的生物膜是凝胶的薄膜，它们具有一定的强度，能使细胞和组织保持一定的形状，同时机体新陈代谢过程中物质的交换是通过生物膜进行的，可以说，没有凝胶就没有生命。

习　　题

1. 根据分散相微粒的大小，可以把分散系分为哪三大类？如何用实验方法将溶液和胶体溶液鉴别出来？

2. 胶体溶液有哪些性质？

3. 如何除去 $Fe(OH)_3$ 溶胶中少量的 $FeCl_3$？

4. 使胶体聚沉的方法有哪些？

5. 要使溶胶和高分子化合物溶液聚沉所需要的电解质的量是否相同？为什么？

6. 高分子化合物溶液为什么对胶体有保护作用？

7. 氢氧化铝胶体是正胶体，胶粒在直流电场中定向阳极还是阴极移动？下列电解质中哪一种对 $Al(OH)_3$ 胶体的聚沉能力比较强。

$$Na_2SO_4 、 NaCl$$

8. 把下列电解质对 As_2S_3 溶胶（负胶体）的聚沉能力按照由大到小的顺序排列出来。

$$AlCl_3 、 KCl 、 MgCl_2$$

9. 填表

高分子化合物溶液和胶体溶液的比较

	胶 体 溶 液	高分子化合物溶液
分散相粒子		
溶解性(对分散介质)		
分散相与分散剂的亲和力		
对半透膜的透过性		
丁达尔效应		
黏度		
溶剂化能力		
稳定的主要因素		
聚沉所需电解质的量		

第九章　配位化合物

在 1704 年，一位姓狄斯巴赫（Diesbach）的美术颜料工人，以牛血、草灰等为原料，得到了黄血盐和普鲁士蓝，这些就是人们后来所说的配位化合物。配位化合物简称配合物，过去称为络合物。

第一节　配合物的基本概念及命名

一、配合物的概念

【演示实验 9-1】　取试管三支，分别加入 2ml 1mol/L 硫酸铜溶液。

在第一支试管中加入 5 滴 0.1mol/L NaOH 溶液，观察现象。

可以看到有浅蓝色 $Cu(OH)_2$ 沉淀生成。

离子方程式为：　　　　　　　$Cu^{2+} + 2OH^- \Longrightarrow Cu(OH)_2 \downarrow$

在第二支试管中加入 5 滴 0.1mol/L $BaCl_2$ 溶液，观察现象。

可以看到有白色 $BaSO_4$ 沉淀生成。

离子方程式为：　　　　　　　$Ba^{2+} + SO_4^{2-} \Longrightarrow BaSO_4 \downarrow$

从以上两个实验，说明了硫酸铜溶液中存在着 Cu^{2+} 和 SO_4^{2-}。

在第三支试管中逐滴加入 6mol/L 氨水，首先有浅蓝色的沉淀生成，继续滴加 6mol/L 氨水，沉淀消失，溶液变为深蓝色，再加入酒精，有深蓝色晶体析出。过滤。把深蓝色晶体溶于适量蒸馏水中，形成深蓝色溶液，把这深蓝色溶液一分为二，在第一份的深蓝色溶液中，加入 5 滴 0.1mol/L $BaCl_2$ 溶液，立即产生不溶于硝酸的白色硫酸钡沉淀，说明溶液中存在着 SO_4^{2-}；在第二份深蓝色溶液中加入 5 滴 0.1mol/L NaOH 溶液，既无浅蓝色氢氧化铜沉淀生成，又无显著的氨臭，说明溶液中几乎没有游离的 Cu^{2+} 和 NH_3，经实验证明，溶液中有大量的复杂阳离子 $[Cu(NH_3)_4]^{2+}$，而深蓝色晶体应为 $[Cu(NH_3)_4]SO_4$。其化学反应方程式为：

$$2CuSO_4 + 2NH_3 + 2H_2O \Longrightarrow Cu_2(OH)_2SO_4 \downarrow + (NH_4)_2SO_4 \qquad (1)$$

$$Cu_2(OH)_2SO_4 + (NH_4)_2SO_4 + 6NH_3 \Longrightarrow 2[Cu(NH_3)_4]SO_4 + 2H_2O \qquad (2)$$

（1）、（2）式相加可得

$$CuSO_4 + 4NH_3 \Longrightarrow [Cu(NH_3)_4]SO_4$$

又如向 $Hg(NO_3)_2$ 溶液中逐滴加入 KI 溶液，首先生成橙红色 HgI_2 沉淀，继而沉淀消失，溶液变为无色透明，经分析证明，无色透明的溶液中除有阳离子 K^+ 外，还有一种复杂的阴离子 $[HgI_4]^{2-}$，溶液中几乎没有游离的 Hg^{2+} 和 I^-。

$$Hg(NO_3)_2 + 4KI \Longrightarrow K_2[HgI_4] + 2KNO_3$$

为了与 Cu^{2+}、Hg^{2+}、I^-、SO_4^{2-} 等简单离子区分开来，我们把 $[Cu(NH_3)_4]^{2+}$、$[HgI_4]^{2-}$ 这样的复杂离子称为配离子，它是由一个金属阳离子和一定数目的中性分子或阴离子以配位键结合而成的复杂离子。配离子和带相反电荷的离子组成的化合物称为配位化合物，简称配合物，如 $[Cu(NH_3)_4]SO_4$、$K_2[HgI_4]$ 等。此外，一些中性分子如二氯二氨合铂（Ⅱ）$[PtCl_2(NH_3)_2]$、四羰基合镍 $[Ni(CO)_4]$ 等本身就是配合物。习惯上也有将配离子直接称为配合物的。

应该指出，配合物和复盐有着本质的区别。复盐在其水溶液中能完全电离出组成它的简单离子，而配合物在其水溶液中不能完全电离出组成它的简单离子。例如复盐 $KAl(SO_4)_2 \cdot 12H_2O$ 和配合物 $K_2[HgI_4]$ 在水溶液中的电离方程式分别为：

$$KAl(SO_4)_2 \Longrightarrow K^+ + Al^{3+} + 2SO_4^{2-}$$

$$K_2[HgI_4] \Longrightarrow 2K^+ + [HgI_4]^{2-}$$

二、配合物的组成

在配离子中，有一个阳离子，我们常称它为中心离子。在中心离子周围，以配位键和中心离子相结合的阴离子或中性分子常称为配位体，它和中心离子相距较近，与中心离子结合成配离子，构成配合物的内界（或称内配位层）。在书写化学式时，内界用方括号括起来。在配合物中，除配离子外的离子，距离中心离子较远，构成配合物的外界（或称外配位层），称外界离子，书写化学式时，写在方括号外面。例如

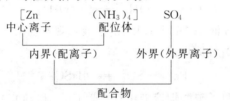

为了更好地认识配合物（尤其是内界）的组成，下面对有关概念和术语分别加以介绍。

（一）配离子

1. 中心离子（或中心原子）

在配合物的内界，有一个带正电荷的阳离子（或中性原子），位于配合物的中心位置，称为配合物的中心离子（或中心原子），是配合物的形成体。中心离子通常是可提供空的价电子轨道的金属阳离子，尤以过渡金属离子居多，如 $[Cu(NH_3)_4]^{2+}$、$[HgI_4]^{2-}$ 中的 Cu^{2+}、Hg^{2+}。某些金属原子和具有高氧化态的非金属元素也可作为配合物的形成体，如 $[Ni(CO)_4]$ 中的 Ni 原子、$[SiF_6]^{2-}$ 中的 Si(Ⅳ) 和 $[BF_4]^-$ 中的 B（Ⅲ）等。

2. 配位体

在配合物中，与中心离子（或中心原子）以配位键相结合的离子或分子称为配位体，简称配体。如 $[HgI_4]^{2-}$ 中的 I^-，$[Cu(NH_3)_4]^{2+}$ 中的 NH_3，它们与中心离子结合成为配合物的内界。

原则上，任何具有未共有电子对（孤对电子）并且可以给出与金属离子形成配位键的分子或离子，都可以作为配位体。例如氨分子、水分子、氢氧根离子、卤素离子、氰离子等。在配位体给出孤对电子，直接与中心离子以配位键相结合的原子称为配位原子，配位原子通常是电负性较大的元素的原子，如 C、N、O、S、F、Cl、Br、I 等。配位体按其所含配位原子数不同，分为单齿配位体和多齿配位体。只含有一个配位原子的配位体称为单齿配位

体，与中心离子只形成 1 个配位键，如 $^*NH_3$、H_2O^*、$^*CN^-$、X^-（X：F、Cl、Br、I）等。含有两个或两个以上的配位原子的配位体称为多齿配位体，与中心离子可形成 2 个或 2 个以上配位键，例如乙二胺为双齿配位体。

$$^*NH_2—CH_2—CH_2—H_2N^*$$

（带 * 号的是配位原子）

3. 配位数

在配合物中，直接与中心离子以配位键相结合的配位原子的数目，称为中心离子的配位数，也是中心离子形成的配位键数目。一些金属离子的常见配位数见表 9-1。

表 9-1　一些金属阳离子的常见配位数

配　位　数	金　属　阳　离　子
2	Ag^+、Cu^+、Au^+
4	Cu^{2+}、Ni^{2+}、Co^{2+}、Zn^{2+}、Pt^{2+}、Hg^{2+}
6	Fe^{2+}、Co^{2+}、Ca^{2+}、Fe^{3+}、Cr^{3+}、Co^{3+}、Al^{3+}

计算中心离子的配位数时，一般是先在配离子中确定中心离子和配位体，接着找出配位原子的数目。如果配位体是单齿的，那么配位体的数目就是该中心离子的配位数。如 $[Cu(NH_3)_4]SO_4$、$[SiF_6]^{2-}$ 的配位数分别为 4 和 6。如果配位体是多齿的，那么配位体的数目不等于该中心离子的配位数。如 $[Pt(en)_2]^{2+}$ 中 en（乙二胺 $^*NH_2—CH_2—CH_2—H_2N^*$）是双齿配位体，即每一个 en 分子可同时提供二个配位原子，所以 Pt^{2+} 的配位数是 4 而不是 2。因此在计算配合物的配位数时，不能只看配位体的数目，必须同时考虑配位原子的数目。

配离子由中心离子和配位体组成，配离子的电荷数等于中心离子的电荷数和配位体的电荷数的代数和。

（二）外界离子

外界离子距离中心离子较远，构成配合物的外界，它与配离子以离子键相结合。外界离子与配离子所带的电荷总数相等、电性相反，配合物呈电中性。

【例 9-1】　指出 $[Zn(NH_3)_4](OH)_2$ 的中心离子、配位体、配位数和外界离子。

解：设配离子所带的电荷为 x，中心离子所带的电荷为 y

∵ $[Zn(NH_3)_4](OH)_2$ 的外界离子是 OH^-

又∵外界离子与配离子所带的电荷总数相等、电性相反，配合物呈电中性。

$$x+2\times(-1)=0$$

∴ $x=+2$，即 $[Zn(NH_3)_4]^{2+}$。

∵ $[Zn(NH_3)_4](OH)_2$ 的配位体为 NH_3，NH_3 所带电荷为 0。

又∵配离子的电荷数等于中心离子的电荷数和配位体的电荷数的代数和

$$y+0\times4=+2$$

∴ $y=+2$，即 Zn^{2+}。

答：$[Zn(NH_3)_4](OH)_2$ 的中心离子是 Zn^{2+}，配位体是 NH_3，配位数是 4 和外界离子是 OH^-。

表 9-2 列出了一些配合物的组成。

表 9-2　一些配合物的组成

配 合 物	配 离 子			外界
	中心离子	配位体	配位数	离子
$[Ag(NH_3)_2]Cl$	Ag^+	NH_3	2	Cl^-
$[Cd(NH_3)_4](OH)_2$	Cd^{2+}	NH_3	4	OH^-
$K_2[HgI_4]$	Hg^{2+}	I^-	4	K^+
$K_4[Fe(CN)_6]$	Fe^{2+}	CN^-	6	K^+

三、配合物的命名

配合物的命名，服从无机化合物的一般命名原则。即阴离子名称在前，阳离子名称在后。如果阴离子是一个简单离子，则称某化某；如果阴离子是一个复杂的酸根离子，则称某酸某。

配合物的命名比一般无机化合物命名更复杂，配离子有它的一套命名方法。

(一) 配离子的命名

处于配合物内界的配离子，按以下顺序依次命名：

配位体数目-配位体名称（不同配位体名称之间以中圆点"·"分开）合-中心离子名称-中心离子价数（加括号，用罗马数字表示）

$[Zn(NH_3)_4]^{2+}$　　　四氨合锌（Ⅱ）配离子

$[HgI_4]^{2-}$　　　四碘合汞（Ⅱ）配离子

在配合物中如果有多种配位体，配位体列出顺序一般按照先无机配位体后有机配位体，先阴离子后中性分子，同类配位体的名称按配位体原子元素符号的英文顺序排列等。

(二) 配合物的命名

1. 配离子为阳离子时，配合物的命名顺序：

外界离子（或加"化"字）-配离子

$[Zn(NH_3)_4]SO_4$　　　硫酸四氨合锌（Ⅱ）

$[Ag(NH_3)_2]Cl$　　　氯化二氨合银（Ⅰ）

2. 配离子为阴离子时，配合物的命名顺序：

配离子-酸-外界离子

$K_2[HgI_4]$　　　四碘合汞（Ⅱ）酸钾

$Na_2[SiF_6]$　　　六氟合硅（Ⅳ）酸钠

$K_4[Fe(CN)_6]$　　　六氰合铁（Ⅱ）酸钾

$K_3[Fe(CN)_6]$　　　六氰合铁（Ⅲ）酸钾

$H_2[PtCl_6]$　　　六氯合铂（Ⅳ）酸

$K[PtCl_3NH_3]$　　　三氯·氨合铂（Ⅱ）酸钾

3. 中性配合分子命名与配离子命名相似

$[Ni(CO)_4]$　　　四羰基合镍

$[PtCl_2(NH_3)_2]$　　　二氯二氨合铂（Ⅱ）

配合物因组成较复杂，名称较长，有些常见的配合物有其习惯上的名称或俗名，如 $[Cu(NH_3)_4]^{2+}$ 称铜氨配离子，$K_4[Fe(CN)_6]$ 称亚铁氰化钾或黄血盐，$K_3[Fe(CN)_6]$ 称铁氰化钾或赤血盐。

第二节　配合物的性质

一、金属离子形成配离子时的性质改变

在溶液中形成配合物时，常常出现离子颜色的改变、化合物溶解度的改变等现象。

（一）离子颜色的改变

通常有色金属离子与配位体形成配离子时，离子颜色加深。常见离子颜色改变如表 9-3 所示。

表 9-3　常见离子颜色改变（Y^{4-} 为六齿配体）

金属离子	Fe^{3+}	Co^{3+}	Ni^{2+}	Cu^{2+}	Mn^{2+}
颜色	淡黄色	红色	绿色	蓝色	肉色
配离子	FeY^-	CoY^-	NiY^{2-}	CuY^{2-}	MnY^{2-}
颜色	黄色	紫红色	蓝绿色	深蓝色	紫红色

根据溶液颜色的变化，可以判断配离子生成。我们常利用某些配位体和金属离子的特殊显色反应来鉴定金属离子。例如在溶液中 Fe^{3+} 与 SCN^- 作用，生成血红色的铁的硫氰酸根配离子。反应的离子方程式如下：

$$Fe^{3+} + nSCN^- \Longrightarrow [Fe(SCN)_n]^{3-n} \quad n = 1 \sim 6$$

人们就是利用这一灵敏反应来检验的 Fe^{3+}。

（二）溶解度的改变

一些难溶于水的金属氯化物、溴化物、碘化物可依次溶于过量的 Cl^-、Br^-、I^- 等离子和氨水中，形成可溶性的配合物。如难溶于水的 AgCl 可溶于氨水中，形成配合物。这个反应表示如下：

$$AgCl + 2NH_3 \Longrightarrow [Ag(NH_3)_2]Cl$$

金和铂可以溶于王水中，就是因为它们能与王水反应生成可溶性的配离子的缘故。相关的化学反应方程式如下：

$$Au + HNO_3 + 4HCl \Longrightarrow H[AuCl_4] + NO\uparrow + 2H_2O$$
$$3Pt + 4HNO_3 + 18HCl \Longrightarrow 3H_2[PtCl_6] + 4NO\uparrow + 8H_2O$$

二、配合物的稳定性

在配合物中，配离子与外界离子之间是以离子键相结合的，配合物在溶液中能完全电离出配离子和外界离子。例如，在 $[Cu(NH_3)_4]SO_4$ 中，$[Cu(NH_3)_4]^{2+}$ 与 SO_4^{2-} 以离子键相结合，$[Cu(NH_3)_4]SO_4$ 在溶液中能完全电离出 $[Cu(NH_3)_4]^{2+}$ 和 SO_4^{2-}。

$$[Cu(NH_3)_4]SO_4 \Longrightarrow [Cu(NH_3)_4]^{2+} + SO_4^{2-}$$

在配离子中，中心离子和配位体是以配位键相结合的，结合较稳定，在溶液中，配离子的电离情况如何呢？

【演示实验 9-2】　取试管两支，分别加入 2ml $[Cu(NH_3)_4]SO_4$ 溶液，在第一支试管中滴入 5 滴 0.1mol/L NaOH 溶液，看不到有淡蓝色氢氧化铜沉淀生成；在第二支试管中滴入 5 滴 0.1mol/L Na_2S 溶液，可以看到有黑色的 CuS 沉淀生成。说明了溶液中只有少量的铜离子存在。

以上实验说明，铜氨配离子像弱电解质一样，在溶液中可以微弱地解离出极少量的中心离子 Cu^{2+} 和配位体 NH_3 分子。在水溶液中配离子可以建立电离平衡，这种平衡我们称为配位平衡。

下面我们来讨论 $[Cu(NH_3)_4]^{2+}$ 在溶液中的配位平衡。

$$[Cu(NH_3)_4]^{2+} \underset{\text{配合}}{\overset{\text{电离}}{\rightleftharpoons}} Cu^{2+} + 4NH_3$$

配离子在溶液中的离解平衡与弱电解质的电离平衡相似，也存在配离子的离解平衡常数，其表达式如下：

$$K_{\text{不稳}} = \frac{[Cu^{2+}][NH_3]^4}{[Cu(NH_3)_4^{2+}]}$$

此平衡常数越大，表示配离子越容易解离，即配离子越不稳定。所以，此平衡常数称为配离子的不稳定常数，用 $K_{\text{不稳}}$ 表示。不同配离子具有不同的不稳定常数，因此不稳定常数是配离子的特征常数。同种类型的配离子，我们可以利用它们的不稳定常数来比较它们的稳定性。

由于上述反应是可逆反应，因此上述反应也可以写成：

$$Cu^{2+} + 4NH_3 \underset{\text{电离}}{\overset{\text{配合}}{\rightleftharpoons}} [Cu(NH_3)_4]^{2+}$$

此反应的平衡常数的表达式为：

$$K_{\text{稳}} = \frac{[Cu(NH_3)_4^{2+}]}{[Cu^{2+}][NH_3]^4}$$

此平衡常数越大，表明生成配离子的倾向越大，而配离子的离解倾向越小，即配离子越稳定。所以此平衡常数称为配离子的稳定常数，用 $K_{\text{稳}}$ 来表示。即 $K_{\text{稳}}$ 越大，表示配离子越稳定。不同配离子有不同的稳定常数。稳定常数同样是配离子的特征常数。同种类型的配离子，我们也可以利用它们的稳定常数来比较它们的稳定性。

对于同一种配离子，稳定常数与不稳定常数互为倒数关系。

$$K_{\text{稳}} = \frac{1}{K_{\text{不稳}}}$$

由于 $K_{\text{不稳}}$ 与 $K_{\text{稳}}$ 互为倒数，所以对于任何配合物来说，只需用一种配位平衡常数来表示它在水溶液中的稳定性。通常配合物的稳定常数都比较大，为了使用方便，我们常用它的常用对数值 $\lg K_{\text{稳}}$ 来表示，如 $[Cu(NH_3)_4]^{2+}$ 的 $\lg K_{\text{稳}} = 13.32$。一些常见配离子的 $\lg K_{\text{稳}}$ 值见表 9-4

表 9-4　一些常见配离子的 $\lg K_{\text{稳}}$ 值

配 离 子	$[Cu(NH_3)_4]^{2+}$	$[Zn(NH_3)_4]^{2+}$	$[Cd(NH_3)_4]^{2+}$	$[Ag(NH_3)_2]^+$	$[FeF_6]^{3-}$
$\lg K_{\text{稳}}$	13.32	9.43	6.56	7.05	12.06

相同类型的配离子中，我们利用 $K_{\text{稳}}$ 或 $\lg K_{\text{稳}}$ 的大小来比较它们的稳定性。

配离子的 $K_{\text{稳}}$（$\lg K_{\text{稳}}$）越大，配离子就越稳定。

【例 9-2】 把 $[Cu(NH_3)_4]^{2+}$、$[Zn(NH_3)_4]^{2+}$ 和 $[Cd(NH_3)_4]^{2+}$ 三种配离子按稳定性由强到弱的顺序排列。

解： $[Cu(NH_3)_4]^{2+}$、$[Zn(NH_3)_4]^{2+}$、$[Cd(NH_3)_4]^{2+}$ 的 $\lg K_{\text{稳}}$ 分别为 13.32、9.43、6.56，所以这三种配离子的稳定性由强到弱的顺序为：

$$[Cu(NH_3)_4]^{2+}>[Zn(NH_3)_4]^{2+}>[Cd(NH_3)_4]^{2+}。$$

第三节　螯　合　物

一、螯合物的概念

前面所述，Cu^{2+} 的特征配位数为 4，当 Cu^{2+} 与单齿配体 NH_3 分子配合形成 $[Cu(NH_3)_4]^{2+}$ 时，是 4 个 NH_3 分子各以氮原子上的一对孤对电子与 Cu^{2+} 形成配位键。但 Cu^{2+} 与双齿配体乙二胺分子配合时，每一个乙二胺分子上的两个氨基中的两个氮原子，都有一对孤对电子，它们都可以和中心离子形成配位键，这样只需两个乙二胺分子就可以与 Cu^{2+} 形成稳定的配离子。由于每个乙二胺分子上的两个配位原子之间相隔两个其他原子，因此每一个乙二胺分子和 Cu^{2+} 配合就形成了一个由五个原子组成的环状结构，称为五元环。那么两个乙二胺分子和 Cu^{2+} 配合时，就形成了具有两个五元环结构的配离子。像这种，多齿配位体通过两个或两个以上的配位原子与一个中心离子（中心原子）形成具有环状结构的配合物，称为螯合物，也称内配合物。在螯合物中，配位原子像螃蟹的两个大螯一样钳住了中心离子，因此它的稳定性大大增加。例如二乙二胺合铜（Ⅱ）配离子的结构式如下：

$$\left[\begin{array}{cc} H_2C{-}H_2N & NH_2{-}CH_2 \\ | & | \\ & Cu \\ | & | \\ H_2C{-}H_2N & NH_2{-}CH_2 \end{array}\right]^{2+}$$

能与中心离子形成螯合物的配位体称为螯合剂。螯合剂必须具有两个或两个以上的配位原子，是多齿配位体。

二、螯合物的稳定性

螯合物的稳定性与其环状结构（环的大小和环的多少）有关。一般来说，对于螯合物，当形成五元环、六元环时，螯合物稳定性较高，而且一个配位体与中心离子形成的五元环、六元环的数目越多，螯合物越稳定。

螯合物与一般配合物相比，由于螯合物具有环状结构，因此螯合物的稳定性增强，它的稳定常数更大。如四氨合锌（Ⅱ）配离子的 $\lg K_稳=9.43$，而乙二胺四乙酸合锌（Ⅱ）配离子的 $\lg K_稳=16.4$。一些常见 EDTA 金属螯合物 $\lg K_稳$ 值见表 9-5。

表 9-5　一些常见 EDTA 金属螯合物的 $\lg K_稳$ 值

金属离子	Na^+	Mg^{2+}	Ca^{2+}	Ba^{2+}	Zn^{2+}	Cu^{2+}	Fe^{3+}	Pb^{2+}
$\lg K_稳$	1.7	8.6	11.0	7.8	16.4	18.7	24.2	18.3

三、螯合物的形成条件

1. 中心离子必须具有空的价电子轨道，这样才能接受配位原子提供的孤对电子。

2. 螯合剂必须含有两个或两个以上能同时给出孤对电子的配位原子，这样才能与中心离子配合形成环状结构。

3. 这两个（或两个以上）的配位原子之间应相隔两个或三个其他原子，这样才能形成稳定的五元环或六元环。

四、常见的螯合剂

氨基羧酸类化合物是最常见的螯合剂，如氨基乙酸、乙二胺四乙酸等，其中应用最广泛的是乙二胺四乙酸。

乙二胺四乙酸（可简写为 EDTA），是一种有机四元酸，简写为 H_4Y（Y^{4-} 代表酸根），其结构式如下：

$$H^*OOC-CH_2 \qquad CH_2-COO^*H$$
$$^*N-CH_2-CH_2-N^* \qquad （标有 * 的原子为配位原子）$$
$$H^*OOC-CH_2 \qquad CH_2-COO^*H$$

EDTA 分子中有两个氨基（$-NH_2$）和四个羧基（$-COOH$）。这种既有氨基，又有羧基的配合剂称为氨羧螯合剂。

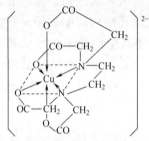

图 9-1　乙二胺四乙酸铜离子
螯合物的结构

由于乙二胺四乙酸在冷水中溶解度较小，在使用上受到限制，因此通常用它的二钠盐 Na_2H_2Y，它在水中溶解度较大，而且可以电离：

$$Na_2H_2Y \Longrightarrow 2Na^+ + H_2Y^{2-}$$

当 EDTA 和金属离子螯合时，EDTA 分子中两个氨基上的氮原子和四个羧基上的氧原子都可以作为配位原子，因此，EDTA 的配位能力很强，几乎可以同绝大多数金属离子（碱金属离子除外）配合，形成螯合比为 1:1 的含有五个五元环的螯合物。所以 EDTA 螯合物具有特殊的稳定性。其结构如图 9-1 所示。

乙二胺四乙酸二钠和一些金属离子螯合时，其反应方程式可简写如下：

$$M^{2+} + H_2Y^{2-} \Longrightarrow MY^{2-} + 2H^+$$

例如：

$$Ca^{2+} + H_2Y^{2-} \Longrightarrow CaY^{2-} + 2H^+$$
$$Mg^{2+} + H_2Y^{2-} \Longrightarrow MgY^{2-} + 2H^+$$

第四节　配合物的应用

随着现代科学技术的发展，配合物在许多学科及医药上的应用也日益广泛。现仅就几个方面作一简单介绍。

一、分析化学中的应用

1. 检验离子的特效试剂

通常利用螯合剂与某些金属离子生成有色难溶的中性螯合物，作为检验这些离子的特征反应。例如二甲基二肟是 Ni^{2+} 的特效试剂，在严格的 pH 值和氨的浓度条件下，它与 Ni^{2+} 反应生成鲜红色的螯合物沉淀；又如 Cu^{2+} 的特效试剂（铜试剂，即二乙氨二硫代甲酸钠），在氨性溶液中能与 Cu^{2+} 反应生成棕色的螯合物沉淀。

2. 掩蔽剂

当试液中所含多种组分对于测定互有干扰时，需要采用掩蔽剂消除干扰。例如利用

KSCN 鉴定 Co^{2+} 时，若溶液中同时存在 Fe^{3+}，由于 Fe^{3+} 与 SCN^- 生成血红色的 $[Fe(SCN)_n]^{3-n}$（$n=1\sim6$）配离子而干扰 Co^{2+} 的检出反应。因此应加入 NaF 掩蔽 Fe^{3+}，使之生成更稳定的无色 $[FeF_6]^{3-}$ 配离子，消除对 Co^{2+} 鉴定反应的干扰。

3. 在配位滴定法中的应用

配位滴定法中的滴定剂和金属离子指示剂均可与金属离子形成配合物，但前者的稳定性较高，而且在一定 pH 值范围内，游离指示剂的颜色与其金属离子配合物的颜色有明显的不同，因此可用于指示滴定终点的到达。例如测定水的总硬度时，可用氨性缓冲溶液调节至 $pH=10$，以铬黑 T 为指示剂，用 EDTA 标准溶液滴定。由于 Ca^{2+}、Mg^{2+} 与铬黑 T 和 EDTA 所形成的配合物有如下的稳定顺序：

$$CaY^{2-}>MgY^{2-}>MgIn^->CaIn^-$$

因此，滴定前加入铬黑 T 时，它首先与 Mg^{2+} 形成紫红色的配合物 $MgIn^-$；当滴入 EDTA 后，EDTA 先与 Ca^{2+} 螯合，然后与 Mg^{2+} 螯合，直至与铬黑 T 螯合的 Mg^{2+} 也被 EDTA 夺取后，铬黑 T 就游离出来，这时溶液由紫红色变为游离指示剂的蓝色，滴定达到终点。

二、在生物学方面的应用

人们研究发现，与生物体的呼吸作用密切相关的血红素、植物体内的叶绿素、维生素 B_{12}、钼铁蛋白和铁蛋白都是螯合物，它们在生物体的生命活动中都起着重要的作用。开展生物体内各种金属大分子配合物的研究，弄清它们的状态和功能，将不仅加深人们对生命现象的了解，而且也对现代工业技术的发展有着重要的作用。

三、在医药方面的应用

配合物在医药上有着广泛的用途。

环境污染、职业性中毒、过量服用金属元素药物以及金属代谢障碍均能引起体内 Hg、Pb、Cd、As 等污染元素的积累和 Fe、Ca、Cu 等必须元素的过量，造成金属中毒。对于体内的有毒或过量的金属离子，一般可以选择合适的配位体（或螯合剂）与其结合而排除体外。这种方法称为螯合疗法，所用的螯合剂称为促排剂（或解毒剂）。

某些配合物有抗病毒的活性。病毒的核酸和蛋白体均为配体，能和配阳离子作用，生成生物金属配合物。配阳离子或和细胞外病毒作用，或占据细胞表面防止病毒的吸附，或防止病毒在细胞内的再生，从而阻止病毒的增殖。

许多药物本身就是配合物，如治疗血吸虫病的酒石酸锑钾、没食子酸锑钠等，治疗糖尿病的降血糖药胰岛素（锌螯合物），抗贫血药维生素 B_{12}（钴螯合物）和抗肿瘤药二氯二氨合铂（Ⅱ）即 $[PtCl_2(NH_3)_2]$ 等。

在药物制剂工作中，某些金属离子如 Fe^{3+}、Cu^{2+} 等可以催化药物氧化使其变质，为了提高药物的稳定性，用氨羧配合剂（例如 EDTA）与这些金属离子生成稳定的螯合物，从而消除这些金属离子的有害影响。

在药物的质量检验和含量测定中也常用到一些配位反应，如要测微囊 Fe^{3+} 的含量，一种简单的方法是加 NH_4SCN 试液，使 Fe^{3+} 与 SCN^- 生成红色配合物，然后进行比色测定；又如葡萄糖酸锌的含量测定，用氨-氯化铵缓冲溶液把溶液调节至 $pH=10$，以铬黑 T 为指示剂，用 EDTA 标准溶液滴定至溶液由紫红色转变为纯蓝色。反应式为：

$$Zn^{2+} + H_2Y^{2-} \rightleftharpoons ZnY^{2-} + 2H^+ 。$$

习　题

1. 下列说法是否正确，请更正有错误的地方。

(1) 配合物 $K_2[HgI_4]$，中心离子 Hg^{2+} 与配位体 I^- 以离子键相结合。

(2) 配位数是与中心离子（中心原子）结合的配位体个数之和。

(3) 对同一配离子，其 $K_{不稳}$ 与 $K_稳$ 互为倒数。

(4) 不同类型的配离子，也能直接通过 $K_{不稳}$ 的大小来比较它们的稳定性。

(5) 配离子 $[Co(en)_3]^{3+}$，中心离子的配位数是 6。

(6) 配合物 $[Co(NH_3)_5Cl](NO_3)_2$，中心离子的所带的电荷是 +2。

2. 指出下列配合物（或配离子）的中心离子（或中心原子）、配位体和配位数，并写出名称。

(1) $[Co(NH_3)_5Cl](NO_3)_2$　　　(2) $[Co(en)_3]^{3+}$　　　(3) $[Cu(NH_3)_4]^{2+}$

(4) $[FeF_6]^{3-}$　　　(5) $[Cd(NH_3)_4]^{2+}$　　　(6) $[Zn(NH_3)_4]SO_4$

(7) $K_2[HgI_4]$　　　(8) $[Co(NH_3)_5H_2O]Cl_3$　　　(9) $H_2[PtCl_6]$

(10) $[PtCl_2(NH_3)_2]$　　　(11) $NH_4[SbCl_6]$　　　(12) $Fe_3[Fe(CN)_6]_2$

3. 写出下列配合物的化学式。

(1) 氢氧化六氨合钴（Ⅲ）　　(2) 六氯合铂（Ⅳ）酸钾　　(3) 氯化二氨合银（Ⅰ）

(4) 六氟合硅（Ⅳ）酸钠　　(5) 四氰合镍（Ⅱ）酸钠　　(6) 四羰基合镍

4. 根据下列配离子的稳定常数的对数值，将配离子按稳定性由小到大的顺序排列起来。

配离子	CaY^{2-}	ZnY^{2-}	CuY^{2-}	MgY^{2-}
$\lg K_稳$	11.0	16.4	18.7	8.6

5. 在配合物中，配离子与外界离子之间以什么化学键相结合？在配离子中，中心离子与配位体之间以什么化学键相结合？以 $[Zn(NH_3)_4]SO_4$ 为例说明。

6. 什么是螯合剂？螯合物形成的条件是什么？

简写出的乙二胺四醋酸二钠和 Pd^{2+} 螯合时的反应方程式。

7. 在二支试管中，分别盛有 $NH_4Fe(SO_4)_2$ 溶液和 $K_3[Fe(CN)_6]$ 溶液，各加入一定量的 KSCN 溶液，哪一支试管里的溶液会显血红色？为什么？

第十章 重要非金属元素及其化合物

第一节 卤族元素

一、卤素的单质

卤族元素是周期表中第ⅦA族元素，包括氟（F）、氯（Cl）、溴（Br）、碘（I）和砹（At）五种元素，简称卤素。其中砹（At）是放射性元素。在自然界里，卤素大都以化合态存在，它们的单质可由人工制得。卤素单质的性质见表10-1。

表10-1 卤素单质的物理性质

元素名称	元素符号	核电荷数	单 质	颜色和状态（常态）	密度/(g/L)	熔点/℃	沸点/℃	溶解度/(g/100g 水)
氟	F	9	F_2	淡黄绿色气体	1.69	−219.6	−188.1	与水反应
氯	Cl	17	Cl_2	黄绿色气体	3.214	−101	−34.6	0.716
溴	Br	35	Br_2	深红棕色液体	3.119	−7.2	58.78	4.16
碘	I	53	I_2	紫黑色固体	4.93	113.5	184.4	0.029

表10-1表明卤素的物理性质随原子序数的增加呈现规律性变化，熔点、沸点逐渐升高，单质的颜色逐渐加深。

【演示实验10-1】 观察碘的颜色和状态。取内装碘晶体且已密封好的玻璃管，用酒精灯微热玻璃管盛碘的一端，观察管内发生的现象。

可以看到，碘被加热时，不经熔化就直接变成紫色的碘蒸气，蒸气遇冷，重新凝聚成固体，这种固体物质不经液态而直接变成气态的现象，称为升华，利用 I_2 的升华的性质可纯化和分离碘。

溴和碘的溶解情况符合"相似相溶"原理，它们都是非极性分子，故在极性大的水中溶解度较小，而易溶于非极性或极性较小的有机溶剂，如乙醇、四氯化碳、三氯甲烷、二硫化碳等。例如，Br_2 溶于三氯甲烷，三氯甲烷溶液显黄色或红棕色；I_2 溶于三氯甲烷，三氯甲烷溶液显紫色。由于 I_2 与 I^- 可生成易溶于水的 I_3^- 的缘故，因此 I_2 易溶于碘化钾或其他可溶性碘化物溶液：

$$I_2 + I^- \Longrightarrow I_3^-$$

卤素单质均有刺激性气味，能刺激眼、鼻、喉、气管的黏膜，吸入较多时会中毒，甚至引起死亡，使用时要特别小心。卤素单质虽然有毒，但它们又可作消毒剂，例如氯气常用于自来水的消毒，碘酊是医药上常用的消毒防腐药等。

卤素单质皆为双原子分子。卤族元素原子的最外电子层上有7个电子，在化学反应中容易获得一个电子，形成8个电子的稳定结构，故卤素单质都具有氧化性。

例如：

$$I_2 + 2Na_2S_2O_3 \Longrightarrow 2NaI + Na_2S_4O_6$$

$$\text{（硫代硫酸钠）} \qquad \text{（连四硫酸钠）}$$

$$Cl_2 + H_2O \Longrightarrow HCl + HClO$$

$$Cl_2 + 2NaOH =\!=\!= NaCl + NaClO + H_2O$$

用氢氧化钠吸收氯气以及漂白粉的制备就是根据上述反应。

随着氟、氯、溴、碘原子的核外电子层数依次增多，它们的原子半径依次增大，最外层电子受核的引力依次减弱，其得电子能力也依次减弱，因此，卤素单质氧化能力大小的顺序为：$F_2 > Cl_2 > Br_2 > I_2$。卤离子还原能力大小的顺序为：$F^- < Cl^- < Br^- < I^-$。例如：氯能把溴、碘从它们的卤化物中置换出来。

$$Cl_2 + 2NaBr =\!=\!= 2NaCl + Br_2$$
$$Cl_2 + 2KI =\!=\!= 2KCl + I_2$$

碘单质还有一重要的性质，即与淀粉的反应。

【演示实验 10-2】 在装有少量淀粉溶液的试管中，滴入几滴碘水。观察现象。

可以看到淀粉遇碘呈现出蓝色。可以利用碘的这一性质来检验碘的存在。

二、氯、溴、碘的重要化合物

（一）卤化氢和氢卤酸

卤化氢是有刺激性的无色气体，易溶于水。卤化氢的一些物理性质见表 10-2。

10-2 卤化氢的物理性质

性　　质	HF	HCl	HBr	HI
熔点/K	190.00	158.20	184.50	222.20
沸点/K	292.50	188.10	206.00	237.60

由表 10-2 可见，卤化氢的性质变化是有规律的。从 HCl 到 HI，熔点、沸点随相对分子质量增大而依次升高。但 HF 的熔点、沸点特别高，其原因是在 HF 分子间形成了氢键。

卤化氢的水溶液称氢卤酸。除氢氟酸外，其他氢卤酸都是强酸。其酸性按 HF、HCl、HBr、HI 的顺序递增。

氢氟酸是弱酸，它的特殊性质是能和玻璃、陶瓷中的主要成分二氧化硅和硅酸盐反应：

$$SiO_2 + 4HF =\!=\!= SiF_4 \uparrow + 2H_2O$$
$$CaSiO_3 + 6HF =\!=\!= CaF_2 + SiF_4 \uparrow + 3H_2O$$

因此氢氟酸不能用玻璃瓶装，一般装在聚乙烯塑料瓶中。

氢卤酸中以氢氯酸（即盐酸）最重要，它是最常用的无机酸之一。市售浓盐酸的浓度约为 12mol/L，它具有氯化氢的刺激性气味，浓盐酸中的氯化氢易从溶液中挥发出来，与空气中的水蒸气形成细小雾滴，因此也叫发烟盐酸。盐酸是重要的三大无机强酸之一，它具有酸的一般通性。药典收载的盐酸含 HCl 为 36.0%～38.0%（质量分数），作酸化剂；稀盐酸含 HCl 为 9.5%～10.5%（质量分数），用于胃酸缺乏症。

（二）医药上常见的卤化物

1. 氯化钠（NaCl）

氯化钠，俗称食盐。纯净的氯化钠是无色结晶或白色结晶性粉末，无臭、味咸、易溶于水，在乙醇中几乎不溶，其水溶液呈中性。

氯化钠在人体中起着重要的生理作用，人每天要吃一点食盐来补充从尿和汗水里所排泄出的氯化钠。氯化钠大部分以 Na^+、Cl^- 的形式存在于体液中，人体若大量失氯化钠可引起低钠综合症，甚至死亡。医药上，氯化钠是电解质补充药，生理氯化钠溶液用于洗涤黏膜与伤口等。

2. 氯化钾（KCl）

氯化钾是无色结晶或白色粉末，无嗅，味咸涩，易溶于水，不溶于乙醇和乙醚，其水溶液呈中性。

氯化钾也是电解质补充药，但氯化钾的生理作用与氯化钠完全不同，它们之间绝对不能互相代替。

3. 氯化铵（NH_4Cl）

见本章第三节。

4. 氯化钙（$CaCl_2$）

氯化钙为白色、坚硬的碎块或颗粒，无臭，味微苦，极易潮解（物质在空气中吸收水分的过程叫做潮解）。在水中极易溶解，在乙醇中易溶。

氯化钙是补钙药。

5. 碘化钠（NaI）

碘化钠为无色结晶或白色结晶性粉末，无臭，味咸、微苦，有引湿性；在潮湿空气中易变成棕色。在水中极易溶解，在乙醇中溶解。

碘化钠是补碘药。

6. 碘化钾（KI）

碘化钾为无色结晶或白色结晶性粉末，无臭，味咸、带苦，微有引湿性。在水中极易溶解，在乙醇中溶解。

放置空气中的碘化钾易被氧化为碘单质，故碘化钾溶液久置空气中会变为黄色。

碘化钾是补碘药，可用于治疗甲状腺肿大、慢性关节炎、动脉硬化等症。碘化钾也常用于碘酊的配制。

（三）卤化物的鉴别

1. 氯化物

【演示实验 10-3】　取试管一支，加入 2ml 1mol/L 含有氯离子的溶液，然后滴入 5 滴 $AgNO_3$ 试液，观察现象。把生成的沉淀一分为二，在第一份沉淀中加入硝酸，在第二份沉淀中加入氨水，观察沉淀是否溶解。

可以看到，在氯化物溶液中，加入硝酸银试液，生成白色沉淀，将这氯化银白色沉淀分为两份，一份中加入硝酸，沉淀不溶解；另一份中加入氨水，沉淀溶解。白色的氯化银不溶于水，也不溶于稀硝酸，而溶于氨水。

$$Cl^- + Ag^+ \!=\!=\!= AgCl\downarrow$$
$$AgCl + 2NH_3 \cdot H_2O \!=\!=\!= [Ag(NH_3)_2]Cl + 2H_2O$$

2. 溴化物

【演示实验 10-4】　取试管一支，加入 2ml 1mol/L 含有溴离子的溶液，然后滴入 5 滴 $AgNO_3$ 试液，观察现象。再加入硝酸，观察沉淀是否溶解。

可以看到，在溴化物溶液中加入硝酸银试液，生成淡黄色的溴化银沉淀，溴化银在稀硝酸中几乎不溶，只能部分溶于氨水。

$$Br^- + Ag^+ \!=\!=\!= AgBr\downarrow（淡黄色）$$

【演示实验 10-5】　取试管一支，加入 2ml 1mol/L 含有溴离子的溶液，然后加入适量的氯试液，加入 1ml 三氯甲烷，振摇，观察三氯甲烷层的颜色。

可以看到，在溴化物溶液中加入适量的氯试液，再加入三氯甲烷，振摇，三氯甲烷层显黄色或红棕色。

$$2Br^- + Cl_2 = 2Cl^- + Br_2$$

3. 碘化物

【演示实验 10-6】 取试管一支，加入 2ml 1mol/L 含有碘离子的溶液，然后滴入 5 滴 $AgNO_3$ 试液，观察现象。把生成的沉淀一分为二，在第一份沉淀中加入硝酸，在第二份沉淀中加入氨水，观察沉淀是否溶解。

在碘化物溶液中加入硝酸银试液，会生成黄色的碘化银沉淀，碘化银既不溶于稀硝酸，也不溶于氨水。

$$I^- + Ag^+ = AgI\downarrow（黄色）$$

【演示实验 10-7】 取试管一支，加入 2ml 1mol/L 含有碘离子的溶液，然后加入适量的氯试液，加入 1ml 三氯甲烷，振摇，观察三氯甲烷层的颜色。

在碘化物溶液中加入适量的氯试液，再加入三氯甲烷，振摇，三氯甲烷层显紫红色；如加入淀粉溶液时，碘单质能使淀粉溶液呈蓝色。

$$2I^- + Cl_2 = 2Cl^- + I_2$$

（四）卤素的含氧酸及其盐

氯、溴、碘均可形成氧化数为 +1、+3、+5 和 +7 的次卤酸（HXO）、亚卤酸（HXO_2）、卤酸（HXO_3）和高卤酸（HXO_4）及其盐。卤素含氧酸多数仅能在水溶液中存在。在卤素的含氧酸及其盐中以氯的含氧酸及其盐应用较多，下面主要介绍氯的含氧酸及其盐的性质。

1. 次氯酸及其盐

(1) 次氯酸　次氯酸是弱酸，298K 时，$K_a = 2.95 \times 10^{-8}$。次氯酸很不稳定，极易分解，仅存在稀溶液中。当光照时分解更快，并放出氧气。

$$2HClO \xrightarrow{光照} 2HCl + O_2\uparrow$$

次氯酸具有消毒、杀菌和漂白作用。

(2) 次氯酸钠　次氯酸钠（NaClO）是强氧化剂，有漂白、杀菌作用。常用于印染，制药工业。

(3) 漂白粉　漂白粉又名含氯石灰，将 Cl_2 通入消石灰（氢氧化钙）中即可制得。

$$2Cl_2 + 2Ca(OH)_2 \xrightarrow{25℃} Ca(ClO)_2 + CaCl_2 + 2H_2O$$

漂白粉是白色颗粒状粉末，具有氯臭，在水中和醇中部分溶解。

漂白粉没有固定的分子式，它的主要成分是次氯酸钙和氯化钙，还有氢氧化钙、水和其他杂质，其中次氯酸钙是漂白粉的有效成分。

漂白粉在水中会生成次氯酸，次氯酸有消毒、杀菌和漂白作用，因此漂白粉是价廉有效的消毒杀菌剂。

$$Ca(ClO)_2 + 2H_2O = Ca(OH)_2 + 2HClO$$

漂白粉露置空气中，会吸收空气中的水分和二氧化碳，漂白粉会逐渐失效。因此漂白粉储藏时应密封，并保存在阴暗和干燥的地方，但大量储存时不可密封。

$$Ca(ClO)_2 + H_2O + CO_2 = CaCO_3 + 2HClO$$

$$2HClO = 2HCl + O_2\uparrow$$

漂白粉遇酸放出氯气：

$$Ca(ClO)_2 + 4HCl \!=\!\!=\!\! CaCl_2 + 2Cl_2 \uparrow + 2H_2O$$

2. 氯酸及其盐

氯酸（$HClO_3$）是强酸、强氧化剂。

氯酸盐中最常见的是 $KClO_3$。

氯酸钾是白色晶体。在二氧化锰存在下加热，氯酸钾分解为氯化钾和氧气。

$$2KClO_3 \xrightarrow[\triangle]{MnO_2} 2KCl + 3O_2 \uparrow$$

$KClO_3$ 与易燃物（如 C、S、P 及有机物）混合，受撞击时会猛烈爆炸。因此常用它制造焰火、火柴及炸药等。

3. 高氯酸

高氯酸（$HClO_4$）是已知无机酸中最强的酸。它在冰醋酸、硫酸或硝酸溶液中仍能给出质子。

常温下，纯 $HClO_4$ 是无色黏稠液体，不稳定，储存时会发生分解爆炸。浓度低于 60% 的 $HClO_4$ 溶液是稳定的。

三、拟卤素

（一）拟卤素

拟卤素也称为类卤素，是某些由非金属元素形成的与卤素性质相似的原子团。重要的拟卤素有氰（$CN)_2$、氧氰（$OCN)_2$ 和硫氰（$SCN)_2$。

（二）常见拟卤化合物

1. 氰化物

（1）氢氰酸（HCN）　氢氰酸是一种无色透明的液体，易挥发。熔点 $-14℃$，沸点 $26℃$。氢氰酸可与水互溶。有苦杏仁气味，是极弱的酸，有剧毒，极微量就可致人死亡。

（2）氰化钾（KCN）　氰化钾是一种白色易潮解的晶体，易溶于水，其水溶液呈碱性，并有苦杏仁味。氰化钾毒性极强（0.1g 即可使人致死），是属于特殊保管和使用的药品。氰化钾是药物合成的重要原料，也是实验室的重要试剂。氰化钾遇酸会放出剧毒的氢氰酸。氢氰酸比碳酸弱，因此氰化钾会吸收空气中的水分和二氧化碳产生剧毒的氢氰酸，所以氰化钾应密封保存。

氰化物中氰根离子（CN^-）的鉴别方法：取试液 1ml，加入氢氧化钠使溶液碱化，再加入硫酸亚铁溶液，将混合液加热煮沸，然后，用盐酸酸化溶液，再滴加三氯化铁溶液。溶液若出现蓝色，表示试液中含氰根离子。

$$6KCN + FeSO_4 \xrightarrow[\text{碱化}]{\triangle} K_4[Fe(CN)_6] + K_2SO_4$$

$$3K_4[Fe(CN)_6] + 4FeCl_3 \xrightarrow{\text{酸化}} Fe_4[Fe(CN)_6]_3 \downarrow + 12KCl$$

2. 硫氰化物

硫氰化物又称硫氰酸盐，其中硫氰化铵和硫氰化钾是常用的分析试剂。

硫氰化物的一个非常灵敏的化学反应是：与 Fe^{3+} 反应，生成血红色的溶液。

$$Fe^{3+} + nSCN^- \rightleftharpoons [Fe(SCN)_n]^{3-n} \quad n = 1\sim6$$

利用这个性质，实验室常用硫氰化钾或硫氰化铵检验 Fe^{3+}，也可用三氯化铁检验硫氰化物。

第二节 氧族元素

氧族元素是周期表中第 ⅥA 族元素，包括氧（O）、硫（S）、硒（Se）、碲（Te）和钋（Po）五种元素，其中硒、碲是稀有元素，钋是放射性元素。

一、氧和臭氧

氧是典型的非金属元素，原子结合时可形成离子化合物或共价化合物。在自然界中，氧除以氧气（O_2）和臭氧（O_3）存在外，更大量存在于含氧化合物中。

（一）氧气

氧气为无色气体，无臭，无味，有强助燃力。氧气能使炽红的木条突然发火燃烧。

O_2 是非极性分子，水中溶解度很小。O_2 最主要的化学性质是氧化性，除稀有气体和少数金属元素外，O_2 几乎能与所有的元素直接或间接地化合，生成类型不同、数量众多的化合物，但多数反应在室温下进行得很慢。

在灌装注射剂过程中，如果药物接触空气易氧化变质，那么我们要通入二氧化碳或氮气等气体，排除容器内空气，来提高药物的稳定性。

（二）臭氧

O_3 是浅蓝色的气体，由于它有一种鱼腥臭味而得名。

臭氧在靠近地表面的大气中含量极少，而在距地面约为 25km 的高空处，则有一层由于太阳紫外线强辐射形成的臭氧层，它吸收了太阳的一部分辐射能，保护了地球上的生物。但随着汽车及飞机排出的废气中含有 NO、NO_2 及人类使用氟里昂制冷剂和矿物燃料，这些污染物质引起臭氧的分解，导致臭氧层被破坏，这是非常严重的生态问题。

O_3 的氧化能力比 O_2 强，用 O_3 作氧化剂、漂白剂和消毒剂时，不仅作用强、速度快，而且不会造成二次污染。

二、水

水在地球上分布很广，江河、湖泊和海洋约占地球表面积的四分之三。从太空观察，地球是一个美丽的、蔚蓝色的星球，有人说把地球称为水球更合适一些。不仅如此，在地层里、大气中，以及动植物的体内都含有大量的水。例如，人体含水约占人体质量的三分之二，鱼体含水达 $70\% \sim 80\%$，某些蔬菜含水甚至达 90% 以上。我们的生活和生产都离不开水。水在人体内起着调节体温、溶解食物、排泄废物等作用。人体内的水需要不断补充，一个人平均每天要补充 $2.5 \sim 4L$ 水。还有在制药时，我们就需要大量的水。

（一）物理性质

水是无色、无味、透明的液体，水深时由于光的散射作用而呈蓝色，在标准大气压下（101325Pa），纯水的凝固点为 0℃，沸点为 100℃，在 4℃ 时水的密度最大，为 1g/ml。纯水几乎不导电，水能溶解许多物质，是最常用的溶剂。

（二）化学性质

1. 水是非常稳定的物质，在高温（1000℃ 以上）或电解时才可以发生分解。

$$2H_2O \xrightarrow{\text{高温}} 2H_2\uparrow + O_2\uparrow$$

2. 水能与许多物质发生化学反应。

（1）水能与许多金属（铜、银等不活泼金属除外）发生置换反应。

钾、钠、钙等活泼金属与水反应生成氢氧化物和放出氢气。

$$2Na + 2H_2O == 2NaOH + H_2\uparrow$$

镁、锌、铁等较活泼金属在高温下也能与水反应生成金属氧化物和氢气。

$$3Fe + 4H_2O \xrightarrow{\triangle} Fe_3O_4 + 4H_2\uparrow$$

（2）水能与 F_2、Cl_2、C 等非金属单质反应。

$$2F_2 + 2H_2O == 4HF\uparrow + O_2$$

$$Cl_2 + H_2O == HCl + HClO$$

（3）水能与某些可溶性金属氧化物起反应生成碱。

$$Na_2O + H_2O == 2NaOH$$

（4）水能与某些非金属氧化物起反应生成酸。

$$CO_2 + H_2O == H_2CO_3$$

（5）水能与绝大多数盐（强酸强碱盐除外）发生水解反应

$$NH_4Cl + H_2O == NH_3 \cdot H_2O + HCl$$

有关盐类水解的内容请看第七章第五节。

（三）制药用水

水是药物生产中用量最大、使用最广的一种辅料，用于生产过程及药物制剂的制备。

2005 版药典中所收载的制药用水，因其使用的范围不同而分为饮用水、纯化水、注射用水及灭菌注射用水。

制药用水的原水通常为饮用水，为天然水经净化处理所得的水，其质量必须符合中华人民共和国国家标准 GB 5749—85《生活饮用水卫生标准》。

饮用水：饮用水可作为药材净制时的漂洗、制药用具的粗洗用水。除另有规定外，也可作为药材的提取溶剂。

纯化水：为饮用水经蒸馏法、离子交换法、反渗透法或其他适宜的方法制备的制药用水。不含任何附加剂。纯化水可作为配制普通药物制剂用的溶剂或试验用水；可作为中药注射剂、滴眼剂等灭菌制剂所用药材的提取溶剂；口服、外用制剂配制用溶剂或稀释剂；非灭菌制剂用器具的精洗用水。也用作非灭菌制剂所用药材的提取溶剂。纯化水不得用于注射剂的配制与稀释。

注射用水：为纯化水经蒸馏所得的水。注射用水可作为配制注射剂的溶剂或稀释剂及注射用容器的精洗。也可作滴眼剂配制的溶剂。

灭菌注射用水：为注射用水按照注射剂生产工艺制备所得。主要用于注射用灭菌粉末的溶剂或注射剂的稀释剂。

三、过氧化氢

纯过氧化氢（H_2O_2）为无色黏稠液体，它的水溶液俗称双氧水。H_2O_2 分子中有一个过氧键（—O—O—）。过氧化氢是极性分子，它可以和水以任意比例混合。医药上常见的是含

H_2O_2 26.0%～28.0%（质量分数）的浓过氧化氢溶液和含 H_2O_2 2.5%～3.5%的过氧化氢溶液，是消毒防腐药。

（一）H_2O_2 的主要化学性质

1. 不稳定性

H_2O_2 不稳定，常温下即能分解放出氧气：

$$2H_2O_2 = 2H_2O + O_2 \uparrow$$

过氧化氢在碱性环境中的分解速度，比在酸性溶液中快得多，许多重金属离子（Fe^{3+}、Cr^{3+}、Mn^{2+}）及 MnO_2 对分解起催化作用。强光的照射也会加速它的分解。因此，过氧化氢宜保存在棕色瓶中，置于低温暗处。

2. 弱酸性

H_2O_2 水溶液是一种很弱的酸。$K_a = 2.2 \times 10^{-12}$。

3. 既显氧化性，又显还原性

由于 H_2O_2 中氧的氧化数为 -1，因此 H_2O_2 既显氧化性，又显还原性。一般，H_2O_2 在酸性或碱性溶液中表现为强氧化性。因此，它主要用作氧化剂。如 H_2O_2 在酸性溶液中可将 KI 氧化成 I_2：

$$H_2O_2 + 2KI + 2HCl = I_2 + 2KCl + 2H_2O$$

H_2O_2 作氧化剂，其优点是它被还原的产物为 H_2O，不会给反应体系引入其他杂质。

当 H_2O_2 遇更强的氧化剂时又表现出还原性。如 $KMnO_4$ 在酸性条件下与 H_2O_2 的反应：

$$2KMnO_4 + 5H_2O_2 + 3H_2SO_4 = 2MnSO_4 + 5O_2 \uparrow + K_2SO_4 + 8H_2O$$

（二）H_2O_2 的鉴别

【演示实验 10-8】 取试管一支，加入 3%过氧化氢溶液 1ml，加水 10ml 与稀硫酸一滴，再加乙醚 2ml 与重铬酸钾（$K_2Cr_2O_7$）试液数滴，振摇，观察乙醚层的颜色。

可以看到乙醚层呈蓝色。

在 H_2O_2 酸性溶液中加入重铬酸钾（$K_2Cr_2O_7$）溶液，生成蓝色的过氧化铬。过氧化铬在水中不稳定，在乙醚中较稳定，因此，鉴别 H_2O_2 时，常在加入重铬酸钾溶液之前要预先加一些乙醚。反应式为：

$$K_2Cr_2O_7 + H_2SO_4 + 4H_2O_2 = K_2SO_4 + 2CrO_5 + 5H_2O$$

四、硫及其重要化合物

（一）硫

硫俗称硫磺，是一种淡黄色晶体。性松脆，易敲成碎片或研成粉末。不溶于水，微溶于酒精，易溶于二硫化碳中。药用的升华硫，是由硫经升华精制而成的很小的晶形粉末，常用来制备硫磺软膏，治疗某些皮肤病。

硫的化学性质比较活泼，例如能与许多元素直接反应生成硫化物。

$$S + Hg = HgS$$

当有毒金属汞不慎洒落而又无法收集时，可用硫磺粉覆盖，使之生成 HgS。

（二）硫化氢和硫化物

硫化氢（H_2S）是无色有腐蛋臭味的气体，有相当大的毒性，是大气污染物之一。空气中含有微量的硫化氢，就会使人感到头痛、头晕和恶心，长时间吸入硫化氢就不再感到它的臭味，但这正是中毒的特征，如不采取适当措施，会继续中毒而死亡。新鲜的空气可以作为解毒剂。

H$_2$S 是极性分子，能溶于水，室温下饱和 H$_2$S 水溶液的浓度约为 0.1mol/L。H$_2$S 的水溶液称为氢硫酸。氢硫酸为二元弱酸。它在溶液中能与很多金属离子作用，生成具有特征颜色的难溶硫化物，如表 10-3 所示。

表 10-3　常见硫化物的颜色和溶解性

名　　称	分子式	颜　　色	在 水 中	在 稀 酸 中
硫化钠	Na$_2$S	白色	易溶	易溶
硫化锌	ZnS	白色	不溶	易溶
硫化锰	MnS	肉红色	不溶	易溶
硫化亚铁	FeS	黑色	不溶	易溶
硫化铅	PbS	黑色	不溶	不溶
硫化镉	CdS	黄色	不溶	不溶
硫化锑	Sb$_2$S$_3$	橘红色	不溶	不溶
硫化锡	SnS$_2$	褐色	不溶	不溶
硫化汞	HgS	黑色	不溶	不溶
硫化银	Ag$_2$S	黑色	不溶	不溶
硫化铜	CuS	黑色	不溶	不溶

金属硫化物，由于它们在水中的溶解度和在酸中的溶解情况不同，以及它们多数具有特殊的颜色。利用这个性质可以分离和鉴别某些金属离子的存在。

例如：
$$Pb^{2+}+H_2S =\!=\!= PbS\downarrow（黑色）+2H^+$$

这是分析化学分析中 Pb^{2+} 的沉淀分离和中草药脱铅处理的常用方法。

有些金属硫化物能溶于酸，产生具有臭鸡蛋气味的硫化氢气体，硫化氢气体能使湿润的醋酸铅试纸变黑，也可以用这个方法检验 S^{2-}。

$$S^{2-}+2H^+ =\!=\!= H_2S\uparrow$$

$$H_2S+Pb(Ac)_2 =\!=\!= PbS\downarrow（黑色）+2HAc$$

硫化氢和硫化物中硫的氧化数为 -2，因此它们都有还原性。

例如：H$_2$S 水溶液在空气中放置，H$_2$S 被氧化成硫而逐渐变浑浊：

$$2H_2S+O_2 =\!=\!= 2S\downarrow +2H_2O$$

难溶性金属硫化物在水中的溶解性差别较大，并且它们在盐酸、硝酸、王水等试剂中的溶解性也不相同。

（三）硫的氧化物、含氧酸及其盐

硫原子的价电子层构型为 $3s^2 3p^4$，可形成氧化数为 $+4$ 和 $+6$ 的多种化合物。硫的电负性比氧小，因此在硫的氧化物和含氧酸中，硫的氧化数为正值。

1. 二氧化硫和亚硫酸

SO$_2$ 是无色有刺激气味的有毒气体。SO$_2$ 分子是 "V" 形构型，SO$_2$ 是极性分子，易溶于水。SO$_2$ 溶于水形成的水溶液称为亚硫酸。在亚硫酸水溶液中，大量存在 SO$_2$ 的水合物 SO$_2 \cdot x$H$_2$O。

亚硫酸 H$_2$SO$_3$ 为二元中强酸，不稳定，游离的 H$_2$SO$_3$ 尚未被离析出来。亚硫酸的盐有正盐和酸式盐两种。亚硫酸及其盐中硫的氧化数为 $+4$，因此它们既可作氧化剂，又可作还原剂，但以还原性为主。如在酸性溶液中 I$_2$、MnO$_4^-$ 等可将 SO$_3^{2-}$ 氧化。

$$I_2+SO_3^{2-}+H_2O =\!=\!= 2I^-+SO_4^{2-}+2H^+$$

$$2MnO_4^- + 5SO_3^{2-} + 6H^+ = 2Mn^{2+} + 5SO_4^{2-} + 3H_2O$$

亚硫酸、亚硫酸盐或 SO_2 只有与强还原剂作用才表现氧化性。如：

$$SO_2 + 2H_2S = 3S\downarrow + 2H_2O$$

SO_2 和 H_2SO_3 能和许多有机物，特别是染料和有色化合物发生加成反应，生成无色化合物。因此可作漂白剂，用于纸张、草帽等物品的漂白。

2. 硫酸

SO_3 是一种强氧化剂，又有强烈的吸水性，它与水作用生成 H_2SO_4。

纯硫酸（H_2SO_4）是无色、无臭的油状液体，能以任何比例与水混合。市售浓硫酸的浓度约为 18mol/L。硫酸是一种难挥发的强酸。硫酸除了具有酸的通性外，还具有一些特性。浓硫酸有强烈的吸水性、脱水性和强氧化性。

浓硫酸能强烈吸水，同时放出大量的热。所以用水稀释浓硫酸时，必须将浓硫酸缓缓倒入水中，并用玻棒不断搅拌。浓硫酸可作干燥剂。

【演示实验 10-9】 在两支试管里分别放入少量白色的碎纸、蔗糖，再滴入几滴浓硫酸。观察发生的现象。

可以看到，两种物质都逐渐变成黑色。

浓硫酸能从糖、纤维等有机物中，按水的组成夺取其中的氢和氧，而使有机物发生碳化作用，这种作用叫做浓硫酸的脱水作用。

浓 H_2SO_4 具有强氧化性，加热时氧化性更显著，它可以氧化许多金属和非金属，本身被还原为 SO_2、S 或 H_2S。例如：

$$C + 2H_2SO_4(浓) \xage{\triangle} CO_2 + 2SO_2\uparrow + 2H_2O$$

$$Cu + 2H_2SO_4(浓) \xage{\triangle} CuSO_4 + SO_2\uparrow + 2H_2O$$

$$3Zn + 4H_2SO_4(浓) \xage{\triangle} 3ZnSO_4 + S\downarrow + 4H_2O$$

浓硫酸具有脱水性、强氧化性，对皮肤、衣服、纸张等都有腐蚀性，所以使用浓硫酸时，一定要格外小心，注意安全。

3. 医药上常见的硫酸盐

H_2SO_4 为二元强酸，它可形成正盐和酸式盐，常用的是正盐。正盐大多数易溶于水（Pb^{2+}、Ag^+、Ca^{2+}、Ba^{2+} 等盐除外）。含结晶水的可溶性硫酸盐俗称为矾。如绿矾 $FeSO_4 \cdot 7H_2O$、胆矾 $CuSO_4 \cdot 5H_2O$ 等。

（1）硫酸亚铁　$FeSO_4 \cdot 7H_2O$ 为淡蓝绿色晶体或颗粒；无臭，味咸、涩；在干燥空气中会风化（结晶水合物在室温和干燥的空气中失去结晶水的过程叫做风化），在湿空气中即迅速氧化变质，表面生成黄棕色的碱式硫酸铁。在水中易溶，在乙醇中不溶。

硫酸亚铁是抗贫血药。

（2）硫酸钙　$CaSO_4 \cdot 2H_2O$ 为白色粉末，无臭、无味，在水中微溶，在乙醇中不溶；在稀盐酸中溶解。

硫酸钙是药用辅料。

（3）硫酸钡　$BaSO_4$ 为白色疏松的细粉，无臭、无味，在水、有机溶剂、酸或氢氧化钠溶液中均不溶。

硫酸钡是诊断用药。

（4）硫酸锌　$ZnSO_4 \cdot 7H_2O$ 为无色透明的结晶或颗粒状的结晶性粉末，无臭，味涩，有风化性，在水中极易溶解，在甘油中易溶，在乙醇中不溶。

硫酸锌是补锌盐、收敛药。

（5）硫酸镁　$MgSO_4 \cdot 7H_2O$ 为无色结晶，无臭，味苦、咸，有风化性，在水中易溶，在乙醇中几乎不溶。

硫酸镁是泻药、利胆药。硫酸镁注射液是抗惊厥药。

4. 硫代硫酸钠（$Na_2S_2O_3$）

$Na_2S_2O_3 \cdot 5H_2O$ 俗称大苏打，是无色透明的晶体或结晶性细粒，无臭，味咸，在干燥空气中有风化性，在湿空气中有潮解性，易溶于水，在乙醇中不溶。其水溶液显微弱的碱性。

$Na_2S_2O_3$ 在中性、碱性溶液中很稳定，但在酸性溶液中极不稳定，与酸作用生成有刺激性气味的 SO_2 气体和产生淡黄色硫沉淀。

$$Na_2S_2O_3 + 2HCl = 2NaCl + S\downarrow + SO_2\uparrow + H_2O$$

$Na_2S_2O_3$ 是中强还原剂，它与 I_2 反应生成 $Na_2S_4O_6$（连四硫酸钠）：

$$2Na_2S_2O_3 + I_2 = 2NaI + Na_2S_4O_6$$

该反应是分析化学中碘量法的基础。

$Na_2S_2O_3$ 还可与 Cl_2、Br_2 等强氧化剂作用生成硫酸盐：

$$Na_2S_2O_3 + 4Cl_2 + 5H_2O = Na_2SO_4 + H_2SO_4 + 8HCl$$

所以 $Na_2S_2O_3$ 可作除氯剂。

$S_2O_3^{2-}$ 具有很强的配位能力。例如：

$$AgBr + 2S_2O_3^{2-} = [Ag(S_2O_3)_2]^{3-} + Br^-$$

在摄影中，用 $Na_2S_2O_3$ 作定影剂，以除去照相底片上未感光的 AgBr。

$Na_2S_2O_3$ 是重金属中毒时的解毒药。

5. 亚硫酸盐（或亚硫酸氢盐）、硫酸盐、硫代硫酸盐的鉴别

（1）亚硫酸盐或亚硫酸氢盐

① 取亚硫酸盐或亚硫酸氢盐，加盐酸，即发生有刺激气味的二氧化硫气体，该气体能使硝酸亚汞试液湿润的滤纸显黑色。

$$SO_3^{2-} + 2H^+ = H_2O + SO_2\uparrow \text{ 或 } HSO_3^- + H^+ = H_2O + SO_2\uparrow$$

$$SO_2 + Hg_2^{2+} + 2H_2O = 2Hg\downarrow + SO_4^{2-} + 4H^+$$

② 取亚硫酸盐或亚硫酸氢盐溶液，滴加碘试液，碘的颜色即消退。

（2）硫酸盐

【演示实验 10-10】　在一支试管中，加入硫酸盐溶液 2ml，滴加氯化钡试液 10 滴，观察现象。把生成的沉淀一分为二，往第一份沉淀滴加几滴盐酸，往第二份沉淀滴加几滴硝酸，观察沉淀是否溶解。

可以看到，在硫酸盐溶液中，滴加氯化钡试液，即生成白色沉淀，沉淀在盐酸或硝酸中均不溶解。

$$Ba^{2+} + SO_4^{2-} = BaSO_4\downarrow$$

（3）硫代硫酸盐

【演示实验 10-11】　在一支试管中，加入约 0.1g $Na_2S_2O_3$，加水 1ml 溶解后，加盐酸，观察现象。

可以看到，在硫代硫酸盐溶液中，加盐酸，即析出白色沉淀，迅速变为黄色，并产生二氧化硫的刺激性特臭。

$$Na_2S_2O_3 + 2HCl \Longrightarrow 2NaCl + S \downarrow + SO_2 \uparrow + H_2O$$

第三节　氮族元素

氮族元素是周期表中第 ⅤA 族元素，包括氮（N）、磷（P）、砷（As）、锑（Sb）、铋（Bi）五种元素。在含氧化合物中氮族元素的最高氧化数为 +5，在气态氢化物中氮族元素的氧化数为 -3，此外它们还有多种氧化数。

一、氨和铵盐

（一）氨

生物体内都含有大量的氮，它对生命具有重要的意义。氮在空气中以单质 N_2 存在，占总体积 78%；土壤中少量的氮以铵盐和硝酸盐的形式存在。N_2 很稳定，但在高温及催化剂存在下，能与氢气化合生成氨气。

常温下，氨是无色有特殊刺激性的气体，由于氨分子间易形成氢键，因此在常温下极易液化。液态氨汽化时要吸收大量的热，而使它周围温度急剧降低，因此液氨常作制冷剂。氨分子是极性分子。氨极易溶于水，293K 时，1 体积水可溶解 700 体积的氨，其水溶液称为氨水。氨水溶液中有如下平衡：

$$NH_3 + H_2O \Longrightarrow NH_3 \cdot H_2O \Longrightarrow NH_4^+ + OH^-$$

氨水是无色的澄清液体，有刺激性的特臭，显弱碱性。

【演示实验 10-12】　用两根玻璃棒分别在浓氨水和浓盐酸里蘸取一下，然后将这两根玻璃棒接近（不要接触），观察现象。

可以看到，当两根玻璃棒接近时，产生大量的白烟。这种白烟是氨水挥发出的 NH_3 与盐酸挥发出的 HCl 化合生成了氯化铵晶体。

$$NH_3 + HCl \Longrightarrow NH_4Cl$$

NH_3 中的 N 原子有孤对电子，能与许多金属离子形成配离子，如 $[Ag(NH_3)_2]^+$、$[Cu(NH_3)_4]^{2+}$ 等。因此某些难溶化合物，如 AgCl、$Cu(OH)_2$ 等可溶于氨水中。

NH_3 和 CO_2 作用生成的尿素是目前含氮量最高的化肥，其反应式：

$$2NH_3 + CO_2 \xrightarrow{\triangle} CO(NH_2)_2 + H_2O$$

在医药上，浓氨溶液是制剂用药，稀氨溶液是刺激药。

（二）铵盐

铵盐都是晶体，都易溶于水，在水溶液中能水解。

铵盐不稳定，固体铵盐遇热易分解。

【演示实验 10-13】　在试管中加入少量氯化铵晶体，加热，观察现象。

可以看到，加热后不久，有白烟生成，而且在试管上端的试管壁上有白色固体附着。这是由于加热时，氯化铵分解，生成氯化氢和氨；生成的氯化氢和氨，遇冷又重新生成氯化铵。

$$NH_4Cl \xrightarrow{\triangle} HCl + NH_3 \uparrow$$

$$NH_3 + HCl \Longrightarrow NH_4Cl$$

【演示实验 10-14】　在一支试管中加入少量氯化铵固体，然后滴加 6mol/L NaOH 溶液，加热，并用湿润的红色石蕊试纸靠近试管口，观察现象。

可以看到，加热后有刺激性气味的气体产生，同时可以看到该气体能使湿润的红色石蕊试纸变蓝。

$$NH_4Cl + NaOH \xlongequal{} NaCl + H_2O + NH_3 \uparrow$$

铵盐遇碱生成氨气，这是检验铵盐的重要方法之一。

在医药上常见的铵盐是氯化铵（NH_4Cl）。氯化铵是无色结晶或白色粉末，无嗅，味咸、凉，露置于空气中有一定的吸湿性。易溶于水，在乙醇中微溶，其水溶液呈弱酸性。氯化铵溶解时吸收大量的热，而使溶液的温度下降。

氯化铵是祛痰药、辅助利尿药，具有祛痰、利尿、酸化体液的作用，医药上常将它制成片剂，一些祛痰止咳药水中也含氯化铵。

（三）氨水、铵根离子的鉴别

1. 氨水

【演示实验 10-15】 取一个表面皿，加少量氨水，另用玻璃棒蘸取浓盐酸，接近氨水的液面，观察现象。

可以看到，当浓盐酸接近氨水的液面，即发生白色的浓烟。

$$NH_3 + HCl \xlongequal{} NH_4Cl$$

2. 铵根离子

【演示实验 10-16】 在一支试管中加入少量铵盐固体，然后加过量的氢氧化钠试液，加热，在试管口放一张用水湿润的红色石蕊试纸，观察现象。

可以看到，在铵盐中加过量的氢氧化钠试液，加热，有氨臭的气体生成，该气体遇用水湿润的红色石蕊试纸，能使之变蓝色。

在铵盐溶液中，加碱性碘化汞钾试液 1 滴，即生成红棕色沉淀。

$$NH_4^+ + 2[HgI_4]^{2-} + 4OH^- \longrightarrow \left[\begin{array}{c} Hg \\ O \quad\quad NH_2 \\ Hg \end{array} \right] I \downarrow + 7I^- + 3H_2O$$

碘化氨基氧汞

二、氮的氧化物、氮的含氧酸及其盐

（一）一氧化氮、二氧化氮

氮的氧化物中较为重要的是 NO 和 NO_2。NO 为无色气体，难溶于水，在空气中极易与氧化合，常温下，无色的 NO 接触到空气中的氧气后，立即转变为红棕色的 NO_2。

$$2NO + O_2 \xlongequal{} 2NO_2$$

NO_2 是红棕色、有特殊臭味的气体，有毒，腐蚀性强，是强氧化剂。NO_2 溶于水生成 HNO_3 和 NO。

$$3NO_2 + H_2O \xlongequal{} 2HNO_3 + NO$$

（二）硝酸

纯硝酸为无色、易挥发、有刺激性气味的液体，与水以任何比例互溶。市售浓硝酸浓度约为 16mol/L，这种硝酸在空气中会"发烟"，这是因为浓硝酸中挥发出的硝酸蒸气，能与空气中的水蒸气形成细小硝酸液滴，因此它也叫做发烟硝酸。硝酸是重要的三大无机强酸之一，它除了具有酸的一般通性，还具有一些特性：硝酸的不稳定性和氧化性。

HNO_3 不稳定，受热或见光易分解：

$$4HNO_3 \xrightarrow{\text{加热或光照}} 4NO_2\uparrow + 2H_2O + O_2\uparrow$$

HNO_3 分解放出的红棕色的 NO_2 溶于硝酸而使硝酸呈黄色。为了防止硝酸分解，硝酸必须盛在棕色瓶里，放在黑暗且温度较低的地方。

硝酸是一种强氧化剂，无论浓 HNO_3 还是稀硝酸都具有强氧化性，几乎能与所有的金属（Au 和 Pt 除外）和非金属发生氧化还原反应。一般情况下，浓 HNO_3 作氧化剂时，还原产物主要是 NO_2；稀 HNO_3 作氧化剂时，还原产物主要是 NO。例如，

$$Cu + 4HNO_3(\text{浓}) == Cu(NO_3)_2 + 2NO_2\uparrow + 2H_2O$$

$$C + 4HNO_3(\text{浓}) == CO_2\uparrow + 4NO_2\uparrow + 2H_2O$$

$$3Cu + 8HNO_3(\text{稀}) == 3Cu(NO_3)_2 + 2NO\uparrow + 4H_2O$$

冷浓 HNO_3 与冷浓 H_2SO_4 一样能使 Fe、Al 等金属钝化，这是因为浓硝酸（或浓硫酸）将它们的表面氧化，形成一层十分致密的氧化物薄膜，阻止了反应进一步进行。

浓硝酸和浓盐酸的混合物（摩尔比 $1:3$）称为"王水"，其氧化能力强于浓硝酸，能溶解金和铂。

$$Au + 3HCl + HNO_3 == AuCl_3 + NO\uparrow + 2H_2O$$

$$3Pt + 4HNO_3 + 12HCl == 3PtCl_4 + 4NO\uparrow + 8H_2O$$

硝酸具有强氧化性，对皮肤、衣服、纸张等都有腐蚀性，所以使用硝酸时，一定要格外小心，注意安全。

（三）硝酸盐

1. 性质

多数硝酸盐都是易溶于水的晶体，其水溶液无氧化性。固体硝酸盐在常温下稳定，但在高温下会发生分解放出 O_2，因此固体硝酸盐在高温时是强氧化剂。例如：

$$2KNO_3 \xrightarrow{\triangle} 2KNO_2 + O_2\uparrow$$

$$2Pb(NO_3)_2 \xrightarrow{\triangle} 2PbO + 4NO_2\uparrow + O_2\uparrow$$

$$2AgNO_3 \xrightarrow{\triangle} 2Ag + 2NO_2\uparrow + O_2\uparrow$$

2. 鉴别

（1）取硝酸盐溶液，置试管中，加等量的浓硫酸，小心混合，冷后，沿管壁加硫酸亚铁试液，使成两液层，接界面显棕色。

（2）取硝酸盐溶液，加硫酸与铜丝，加热，即发生红棕色的蒸气。

（3）取硝酸盐溶液，滴加高锰酸钾试液，紫色不应退去（与亚硝酸盐区别）。

（四）亚硝酸盐

亚硝酸盐大多数是无色晶体，易溶于水（淡黄色的 $AgNO_2$ 除外），是致癌物质。在碱性溶液中比较稳定。亚硝酸盐中，氮原子的氧化数为 $+3$，处于中间氧化态，因此亚硝酸盐既有氧化性又有还原性。当遇到强氧化剂时，亚硝酸盐表现出还原性。例如在酸性溶液中，I^- 可被亚硝酸盐氧化成 I_2，I_2 使淀粉液变蓝，可用此法检验 NO_2^-：

$$2NO_2^- + 2I^- + 4H^+ == 2NO + I_2 + 2H_2O$$

在医药上常见的亚硝酸盐是亚硝酸钠，$NaNO_2$ 为无色或白色晶体，无臭，味微咸，在

水中易溶，在乙醇中微溶。其水溶液显碱性。亚硝酸钠是解毒药。

三、磷、磷酸及其盐

磷在自然界以磷酸盐形式存在，如磷矿石 $Ca_3(PO_4)_2$、磷灰石 $Ca_5F(PO_4)_3$。在生物体的细胞、蛋白质、骨骼中也含有磷。磷化合物在生物体内的作用极为重要，它存在于核糖核酸（RNA）和脱氧核糖核酸（DNA）中。这些分子具有贮存和传递遗传信息的生理功能，以保证物种的延续和发展。磷还存在于三磷酸腺苷（ATP）等物质中，以贮藏生物的能量。

（一）磷和五氧化二磷

常见的磷单质同素异形体为白磷和红磷。白磷有毒，不溶于水，但能溶于二硫化碳中，燃点很低，约为 $40℃$，在空气中会自燃，因此白磷要贮放在水中。

P_2O_5 是白色粉末状固体，有强烈的吸水性和脱水性，常作干燥剂和脱水剂。

（二）磷酸及其盐

1. 性质

磷酸（H_3PO_4）是无色透明的晶体，有吸湿性，极易溶于水，能与水以任何比例混合。市售磷酸是一种无色黏稠状液体，浓度约为 $15mol/L$。磷酸没有挥发性，不易分解，是一种无氧化性的三元中强酸，具有酸的通性。

磷酸能形成三种盐：磷酸二氢盐、磷酸一氢盐和正盐。所有磷酸二氢盐都易溶于水，磷酸的正盐和磷酸氢盐中，只有钾盐、钠盐和铵盐能溶于水。这些盐在水中都有不同程度的水解和电离，因此各种类型的磷酸盐有不同的酸碱性。例如磷酸二氢钠水溶液呈弱酸性，磷酸氢二钠水溶液呈弱碱性，磷酸钠水溶液呈碱性。

2. 磷酸盐的鉴别

【演示实验 10-17】　在一支试管中加入 2ml 磷酸盐的中性溶液中，然后滴加硝酸银试液，观察现象。把生成的沉淀一分为二，在第一份沉淀中加入几滴氨试液，在第二份沉淀中加入几滴稀硝酸，观察沉淀是否溶解。

可以看到，在磷酸盐的中性溶液中，加入硝酸银试液，即生成淡黄色沉淀，该沉淀在氨试液或稀硝酸中均易溶解。

$$3Ag^+ + PO_4^{3-} \longrightarrow Ag_3PO_4 \downarrow$$

$$Ag_3PO_4 + 6NH_3 \cdot H_2O \longrightarrow [Ag(NH_3)_2]_3PO_4 + 6H_2O$$

$$Ag_3PO_4 + 3HNO_3 \longrightarrow 3AgNO_3 + H_3PO_4$$

（三）医药上常见的磷酸盐

1. 磷酸二氢钠

磷酸二氢钠为无色结晶或白色结晶性粉末，无臭、味咸、酸，微有潮解性。在水中易溶，在乙醇中几乎不溶。

磷酸二氢钠是酸碱度调节剂，补磷药。

2. 磷酸氢钙

$CaHPO_4 \cdot 2H_2O$ 为白色粉末，无臭、无味，在水或乙醇中不溶，在稀盐酸或稀硝酸中易溶。

磷酸氢钙是补钙药。

四、砷的重要化合物

三氧化砷（As_2O_3）是白色粉末状固体，俗称砒霜，是一种剧毒物质。As_2O_3 微溶于水，其水溶液为亚砷酸。H_3AsO_3 是一种以酸性为主的两性化合物，在溶液中的平衡为：

$$3H^+ + AsO_3^{3-} \rightleftharpoons H_3AsO_3 \rightleftharpoons As^{3+} + 3OH^-$$

H_3AsO_3 在中性或微碱性溶液中是强还原剂，可被 I_2 定量氧化成 H_3AsO_4：

$$AsO_3^{3-} + I_2 + 2OH^- \rightleftharpoons AsO_4^{3-} + 2I^- + H_2O$$

该反应为测定 H_3AsO_3 的基本反应。

在酸性溶液中，用比较活泼金属使三氧化砷还原，得到砷化氢（AsH_3）。砷化氢是无色、恶臭、有毒的气体，极不稳定，在缺氧情况下，砷化氢受热分解为单质砷，单质砷可在玻璃上凝结，形成亮黑色的"砷镜"。

$$As_2O_3 + 6Zn + 12HCl \rightleftharpoons 2AsH_3\uparrow + 6ZnCl_2 + 3H_2O$$

$$2AsH_3 \overset{\triangle}{\rightleftharpoons} 2As + 3H_2\uparrow$$

砷化物中，3 价砷剧毒，能和体内巯基（RSH）反应，阻碍体内酶的正常作用。5 价砷在十分大量时才有毒。AsO_4^{3-} 能作为 PO_4^{3-} 的一种抗代谢物。

第四节　碳、硅、硼

碳、硅是ⅣA族元素，碳、硅原子的最外电子层有 4 个电子，它们不易得到或失去电子，主要形成共价化合物。碳元素存在于含碳酸盐的各种矿石中、金刚石、石墨、煤、石油、天然气及大气中的 CO_2 等。它也是组成有机物和动植物体的主要元素之一。碳链是一切有机物的骨架。硅则是组成岩石矿物的主要元素，如石英、砂及各种硅酸盐。硼是ⅢA族元素，硼原子的最外电子层有 3 个电子。它在自然界分布很少。硼在地壳中的含量为 0.001 ％，它除以百万分之几的数量在海水中存在外，在大多数的土壤中以痕量元素存在。自然界没有游离硼，它存在于硼镁矿（$Mg_2B_2O_5 \cdot H_2O$）和硼砂（$Na_2B_4O_7 \cdot 10H_2O$）等矿物中。

一、碳及其重要化合物

（一）活性炭

活性炭是具有强吸附能力的单质碳，黑色粉末，无色，无臭，不溶于一般溶剂。活性炭是药物合成、天然药物有效成分分离提取、药物制剂中常用的吸附剂。纯净的活性炭可以入药，称为药用炭，是吸附药，能吸附胃肠中的细菌及细菌产生的毒气，且在体内不被吸收以原形排出体外。

（二）一氧化碳和二氧化碳

碳在充足的空气中燃烧生成 CO_2，放出大量的热。但碳在空气不足时，生成 CO 气体。CO 与血液中的血红素（Hb）结合成一种很稳定的配合物，从而破坏血液的输氧能力，造成 CO 中毒。

$$Hb \cdot O_2 + CO \rightleftharpoons Hb \cdot CO + O_2$$

CO 具有还原性，它能在空气中燃烧，生成 CO_2，并放出大量的热，因此 CO 是重要的气体燃料。CO 还可以使许多金属氧化物还原为金属，所以 CO 为冶炼金属的重要还原剂。例如：

$$Fe_2O_3 + 3CO \!=\!\!=\!\! 2Fe + 3CO_2 \uparrow$$

$$PdCl_2 + CO + H_2O \!=\!\!=\!\! Pd \downarrow + CO_2 \uparrow + 2HCl$$

该反应十分灵敏，常用来检测微量的 CO 存在。

CO 是很强的配位体，能与某些金属原子形成羰基配合物如 $Fe(CO)_5$，$Ni(CO)_4$ 等。

CO_2 是无色无臭的气体，不助燃，其水溶液显弱酸性。CO_2 无毒，是呼吸兴奋药。但空气中 CO_2 含量过高（$\geqslant 10\%$）即可使人窒息。大气中 CO_2 含量几乎保持在 0.03%，它能吸收太阳光的红外线，为生命提供了合适的生存环境。但是随着世界工业生产的高度发展，大气中 CO_2 含量逐渐增加，它所产生的温室效应使全球变暖，破坏了生态平衡。因此如何保护大气中 CO_2 平衡这一世界性问题，已受到科学界的广泛关注。

CO_2 为直线形分子，性质不活泼，药物在保存时，常用它来赶走空气，防止药物与空气作用。

CO_2 通入氢氧化物的溶液，反应生成碳酸盐，再通入过量的 CO_2，则产生可溶性的碳酸氢盐。例如：

$$Ca(OH)_2 + CO_2 \!=\!\!=\!\! CaCO_3 \downarrow + H_2O$$

$$CaCO_3 + CO_2 + H_2O \!=\!\!=\!\! Ca(HCO_3)_2$$

CO_2 的鉴别：

(1) 把 CO_2 通入氢氧化钡试液中，即生成白色沉淀，该沉淀能在醋酸中溶解并发生泡腾。

$$Ba(OH)_2 + CO_2 \!=\!\!=\!\! BaCO_3 \downarrow + H_2O$$

$$BaCO_3 + 2HAc \!=\!\!=\!\! Ba(Ac)_2 + CO_2 \uparrow + H_2O$$

(2) CO_2 能使火焰熄灭。

(三) 碳酸及其盐

CO_2 溶于水形成碳酸 H_2CO_3。293K 时，1L 水能溶解 0.9L 的 CO_2 气体，生成的碳酸的浓度约为 0.04mol/L。H_2CO_3 是二元弱酸，它的电离方程式如下：

$$H_2CO_3 \Longrightarrow HCO_3^- + H^+ \qquad K_1 = 4.4 \times 10^{-7}$$

$$HCO_3^- \Longrightarrow CO_3^{2-} + H^+ \qquad K_2 = 5.6 \times 10^{-11}$$

碳酸可形成碳酸盐和碳酸氢盐。碳酸氢盐都能溶于水，碳酸盐中只有碱金属碳酸盐和碳酸铵易溶于水。可溶性碳酸盐和碳酸氢盐易水解，溶液一般呈碱性；碳酸盐和碳酸氢盐遇强酸都能生成 CO_2。例如：

$$Na_2CO_3 + 2HCl \!=\!\!=\!\! 2NaCl + CO_2 \uparrow + H_2O$$

$$NaHCO_3 + HCl \!=\!\!=\!\! NaCl + CO_2 \uparrow + H_2O$$

碳酸盐（碱金属碳酸盐除外）和碳酸氢盐加热能发生分解，放出 CO_2。

$$CaCO_3 \overset{\triangle}{=\!\!=\!\!=} CaO + CO_2 \uparrow$$

$$Ca(HCO_3)_2 \overset{\triangle}{=\!\!=\!\!=} CaCO_3 + CO_2 \uparrow + H_2O$$

(四) 医药上常见的碳酸盐

1. 碳酸氢钠（$NaHCO_3$）

碳酸氢钠为白色结晶性粉末，无臭，味咸，在水中溶解，在乙醇中不溶，在潮湿空气中即缓缓分解。

碳酸氢钠是抗酸药。

2. 碳酸钙（$CaCO_3$）

碳酸钙为白色极细微的结晶性粉末，无臭，味咸，在水中几乎不溶，在乙醇中不溶，在含二氧化碳的水中微溶，遇稀醋酸、稀盐酸或稀硝酸即发生泡腾并溶解。

碳酸钙是补钙药，抗酸药。

3. 碳酸锂（Li_2CO_3）

碳酸锂为白色结晶性粉末，无臭，味咸，在水中微溶，在乙醇中几乎不溶。

碳酸锂是抗躁狂药。

（五）碳酸盐与碳酸氢盐的鉴别

1. 在碳酸盐或碳酸氢盐溶液中，加稀酸，即泡腾，生成二氧化碳气体，把生成的气体导入氢氧化钙试液中，即生成白色沉淀。

$$CO_3^{2-} + 2H^+ = H_2O + CO_2 \uparrow$$

$$HCO_3^- + H^+ = H_2O + CO_2 \uparrow$$

$$Ca(OH)_2 + CO_2 = CaCO_3 \downarrow + H_2O$$

【演示实验 10-18】 取两支试管分别加入 0.1mol/L Na_2CO_3 溶液和 0.1mol/L $NaHCO_3$ 溶液 2ml，均再加入 5 滴 $MgSO_4$ 试液，观察现象，将没有沉淀生成的试管里溶液煮沸，有何现象。

2. 在碳酸盐溶液中加硫酸镁试液，即生成白色沉淀；在碳酸氢盐溶液中加硫酸镁试液，须煮沸，始生成白色沉淀。

$$2CO_3^{2-} + 2Mg^{2+} + H_2O = Mg_2(OH)_2CO_3 + CO_2 \uparrow$$

$$Mg(HCO_3)_2 \xrightarrow{\triangle} MgCO_3 + CO_2 \uparrow + H_2O$$

【演示实验 10-19】 取两支试管分别加 0.1mol/L Na_2CO_3 溶液、0.1mol/L $NaHCO_3$ 溶液 1ml，均再滴入 2 滴酚酞指示剂，观察现象。

3. 在碳酸盐溶液中加酚酞指示剂，溶液显深红色；在碳酸氢盐溶液中加酚酞指示剂，溶液不变色或仅显微红色。

二、硅的重要化合物

二氧化硅有晶形和无定形两类。晶形称为石英，无色透明的棱柱状石英为水晶。砂粒是混有杂质的石英细粒。硅藻土是无定形二氧化硅。

SiO_2 为原子晶体，这一点与 CO_2 不同，固态 CO_2 为分子晶体。SiO_2 不溶于水，除氢氟酸外，在其他酸中也不溶。SiO_2 具有很高的熔点、沸点和较大的硬度，稳定性高。

SiO_2 为酸性氧化物，能与热的浓碱溶液作用：

$$SiO_2 + 2NaOH \xrightarrow{\triangle} Na_2SiO_3 + H_2O$$

玻璃内含有 SiO_2，能被碱腐蚀。Na_2SiO_3 俗称水玻璃，在硅酸盐水溶液中加入酸即会析出硅酸。硅酸应该是 H_4SiO_4，H_2SiO_3 为偏硅酸，习惯上把 H_2SiO_3 称为硅酸。硅酸在水中的溶解度很小，且不稳定，很快凝聚成胶状沉淀——硅酸凝胶（$mSiO_2 \cdot nH_2O$）。将此凝胶脱水干燥后，即得多孔性固体硅胶。硅胶是很好的干燥剂和吸附剂。实验室精密仪器中常用的干燥剂为含有 $CoCl_2$ 的变色硅胶，干燥为蓝色，吸水后为粉红色。

如果人长期吸入含 SiO_2 的粉尘，会引起肺组织的纤维性病变，就会患硅肺病。因此，在粉尘较多的工作场所，应严格控制粉尘含量，以保证工作人员的身体健康。

天然硅酸盐是多种多样的，如石棉、云母和滑石等。有一种复杂硅酸盐——分子筛，分子筛的结构中有许多内表面很大的孔穴，以及与这些孔穴贯通的空道。因此分子筛有很强的吸附能力，常用作干燥剂和催化剂载体。

三、硼酸和硼砂

硼酸为白色片状晶体，有滑腻感，无臭，微溶于冷水，在热水中溶解度增大。在 H_3BO_3 分子中，分子间通过氢键连成一片，形成层状结构，层与层之间借助分子间力联系在一起组成大晶体。晶体内各片层之间可以滑动，所以硼酸可作润滑剂。硼酸是一元弱酸（$K_a = 7.3 \times 10^{-10}$），其水溶液呈弱酸性。

$$H_3BO_3 + H_2O \Longrightarrow [B(OH)_4]^- + H^+$$

硼酸是消毒防腐药。

硼酸盐中，最重要的是含结晶水的四硼酸钠，化学式为 $Na_2B_4O_7 \cdot 10H_2O$，俗称硼砂。硼砂为无色半透明的结晶或白色结晶性粉末，无臭，有风化性。硼砂在水中能水解出 H_3BO_3 和 OH^-，其水溶液呈碱性：

$$B_4O_7^{2-} + 7H_2O \Longrightarrow 4H_3BO_3 + 2OH^-$$

【演示实验 10-20】　取少量硼酸晶体放在蒸发皿中，加几滴浓 H_2SO_4 和少许甲醇，点燃，观察火焰边缘的颜色。

硼酸盐的鉴别：取硼酸盐，加硫酸，混合后，加甲醇，点火燃烧，即发生边缘带绿色的火焰。

硼砂是消毒防腐药。硼砂可以配制缓冲溶液或作基准物质。它也是搪瓷、陶瓷、玻璃工业的重要原料。

硼元素在农业上有重要作用，微量硼能促进植物体内碳水化合物的合成和运转，促进生殖器官的正常发育，影响根、穗、叶中 RNA 的形成等。

习　题

1. 举例说明卤素（X_2）氧化性和卤离子（X^-）还原性强弱的递变规律。

2. 怎样除去混在氯化钠溶液中少量的碘化钠？简述实验步骤，写出有关化学方程式。

3. 浓硫酸、硝酸各有哪些特性？

4. 药典上怎样检验过氧化氢？

5. H_2S、S、H_2SO_4 等三种物质中，哪种可作氧化剂？哪种可作还原剂？哪种既作氧化剂又可作还原剂？举出具体反应来说明。

6. 碳酸氢钠为什么可以中和胃酸？

7. 从下列离子中，根据所述事实选择一种最恰当的离子：
SO_4^{2-}、NO_3^-、CO_3^{2-}、HCO_3^-、Cl^-、Br^-、I^-。

（1）在银盐溶液中加入这种离子，生成黄色沉淀。

（2）这种离子的钙盐能溶于水，煮沸后生成白色沉淀。

（3）这种离子所组成的酸是强酸，和 Ba^{2+} 生成白色沉淀。

（4）这种离子所组成的酸是强酸，此强酸的浓、稀溶液都能溶解铜。

8. 为什么说硼酸是一元酸。

9. 完成下列反应式

(1) $H_2O_2 + KI \longrightarrow$ (2) $Cl_2 + KOH \longrightarrow$

(3) $Cu + H_2SO_4(浓) \longrightarrow$ (4) $Zn + HNO_3(稀) \longrightarrow$

(5) $SiO_2 + HF \longrightarrow$ (6) $Pb^{2+} + H_2S \longrightarrow$

10. 用简便的方法，将下列物质加以鉴别，并写出有关反应式。

(1) Na_2S Na_2SO_3 Na_2SO_4 $Na_2S_2O_3$

(2) $NaCl$ $NaBr$ NaI

(3) Na_2CO_3 $NaHCO_3$

(4) 硼砂

第十一章　重要金属元素及其化合物

第一节　金属的通性

在元素周期表上如果将铝、锗、锑、钋和硼、硅、砷、碲、砹之间用连线分开，位于连线左面（除氢以外）的所有的元素均为金属元素。金属元素大约占已发现元素总数的 80%。

一、金属键

除了汞以外，金属在常温下都是固体。研究结果证明，金属都具有晶体结构。金属内部包含着中性原子、带正电荷的金属阳离子和从原子上脱落下来的电子。从原子上释放出来的电子并不是固定在某个金属离子附近，而是在整个晶体中自由流动，所以叫做自由电子。自由电子和金属阳离子有较强的作用力，从而使金属原子和金属阳离子结合到了一起。这种依靠自由电子的穿梭运动而将金属原子、金属阳离子结合在一起的化学键，叫做金属键。

应该注意的是，由于自由电子并没有离开金属，所以金属还是保持电中性的。

金属的化学式通常用元素符号表示。例如 Fe、Cu、Al 等。但不能根据这一点就认为金属是单原子分子，它只能说明在金属单质中只存在着一种元素的原子。

二、金属的物理性质

如前所述，金属内部存在着中性原子、带正电荷的阳离子和从原子上脱落下来的自由电子，由于自由电子的运动使得金属原子和离子结合在一起形成了金属晶体。

金属具有许多共同的物理性质。如金属有特殊的金属光泽，有导电导热性，有延展性等。

1. 金属光泽

大多数金属呈钢灰色或银白色光泽。这种特有的金属光泽只有在形成金属晶体时才能表现出来。金属在粉末状态下，一般呈暗灰色或黑色且没有光泽。

2. 金属的导电、导热性

大多数金属都具有良好的导电、导热性，一般导电性强的金属，导热性也强。常见的金属按导电和导热能力由强到弱的顺序排列如下：

$$Ag > Cu > Au > Al > Zn > Sn > Fe > Pb > Hg$$

3. 延展性

金属受到外力作用时，金属晶体各层离子间会出现相对的滑动，内部的原子与原子之间虽发生了相对位移，靠自由电子运动而形成的金属键并不会因此而断裂，这说明金属具有很好的延展性。

金属的延展性一般表现为金属可以被拉成细丝和压成薄片等。

此外，不同的金属由于各自的原子结构不同，性质上也有差异，例如，不同的金属在熔点、沸点、密度、硬度等方面都不相同，有些还差别很大。

三、金属的化学性质

绝大多数金属元素的原子最外层有 $1\sim3$ 个电子，在化学反应中，金属单质一般容易失去外层电子而表现出还原性。例如，大多数金属容易与氧、硫、卤素等较活泼的非金属作用，生成相应的化合物，活泼金属甚至还能与水或酸反应，从而置换出水或酸中的氢。

金属越活泼就越容易失去电子，其还原性越强。金属活泼性（还原性）的强弱顺序基本上符合元素周期表中金属性和非金属性的递变规律。金属按它们的活泼性递减顺序排列如下：

$$\text{K Ca Na Mg Al Mn Zn Fe Ni Sn Pb（H）Cu Hg Ag Pt Au} \longrightarrow$$

金属活泼性由左到右逐渐减弱

在金属活动顺序中，排在前面的金属能将后面的金属从其盐溶液中置换出来，后面的金属却不能将前面的金属置换出来。

例如，把锌置于硫酸铜溶液中，锌会把硫酸铜中的铜离子置换出来。

$$\text{Zn} + \text{CuSO}_4 = \text{ZnSO}_4 + \text{Cu}$$

反过来，将铜放在硫酸锌的溶液中，它们却不能发生反应。

在金属活动顺序中，排在氢以前的金属都能与非氧化性的酸作用，置换出酸中的氢，氢以后的金属不能置换出酸中的氢。

例如，将锌粒置于盐酸溶液中，锌能置换出酸中的氢。若将铜置于盐酸溶液中，铜不能置换出酸中的氢。

$$\text{Zn} + 2\text{HCl} = \text{ZnCl}_2 + \text{H}_2 \uparrow$$

在金属活动顺序中，排在氢以前的金属都能与水作用，只是与水反应的速度不同。如常温下，活泼的金属（钾、钙、钠等）能与冷水剧烈反应，置换出水中的氢；较活泼的金属（镁、铁等）必须在加热或高温时才能置换出水中的氢。排在氢以后的金属不能置换出水中的氢。例如常温下钾与水剧烈反应的方程式如下：

$$2\text{K} + 2\text{H}_2\text{O} = 2\text{KOH} + \text{H}_2 \uparrow$$

在金属活动顺序中，活泼性强的金属容易与氧、硫、卤素等非金属化合，分别生成氧化物、硫化物、卤化物，活泼性弱的金属则难于和它们生成化合物。例如，镁与氧气的反应：

$$2\text{Mg} + \text{O}_2 \xrightarrow{\text{点燃}} 2\text{MgO}$$

总之，在金属与酸、盐、水及非金属的反应中，金属原子总是失去电子。愈容易失去电子的金属，它们的化学性质愈活泼，还原能力愈强。

第二节　铅、铝

铅是周期表中第ⅣA元素，铝是周期表中第ⅢA元素。

一、铅的重要化合物

（一）氧化铅

铅的氧化物有 PbO、PbO_2 和 Pb_3O_4。

PbO 为黄色、有毒固体，将其在水中煮沸，可得红色 PbO，俗称"密陀僧"，是一种中药。PbO 难溶于水，而易溶于醋酸和硝酸，PbO 用于制铅蓄电池，铅玻璃等。在中药上作为攻毒杀虫、收敛防腐药，外用主治疮疡脓多、狐臭、酒糟鼻等。

PbO_2 为棕色固体，难溶于水。在酸性溶液中是强氧化剂。

Pb_3O_4 为红色粉末，俗称"铅丹"或"红丹"。铅丹具有直接杀灭细菌、寄生虫和制止黏液分泌的作用，所以对杀菌、收敛、生肌、止痛有较好的效用，在医药上用作外科药膏。

（二）醋酸铅

醋酸铅有甜味，俗称"铅糖"，有剧毒，故又名"铅霜"。结晶醋酸铅分子式为 $Pb(Ac)_2 \cdot 3H_2O$，是无色晶体，易溶于水，但在水中不易电离成离子，因此是一种弱电解质。

铅和一切铅的化合物都有毒，其毒性在于 Pb^{2+} 与蛋白质分子中半胱氨酸反应，生成难溶物质。

Pb^{2+} 的检验可以用铬酸钾法。在中性或弱酸性溶液中，Pb^{2+} 可以和铬酸钾（K_2CrO_4）反应生成黄色的铬酸铅沉淀：

$$Pb^{2+} + CrO_4^{2-} =\!=\!= PbCrO_4 \downarrow （黄色）$$

在中草药有效成分提取、分离中利用醋酸铅可以和多种成分发生沉淀反应的性质，从而分离有效成分和杂质。

二、铝的重要化合物

（一）氧化铝

自然界中存在的结晶氧化铝（Al_2O_3），俗称刚玉，硬度仅次于金刚石。如果氧化铝晶体里含有微量杂质而使它呈鲜艳的颜色，就是宝石，红色的称红宝石，蓝色的称蓝宝石。它们可用作装饰品和机床的轴承、钟表的钻石。氧化铝有多种变体，其粒子细小，表面积大，具有强吸附能力和催化活性，经加工处理后可制成活性氧化铝，活性氧化铝是天然药物有效成分分离提取和色谱分析中常用的吸附剂。

氧化铝能溶于酸，也能溶于碱，是一种两性氧化物。例如：

$$Al_2O_3 + 6HCl =\!=\!= 2AlCl_3 + 3H_2O$$
$$Al_2O_3 + 2NaOH =\!=\!= 2NaAlO_2 + H_2O$$

（二）氢氧化铝

药厂通常是用碳酸钠促进明矾水解的方法来制备氢氧化铝：

$$2Al^{3+} + 3CO_3^{2-} + 3H_2O =\!=\!= 2Al(OH)_3 \downarrow + 3CO_2 \uparrow$$

氢氧化铝是白色粉末，无臭，无味。具有两性，氢氧化铝既能与酸反应，又能与碱反应。

$$Al(OH)_3 + 3HCl =\!=\!= AlCl_3 + 3H_2O$$
$$Al(OH)_3 + NaOH =\!=\!= NaAlO_2 + 2H_2O$$

氢氧化铝在氨水中不溶，煮沸也不溶，因此，可以用氨水来检验 Al^{3+}：

$$Al^{3+} + 3NH_3 \cdot H_2O =\!=\!= Al(OH)_3 \downarrow + 3NH_4^+$$
$$（白色胶状沉淀）$$

在医药上，氢氧化铝常制成凝胶、片剂，是常用的抗酸药，用于胃酸过多、胃溃疡、十二指肠溃疡等症的治疗。

（三）铝盐

常用的铝盐主要有氯化铝、硫酸铝等。

无水氯化铝是无色结晶，在水中水解显酸性。

无水氯化铝是有机合成中重要的催化剂和脱水剂，还是临床上止血剂的主要成分。

硫酸铝钾俗称明矾，中药称白矾。组成为 $K_2SO_4 \cdot Al_2(SO_4)_3 \cdot 24H_2O$ 或 $KAl(SO_4)_2 \cdot 12H_2O$。在水中水解生成 $Al(OH)_3$ 的胶状沉淀，能吸附水中的泥沙、重金属离子及有机污染物，故常用于水的净化。明矾还能使蛋白质凝结，在医药上常用作局部收敛药。外治用于湿疹、疥癣等；内服用于久泻不止、便血、崩漏、癫痫发狂等症。

第三节　碱金属和碱土金属

一、概述

元素周期表中ⅠA族金属元素统称为碱金属，包括锂（Li）、钠（Na）、钾（K）、铷（Rb）、铯（Cs）、钫（Fr）六种元素，其中 Fr 为放射性元素。ⅡA族包括铍（Be）、镁（Mg）、钙（Ca）、锶（Sr）、钡（Ba）、镭（Ra）六种元素，统称碱土金属，其中 Ra 也是放射性元素。

碱金属元素原子的最外电子层有 1 个电子、碱土金属元素原子的最外电子层有 2 个电子，各自易失去 1 个电子或 2 个电子形成离子化合物。这两族元素的许多性质变化都很有规律，即同一主族，随着元素原子序数的增大，原子半径依次增大，核对最外层电子的吸引力递减，元素的金属性递增。它们是周期系中最典型的金属元素，化学性质非常活泼，其单质都是强还原剂。

二、氧化物

碱金属（锂除外）与氧作用一般生成过氧化物或超氧化物。

过氧化钠（Na_2O_2）为黄色粉末，它与水或稀酸作用生成 H_2O_2，H_2O_2 可进一步分解放出 O_2：

$$Na_2O_2 + 2H_2O =\!=\!= H_2O_2 + 2NaOH$$
$$Na_2O_2 + H_2SO_4（稀）=\!=\!= H_2O_2 + Na_2SO_4$$
$$2H_2O_2 =\!=\!= O_2\uparrow + 2H_2O$$

在潮湿的空气中，Na_2O_2 吸收 CO_2 放出 O_2：

$$2Na_2O_2 + 2CO_2 =\!=\!= 2Na_2CO_3 + O_2\uparrow$$

故 Na_2O_2 可广泛用作氧气发生剂和漂白剂，也可作为高空飞行和潜水时的供氧剂。

碱土金属在常温和加热时可直接与氧化合生成氧化物。例如镁在空气中易与氧气作用，在金属表面生成坚固而致密的 MgO 薄膜，可以阻止 Mg 的继续氧化。当加热时，镁与空气中的氧气剧烈反应而燃烧，并放出含紫外线的耀眼白光，镁可用于制造照明弹和照相镁灯。

三、氢氧化物

碱金属氢氧化物以氢氧化钠（又名烧碱、苛性钠）和氢氧化钾（又名苛性钾）最常用，都是白色固体，热稳定性好，对皮肤有腐蚀性，易溶于水并放出大量的热；它们在水溶液中完全电离，其水溶液呈强碱性，且氢氧化钾的碱性比氢氧化钠强。氢氧化钠是药用辅料，碱化剂。在无机及分析化学和实际工作中，NaOH 是常用重要试剂。

碱土金属氢氧化物中，较重要的是 $Ca(OH)_2$。它的溶解度不大，且随温度升高而减小。由于 $Ca(OH)_2$ 价格低廉，在工业及建筑上被广泛使用。较重要的碱土金属氢氧化物还有 $Mg(OH)_2$，$Mg(OH)_2$ 微溶于水，但能溶于铵盐溶液：

$$Mg(OH)_2 + 2NH_4^+ \Longrightarrow Mg^{2+} + 2NH_3 \cdot H_2O$$

$Mg(OH)_2$ 悬浊液在兽医临床上作为调节胃酸过多的药剂。

碱金属和碱土金属氢氧化物均易潮解，在空气中吸收 CO_2 生成碳酸盐。如：

$$2NaOH + CO_2 \Longrightarrow Na_2CO_3 + H_2O$$

$$Ca(OH)_2 + CO_2 \Longrightarrow CaCO_3 + H_2O$$

因此 NaOH、KOH 等碱金属氢氧化物固体应密封保存。此外，NaOH 和 KOH 的固体或浓溶液不能放在玻璃容器中，盛放它们稀溶液的试剂瓶要用橡皮塞，这是因为 NaOH 和 KOH 都能与玻璃成分里的 SiO_2 反应生成硅酸盐，玻璃瓶被腐蚀。

四、盐类

在碱金属盐类中较重要是钠盐和钾盐。绝大多数钠盐和钾盐都是离子型晶体，易溶于水，在水中完全电离，无论是晶体还是在水溶液中，它们的离子都是无色的。

大多数钠盐、钾盐具有较高的热稳定性。卤化物在高温时只挥发不分解。硫酸盐在高温时难挥发难分解，只有硝酸盐的热稳定性较差，受热发生分解。例如：

$$2NaNO_3 \xrightarrow{\triangle} 2NaNO_2 + O_2 \uparrow$$

碱土金属盐比碱金属盐的溶解度小，镁盐有部分易溶，而钙、锶、钡的盐则多为难溶。

碱土金属碳酸盐在常温下是稳定的，只有在高温的情况下，才能分解为相应的氧化物并放出 CO_2。

$$CaCO_3 \xrightarrow{\triangle} CaO + CO_2 \uparrow$$

碱土金属的碳酸盐、草酸盐、铬酸盐、磷酸盐均能溶于稀的强酸（如盐酸）中，碳酸盐甚至溶于乙酸：

$$CaCO_3 + 2HAc \Longrightarrow Ca(Ac)_2 + CO_2 \uparrow + H_2O$$

可溶性钡盐有毒，因此诊断用药硫酸钡干混悬剂中不能含有可溶性钡盐。

五、焰色反应

碱金属和钙、锶、钡或它们的盐在无色火焰中灼烧时，会产生不同的焰色，可以利用这一性质来鉴别它们。

【演示实验 11-1】 取铂丝，蘸浓盐酸在火焰上灼烧至无色，然后分别蘸取锂盐、钠盐、钾盐、钙盐、钡盐溶液，在无色火焰中燃烧，观察火焰的颜色。注意钾盐中若有少量钠盐混存时，需隔蓝色玻璃透视。

锂盐、钠盐、钾盐、钙盐、钡盐溶液，在无色火焰中燃烧，它们的火焰颜色分别如下。

锂盐	钠盐	钾盐	钙盐	钡盐
胭脂红色	鲜黄色	紫色	砖红色	黄绿色

第四节　过渡元素

过渡元素包括从 ⅠB 族到 ⅦB 族和Ⅷ族元素。它们在周期表中位于ⅡA 族元素与ⅢA 族元素之间。过渡元素的单质均是金属。过渡元素又分为三个系列：第四周期的 Sc～Zn 称为第一过渡系；第五周期的 Y～Cd 称为第二过渡系；第六周期的 La～Hg 称为第三过渡系。在这节，我们不讨论镧系元素和锕系元素。

过渡元素原子的共同特点是随着核电荷的增加，电子依次分布在次外层的 d 轨道上，最外电子层只有 1～2 个电子（Pd 例外），其价层电子构型为 $(n-1)d^{1\sim10}ns^{1\sim2}$，这正是与主族元素原子结构的不同之处，因而导致过渡元素具有以下特征：

（1）过渡元素都是金属元素　过渡元素的最外电子层电子数均不超过两个，所以它们都是金属元素。由于同一周期过渡元素的最外层电子数几乎相同，原子半径变化不大，所以它们的化学活泼性也十分相似。其中大部分金属的硬度较大，熔点较高，导电、导热性良好。

（2）可变的氧化数　过渡元素在形成化合物时，不仅最外层 s 电子可以失去，而且次外层 d 电子也可以部分或全部失去，因此，过渡元素都表现出可变的氧化数，且大多数连续变化。例如 Mn 的氧化数可以从 +2 连续变化到 +7。一般高氧化数的金属元素多以酸根阴离子形式存在，如 MnO_4^-，$Cr_2O_7^{2-}$ 等。

（3）水合离子和酸根离子常呈现一定的颜色　过渡元素的水合离子有没有颜色与该离子 d 轨道上电子数有关。若离子的最外层 d 轨道上有电子而又未充满，即 $d^1\sim d^9$ 的离子的水合离子有颜色，如 Fe^{3+}、Cu^{2+} 等。若 d 轨道上无电子或已充满，即 d^0 或 d^{10} 的离子的水合离子无颜色，如 Zn^{2+}、Sc^{3+} 等。几种过渡元素的离子电子构型与水合离子的颜色见表 11-1。

表 11-1　几种过渡元素离子电子构型和水合离子的颜色

构型	3d^0	3d^1	3d^2		3d^3		3d^4		3d^5		3d^6	3d^7	3d^8	3d^9	3d^{10}
离子	Sc^{3+}	Ti^{4+}	Ti^{3+}	V^{4+}	V^{3+}	Cr^{3+}	V^{2+}	Mn^{3+}	Cr^{2+}	Mn^{2+}	Fe^{3+}	Fe^{2+}	Co^{2+}	Ni^{2+}	Cu^{2+}	Zn^{2+}
颜色	无	无	紫	蓝	绿	紫	紫	紫	黄	粉红	黄	绿	粉红	绿	蓝	无

过渡元素的酸根离子也呈现一定的颜色，如 MnO_4^- 为紫红色，$Cr_2O_7^{2-}$ 为橙红色等。

（4）容易形成配合物　如 $[Cu(NH_3)_4]^{2+}$、$[HgI_4]^{2-}$ 等。

一、铬的重要化合物

铬是周期表ⅥB 族元素，金属铬具有银白色光泽，熔点高。在所有的金属中，铬的硬度最大。由于铬有高硬度、耐磨、耐腐蚀等优良性能，用于制造合金如不锈钢等。铬是人体必需的微量元素之一，但铬的化合物是有毒的，Cr(Ⅳ) 的化合物有致癌作用。在处理含铬的废液时不得任意排放，以免污染环境。

铬的价电子层构型为 $3d^5 4s^1$，有多种氧化数，其中以氧化数为 +3，+6 的化合物最重要。

Cr_2O_3 具有两性，溶于酸生成铬盐，溶于强碱形成亚铬酸盐：

$$Cr_2O_3 + 3H_2SO_4 = Cr_2(SO_4)_3 + 3H_2O$$

$$Cr_2O_3 + 2NaOH + 3H_2O = 2Na[Cr(OH)_4]$$

Cr_2O_3 是冶炼铬的原料，还是一种绿色颜料（俗称铬绿），广泛用于陶瓷、玻璃制品的着色。

钾、钠的铬酸盐和重铬酸盐是铬的最重要的盐类。K_2CrO_4 和 Na_2CrO_4 都为黄色晶体，$K_2Cr_2O_7$ 和 $Na_2Cr_2O_7$ 都为橙红色晶体，它们均易溶于水，在水溶液中存在下列平衡：

$$2CrO_4^{2-} + 2H^+ \rightleftharpoons 2HCrO_4^- \rightleftharpoons Cr_2O_7^{2-} + H_2O$$
　　　　（黄色）　　　　　　　　　　　　　　（橙红色）

　　向含有 CrO_4^{2-} 的溶液中加酸，平衡向右移动，生成 $Cr_2O_7^{2-}$，溶液中以 $Cr_2O_7^{2-}$ 为主，溶液由黄色变橙色；向含有 $Cr_2O_7^{2-}$ 的溶液中加碱，平衡向左移动，生成 CrO_4^{2-}，溶液中以 CrO_4^{2-} 为主，溶液由橙色变黄色。因此，CrO_4^{2-} 和 $Cr_2O_7^{2-}$ 之间可以相互转化而且同时存在，在酸性溶液中，主要以 $Cr_2O_7^{2-}$ 存在，在碱性溶液中，则以 CrO_4^{2-} 为主。

　　无论在铬酸盐还是在重铬酸盐溶液中，加入 Pb^{2+}、Ag^+ 等离子，由于它们的铬酸盐的溶度积小于重铬酸盐，所以都生成铬酸盐沉淀。

$$Pb^{2+} + CrO_4^{2-} == PbCrO_4 \downarrow （黄色）$$

$$2Ag^+ + CrO_4^{2-} == Ag_2CrO_4 \downarrow （砖红色）$$

　　重铬酸盐在酸性溶液中有强氧化性，能氧化 H_2S、H_2SO_3、KI、$FeSO_4$ 等许多物质，本身被还原为 Cr^{3+}。例如：

$$Cr_2O_7^{2-} + 6Fe^{2+} + 14H^+ == 2Cr^{3+} + 6Fe^{3+} + 7H_2O$$

$$Cr_2O_7^{2-} + 6I^- + 14H^+ == 2Cr^{3+} + 3I_2 + 7H_2O$$

　　重铬酸钾饱和溶液和浓硫酸的混合物叫铬酸洗液，有强氧化性，在实验室中用来洗涤化学玻璃器皿。新配制的洗液放冷后有深红色晶体析出，那是氧化力很强的 CrO_3，是正常现象。洗液可反复使用，洗液经使用后，棕红色逐渐转变成暗绿色，若全部变成暗绿色，说明 $Cr_2O_7^{2-}$ 已全部转化 Cr^{3+}，洗液失去了洗涤能力。

二、锰的重要化合物

　　锰是周期表ⅦB族元素，锰的价电子构型为 $3d^5 4s^2$，有多种氧化数，以氧化数为 $+2$、$+4$ 和 $+7$ 的化合物较重要。

（一）锰盐

　　常见的可溶性锰（Ⅱ）盐有 $MnSO_4$、$MnCl_2$ 等。Mn^{2+} 在中性或酸性溶液中呈浅红色，在空气中很稳定，难以被氧化。

（二）二氧化锰（MnO_2）

　　二氧化锰是一种灰黑色的固体，不溶于水，是软锰矿的主要成分。

　　MnO_2 在酸性介质中是强氧化剂，例如，MnO_2 与浓 HCl 作用可生成 Cl_2，氯气能使湿润的碘化钾淀粉试纸显蓝色。可利用此反应来鉴别氯化物。

$$MnO_2 + 4HCl == Cl_2 \uparrow + MnCl_2 + 2H_2O$$

　　MnO_2 常用作催化剂，如催化过氧化氢分解放出氧气。

$$2H_2O_2 \xrightarrow{MnO_2} 2H_2O + O_2 \uparrow$$

（三）高锰酸钾（$KMnO_4$）

　　$KMnO_4$ 是紫黑色晶体，无臭，易溶于水，其水溶液呈现 MnO_4^- 离子的特征紫色。

　　$KMnO_4$ 的水溶液不稳定，常温下缓慢地分解，放出 O_2，析出 MnO_2。

$$4MnO_4^- + 2H_2O == 4MnO_2 \downarrow + 3O_2 \uparrow + 4OH^-$$

　　由于光对此分解反应有催化作用，故 $KMnO_4$ 必须保存在棕色瓶中。

　　$KMnO_4$ 是最重要的氧化剂，其氧化能力随介质的酸碱性不同而不同，其还原产物也因介质的酸碱性不同而不同。例如：$KMnO_4$ 与 Na_2SO_3 的反应酸性溶液：$2MnO_4^- + 5SO_3^{2-} + 6H^+ \Longrightarrow 2Mn^{2+} + 5SO_4^{2-} + 3H_2O$

　　　　　　（紫红色）　　　　　　　　（粉红色或无色）

中性或微碱性溶液：$2MnO_4^- + 3SO_3^{2-} + H_2O \Longrightarrow 2MnO_2\downarrow + 3SO_4^{2-} + 2OH^-$

　　　　　　　　　（紫红色）　　　　　　　　　（棕色）

强碱性溶液：$2MnO_4^- + SO_3^{2-} + 2OH^- \Longrightarrow 2MnO_4^{2-} + SO_4^{2-} + H_2O$

　　　　　　（紫红色）　　　　　　　　（绿色）

$KMnO_4$ 在酸性溶液中氧化性最强。

MnO_4^- 的鉴别

【演示实验 11-2】 在试管中加入 5ml 1% $KMnO_4$ 溶液，加稀 H_2SO_4，再滴加 H_2O_2 溶液，观察现象。

取 1% $KMnO_4$ 溶液 5ml，加稀硫酸酸化，滴加过氧化氢溶液，紫红色即消退。

$$2MnO_4^- + 5H_2O_2 + 6H^+ \Longrightarrow 2Mn^{2+} + 5O_2\uparrow + 8H_2O$$

$KMnO_4$ 是消毒防腐药。在日常生活中可用于饮食用具、器皿、蔬菜、水果等消毒。在化学工业中用于生产维生素 C、糖精等，在轻化工业用作纤维、油脂的漂白和脱色。锰对植物的呼吸和光合作用有意义，能促进种子发芽和幼菌早期生长。锰肥是一种微量元素肥料。

三、铁的重要化合物

铁的价电子层构型是 $3d^6 4s^2$，是周期表Ⅷ族元素，铁在化合物中的氧化数主要为 +2 和 +3，其中以氧化数为 +3 的化合物最稳定。

（一）亚铁盐

常见的亚铁盐有硫酸亚铁、氯化亚铁等，都易溶于水，在水溶液中有微弱的水解使溶液显弱酸性。

Fe^{2+} 在水溶液中为 $[Fe(H_2O)_6]^{2+}$，显浅绿色，当从溶液中结晶析出时，这些水分子成结晶水共同析出，所以亚铁盐有颜色，在亚铁盐溶液中加入碱，能生成白色氢氧化亚铁沉淀，但生成的 $Fe(OH)_2$ 立即被空气中的氧所氧化，因此往往得不到白色的 $Fe(OH)_2$，而是变成灰绿色，最后成为红棕色的 $Fe(OH)_3$。

$$Fe^{2+} + 2OH^- \Longrightarrow Fe(OH)_2\downarrow（白色）$$
$$4Fe(OH)_2 + O_2 + 2H_2O \Longrightarrow 4Fe(OH)_3\downarrow（红棕色）$$

亚铁盐在空气中不稳定，易被空气中的 O_2 氧化成 Fe^{3+}，所以固体亚铁盐应密闭保存，亚铁盐溶液应新鲜配制。在酸性溶液中，Fe^{2+} 较稳定，而在碱性溶液中立即被氧化，因此，在配制和保存 Fe^{2+} 盐溶液时，应加入足够浓度的酸，必要时加入少量铁钉，来防止氧化。

$$2Fe^{3+} + Fe \Longrightarrow 3Fe^{2+}$$

但是，即使在酸性溶液中，有强氧化剂如 $KMnO_4$、$K_2Cr_2O_7$、Cl_2 等存在时，Fe^{2+} 也会被氧化成 Fe^{3+}。因此，亚铁盐在分析化学中是常用的还原剂。

例如：$MnO_4^- + 5Fe^{2+} + 8H^+ \Longrightarrow Mn^{2+} + 5Fe^{3+} + 4H_2O$

$FeSO_4 \cdot 7H_2O$ 是绿色的晶体，俗称绿矾，农业上用作杀虫剂，在医药上常制成片剂，用于治疗缺铁性贫血症。$FeSO_4$ 能与碱金属的硫酸盐或硫酸铵形成复盐，如 $(NH_4)_2SO_4 \cdot FeSO_4 \cdot 7H_2O$ 叫莫尔氏盐，它比绿矾稳定，不易被氧化，是无机及分析化学中常用的还原剂。

(二) 铁盐

铁盐中，三氯化铁比较重要。$FeCl_3 \cdot 6H_2O$ 是黄棕色的晶体，易溶于水，在水中易水解而使溶液显酸性。

$$FeCl_3 + 3H_2O \Longrightarrow Fe(OH)_3 + 3HCl$$

在 $FeCl_3$ 溶液中加入碱，有红棕色絮状 $Fe(OH)_3$ 沉淀生成。

$$Fe^{3+} + 3OH^- = Fe(OH)_3 \downarrow$$

Fe^{3+} 在酸性溶液中是较强氧化剂，能被 $SnCl_2$、H_2S、KI、SO_2、Fe 等还原。如：

$$2Fe^{3+} + H_2S = 2Fe^{2+} + S + 2H^+$$

在印刷制版中，$FeCl_3$ 可用作铜版的腐蚀剂。

$$Cu + 2FeCl_3 = CuCl_2 + 2FeCl_2$$

此外，$FeCl_3$ 可使蛋白质迅速凝聚，所以在医疗上用作伤口的止血剂。

(三) 亚铁盐、铁盐的鉴别

1. 亚铁盐

【演示实验 11-3】　在试管加入 1ml $FeSO_4$ 溶液，再滴加铁氰化钾试液，观察现象。

取亚铁盐溶液，加铁氰化钾（$K_3[Fe(CN)_6]$）（俗称赤血盐）试液，即生成深蓝色沉淀。沉淀在稀盐酸中不溶，但加氢氧化钠试液，即生成棕色沉淀。

$$3Fe^{2+} + 2[Fe(CN)_6]^{3-} = Fe_3[Fe(CN)_6]_2 \downarrow$$

2. 铁盐

【演示实验 11-4】　在试管中加入 1ml $FeCl_3$ 溶液，再滴加亚铁氰化钾试液，观察现象。

(1) 取铁盐溶液，加亚铁氰化钾 $K_4[Fe(CN)_6]$（俗称黄血盐）试液，即生成深蓝色沉淀。沉淀在稀盐酸中不溶，但加氢氧化钠试液，即生成棕色沉淀。

$$4Fe^{3+} + 3[Fe(CN)_6]^{4-} = Fe_4[Fe(CN)_6]_3 \downarrow$$

【演示实验 11-5】　在试管中加入 1ml $FeCl_3$ 溶液，然后滴加 NH_4SCN 试液，观察现象。

(2) 取铁盐溶液，加硫氰酸铵试液，溶液即显血红色。

(四) 氧化铁

《中华人民共和国药典》2005 版收载的氧化铁有红氧化铁（Fe_2O_3 为暗红色粉末）、黄氧化铁（$Fe_2O_3 \cdot H_2O$ 为赭黄色粉末）、紫氧化铁（Fe_2O_3 为暗紫色粉末）、黑氧化铁（Fe_3O_4 为黑色粉末）和棕氧化铁（红棕色的粉末，是由红氧化铁、黑氧化铁和黄氧化铁按一定比例混合而成）。它们都是无臭，无味，在水中不溶，在沸盐酸中易溶。它们都是药用辅料，着色剂。

四、铜的重要化合物

铜的价电子层构型是 $3d^{10}4s^1$，是周期表中 IB 族元素。

(一) 铜

铜为紫红色金属，富有延展性，是导热导电性能良好的金属。铜在干燥空气中很稳定，在潮湿的空气中，在铜的表面生成绿色碱式碳酸铜，俗称"铜绿"。

$$2Cu + O_2 + H_2O + CO_2 = Cu_2(OH)_2CO_3$$

铜不溶于非氧化性酸，能与 HNO_3 及热的浓 H_2SO_4 作用：

$$Cu + 4HNO_3(浓) = Cu(NO_3)_2 + 2NO_2 \uparrow + 2H_2O$$

$$3Cu + 8HNO_3(稀) = 3Cu(NO_3)_2 + 2NO \uparrow + 4H_2O$$

$$Cu + 2H_2SO_4(浓) \xrightarrow{\triangle} CuSO_4 + SO_2 \uparrow + 2H_2O$$

（二）氢氧化铜

氢氧化铜不稳定，受热易分解：

$$Cu(OH)_2 \xrightarrow{\triangle} CuO + H_2O$$

$Cu(OH)_2$ 溶于浓的强碱溶液时，生成深蓝色 $[Cu(OH)_4]^{2-}$ 配阴离子：

$$Cu(OH)_2 + 2OH^- \Longrightarrow [Cu(OH)_4]^{2-}$$

$Cu(OH)_2$ 也溶于 $NH_3 \cdot H_2O$，生成深蓝的 $[Cu(NH_3)_4]^{2+}$ 配阳离子：

$$Cu(OH)_2 + 4NH_3 \Longrightarrow [Cu(NH_3)_4]^{2+} + 2OH^-$$

（三）硫酸铜

$CuSO_4 \cdot 5H_2O$ 俗称胆矾或蓝矾，是蓝色晶体。无水硫酸铜是白色粉末，不溶于乙醇和乙醚，其吸水性很强，吸水后即显出特征的蓝色。可利用这一性质来检验乙醇、乙醚等有机溶剂中的微量水分和作干燥剂。

$CuSO_4$ 对黏膜有收敛、腐蚀和杀菌作用，杀灭真菌作用强大。眼科用于腐蚀砂眼引起的眼结膜滤泡，外用可治疗真菌性皮肤病，内服有催吐作用。

由于 $CuSO_4$ 具有杀菌能力，可用于蓄水池、游泳池中防止藻类生长。$CuSO_4$ 和石灰乳混合配置的混合液，农业上用于消灭植物病虫害。

铜是生物体必需的微量元素之一。

五、银的重要化合物

银的价电子层构型是 $4d^{10}5s^1$，是周期表中ⅠB族元素。银在空气中稳定，它的表面具有极强反光能力。但是银与含有硫化氢的空气接触时，表面因生成一层 Ag_2S 而发暗，这是银币和银首饰变暗的原因。

$$4Ag + 2H_2S + O_2 \Longrightarrow 2Ag_2S + 2H_2O$$

银不能溶于非氧化性酸中，如盐酸，但可溶解于硝酸和热的浓 H_2SO_4 中。例如：

$$Ag + 2HNO_3（浓）\Longrightarrow AgNO_3 + NO_2 \uparrow + H_2O$$

在 $AgNO_3$ 溶液中加入 $NaOH$ 溶液，首先析出白色的 $AgOH$，常温下，氢氧化银不稳定，$AgOH$ 一旦生成立即脱水变成棕色的 Ag_2O：

$$2Ag^+ + 2OH^- \Longrightarrow 2AgOH \Longrightarrow Ag_2O \downarrow + H_2O$$

在银的化合物中，$AgNO_3$ 是常用的可溶性银盐，为无色晶体。在日光照射下逐步分解出金属银：

$$2AgNO_3 \xrightarrow{\triangle} 2Ag + 2NO_2 \uparrow + O_2 \uparrow$$

故 $AgNO_3$ 应保存在棕色瓶中。$AgNO_3$ 具有氧化性，遇微量的有机物即被还原为黑色单质银。一旦皮肤沾上 $AgNO_3$ 溶液，就会出现黑色斑点。

$AgNO_3$ 是一种重要的分析试剂，常用于 Cl^-、Br^-、I^-、CN^-、SCN^- 等离子检验和测定。$AgNO_3$ 在医学上常用作消毒剂和腐蚀剂，照相上用于制造照相底片上的卤化银。

六、锌的重要化合物

锌的价电子层构型是 $3d^{10}4s^2$，是周期表第ⅡB族元素。锌呈浅蓝白色。锌在潮湿空气中，表面生成一层致密碱式碳酸盐 $Zn(OH)_2 \cdot ZnCO_3$，起保护作用，使锌有防腐蚀的性能，故铜、铁等制品表面常镀锌防腐蚀。

1. 氧化锌（ZnO）和氢氧化锌［Zn(OH)₂］

氧化锌是常用药物，具有收敛性和杀菌力，医药上常调制成软膏治疗皮肤湿疹及炎症。

氧化锌和氢氧化锌都具有两性，既能溶于酸又能溶于碱。

$$Zn(OH)_2 + 2H^+ \!=\!=\!= Zn^{2+} + 2H_2O$$

$$Zn(OH)_2 + 2OH^- \!=\!=\!= [Zn(OH)_4]^{2-}$$

氢氧化锌也可溶于氨水，生成可溶的配合物。

$$Zn(OH)_2 + 4NH_3 \!=\!=\!= [Zn(NH_3)_4](OH)_2$$

2. 锌盐

无水氯化锌（$ZnCl_2$）为白色固体，易溶于水，在水中能水解，其水溶液显酸性。氯化锌的吸湿性大，在有机合成中常用作脱水剂和催化剂。$ZnCl_2$ 浓溶液和 ZnO 的混合物能迅速硬化，生成 Zn(OH)Cl，是牙科常用的黏合剂。$ZnCl_2$ 浓溶液在金属焊接时，用于清除金属表面上的氧化物。

葡萄糖酸锌和 $ZnSO_4$ 可用于配制内服药剂，治疗锌缺乏引起的病症。

七、汞的重要化合物

汞的价电子层构型是 $5d^{10}6s^2$，是周期表 ⅡB 族元素。

（一）汞

汞是银白色的液态金属，有"水银"之称。汞受热均匀膨胀，不润湿玻璃，常用于制造温度计。汞在空气中比较稳定，只有加热至沸腾时才慢慢生成氧化汞（HgO）。汞溶于硝酸和浓硫酸：

$$Hg + 2H_2SO_4（浓）\xrightarrow{\triangle} HgSO_4 + SO_2\uparrow + 2H_2O$$

$$3Hg + 8HNO_3（稀）\!=\!=\!= 3Hg(NO_3)_2 + 2NO\uparrow + 4H_2O$$

汞能溶解许多金属形成汞齐，汞齐是汞的合金。例如钠汞齐，钠汞齐与水反应放出氢，在有机合成中常用作还原剂。在冶金工业中用汞齐法回收贵重金属。

（二）硫化汞

硫化汞（HgS）的天然矿物叫辰砂或朱砂，呈大小不一的块状、薄长状或细小的颗粒状，暗红色或鲜红色，有光泽，质脆而重，易破碎，无臭，无味，难溶于水，也难溶于盐酸或硝酸，而溶于王水中。

朱砂有镇静、催眠作用，可治疗惊风、癫痫、心悸、失眠、多梦等疾病，外用能杀死皮肤细菌和寄生虫。

（三）氯化汞（$HgCl_2$）

氯化汞能升华，俗称升汞，是白色晶体，微溶于水，有剧毒，内服 0.2～0.4g 可致死，在水中或熔融时电离度很小，是弱电解质，在水溶液中主要以 $HgCl_2$ 分子存在。医药上用 $HgCl_2$ 稀溶液作手术器械的消毒剂，也可用作防腐剂。中药称"白降丹"，用于治疗疗毒。

氯化汞的主要化学性质如下。

（1）与氢氧化钠反应，生成黄色 HgO 沉淀。

$$HgCl_2 + 2NaOH \!=\!=\!= HgO\downarrow + 2NaCl + H_2O$$

（2）与氨水反应，生成白色难溶的氯化氨基汞（$HgNH_2Cl$）沉淀。

$$HgCl_2 + 2NH_3 \!=\!=\!= HgNH_2Cl\downarrow + NH_4Cl$$

氯化氨基汞又称"白降汞"，在医药上做成软膏，用以治疗疥、癣等皮肤病。

（3）与 KI 反应，生成猩红色的 HgI_2 沉淀，它溶于过量的 KI 中，生成无色的 $K_2[HgI_4]$。

$$HgCl_2 + 2KI == HgI_2\downarrow + 2KCl$$

$$HgI_2 + 2KI == K_2[HgI_4]$$

（4）与 $SnCl_2$ 反应，生成白色的氯化亚汞沉淀。

$$2HgCl_2 + SnCl_2 == Hg_2Cl_2\downarrow + SnCl_4$$

$SnCl_2$ 过量则进一步反应生成黑色的金属汞。

$$Hg_2Cl_2 + SnCl_2 == 2Hg\downarrow + SnCl_4$$

我们可以看到沉淀由白色经灰色最后变成黑色。

（四）氯化亚汞（Hg_2Cl_2）

Hg_2Cl_2 俗名甘汞，难溶于水，少量时无毒，内服可作轻泻剂，外用治疗慢性溃疡及皮肤病。

Hg_2Cl_2 见光会发生分解：

$$Hg_2Cl_2 \underset{}{\overset{光}{\rightleftharpoons}} HgCl_2 + Hg$$

Hg_2Cl_2 应保存在密闭棕色玻璃瓶中，置于干燥处。

氯化亚汞的化学性质如下。

（1）与 NaOH 溶液反应，生成黑色 Hg 和黄色 HgO。

$$Hg_2Cl_2 + 2NaOH == Hg\downarrow + HgO\downarrow + 2NaCl + H_2O$$
　　　　　　　　　　　　　　黑色　　黄色

（2）与氨水反应，生成灰黑色的 Hg 与 $HgNH_2Cl$ 的混合物。

$$Hg_2Cl_2 + 2NH_3 == Hg\downarrow + HgNH_2Cl\downarrow + NH_4Cl$$
　　　　　　　　　　　　　黑色　　　　白色

（3）与 KI 溶液反应，生成的沉淀由白色转变为黄绿色最后变为黑色。

$$Hg_2Cl_2 + 2KI == Hg_2I_2\downarrow（黄绿色）+ 2KCl$$

$$Hg_2I_2\downarrow + 2KI == K_2[HgI_4] + Hg\downarrow（黑色）$$

Hg_2I_2 溶于过量的 KI 中，生成黑色的汞沉淀。

（4）与 $SnCl_2$ 反应，直接生成黑色的金属汞（中间不生成白色沉淀）。

$$Hg_2Cl_2 + SnCl_2 == 2Hg\downarrow + SnCl_4$$

利用以上 $HgCl_2$ 和 Hg_2Cl_2 的化学性质，就可以把 Hg^{2+} 和 Hg_2^{2+} 鉴别出来。

习　　题

1. 铜放在下列物质中，各有什么现象发生？能起反应的写出化学方程式，不能反应的说明原因。

（1）浓硝酸；（2）稀硝酸；（3）氯化汞；（4）盐酸；（5）热的浓硫酸；（6）稀硫酸。

2. 为什么可用过氧化钠作为制氧剂？

3. 试解释为什么碱滴到铝盐溶液中可产生白色沉淀，而铝盐滴到碱液中沉淀会迅速消失？

4. 如何将 $ZnSO_4$ 溶液和 $Al_2(SO_4)_3$ 溶液鉴别开来?

5. 如何把溶液中的 Fe^{3+} 转化为 Fe^{2+}，又如何把 Fe^{2+} 转化为 Fe^{3+}？举例说明，写出有关的反应方程式。

6. 完成下列反应式

(1) $MnO_4^- + H^+ + H_2O_2 \longrightarrow$　　　(2) $K_2Cr_2O_7 + HCl \longrightarrow$

(3) $Cr_2O_7^{2-} + H^+ + I^- \longrightarrow$　　　(4) $AgNO_3 \xrightarrow{\triangle}$

7. 解释下列现象或问题，并写出相应的反应式：

(1) 银器在含有硫化氢的空气中会慢慢变黑

(2) 在水溶液中用 Fe^{3+} 盐和 KI 作用不能制取 Fe_2I_3

8. 鉴别下列物质

(1) 锂盐、钠盐、钾盐、钙盐、钡盐　　(2) $HgCl_2$ 和 Hg_2Cl_2

(3) $FeSO_4$ 和 $Fe_2(SO_4)_3$　　　　　　(4) MnO_4^-

实　验　部　分

第一部分　无机化学实验基本知识

一、实验规则

实验规则是人们由长期的实验室工作中归纳总结出来的，它是防止实验意外事故的发生、保证实验的正常进行和做好每一个实验的重要前提，我们必须严格遵守。

(1) 实验前一定要做好实验预习和实验准备工作，检查实验所需的药品、仪器是否齐全。做规定以外的实验，要经教师批准。

(2) 实验时要集中精神，认真操作，仔细观察，积极思考，如实、详细地做好记录。

(3) 实验中必须保持肃静，不准大声喧哗，不得到处乱走。不得无故缺席，因故缺席未做的实验应该补做。

(4) 爱护国家财产，小心使用仪器和实验室设备，注意节约水、电和煤气。每人应取用自己的仪器，不得动用他人的仪器；公用仪器用后应洗净，并立即送回原处。如有损坏，必须及时登记补领。

(5) 实验台上的仪器应整齐地放在一定的位置上，并经常保持台面的清洁。废纸、火柴梗和碎玻璃等应倒入垃圾箱内，酸性废液应倒入废液缸内，切勿倒入水槽，以防堵塞或锈蚀下水管道。碱性废液应倒入水槽并用水冲洗。

(6) 按规定的用量取用药品，注意节约。取用药品后，及时盖好原瓶盖，放回原处。放在指定地方的药品不得擅自拿走。

(7) 使用精密仪器时，必须严格按照操作规程进行操作，细心谨慎，避免粗枝大叶而损坏仪器。如发现仪器有故障，应立即停止使用，报告教师，及时排除故障。

(8) 实验后，应将所有仪器洗净并整齐地放回实验柜内。实验台及试剂架必须擦净，最后关好水、电和煤气的开关。

(9) 每次实验后由学生轮流值勤，负责打扫和整理实验室，并检查水龙头、煤气开关、门、窗是否关紧，电闸是否开启，以保持实验室的整洁和安全。

(10) 做完实验后，要根据实验的原始记录，写出实验报告，按时交给指导老师批阅。

二、实验室安全守则及事故处理

化学药品中，很多是易燃、易爆、有腐蚀性和有毒的。有些化学反应还具有一定的危险性。

在实验过程中，如果发生了事故不仅损害个人的健康，还要危及周围的人们，并使国家的财产受到损失，影响工作的正常进行。因此，进行化学实验时，首先需要从思想上重视安全工作，绝不能麻痹大意，要熟悉一般的安全知识，要严格遵守关于水、电、煤气、药品和各种仪器的使用规定。其次，在实验前应了解仪器的性能和药品的性质以及本实验中的安全事项。在实验过程中，应集中注意力，并严格遵守实验安全守则，以防意外事故的发生。三要学会一般救护措施。一旦发生意外事故，可进行及时处理。最后，对于实验室的废液，也要知道一些处理的方法，避免环境受到污染。

1. 实验室安全守则

（1）不要用湿的手、物接触电源。水、电、煤气使用完毕，就立即关闭水龙头、煤气开关，电闸要开启。点燃的火柴用后应立即熄灭，不得乱扔。

（2）严禁在实验室内饮食、吸烟，或把食具带进实验室。实验完毕，必须洗净双手。

（3）绝对不允许随意混合各种化学药品，以免发生意外事故。

（4）钾、钠应保存在煤油中，白磷可保存在水中。取用它们时要用镊子。一些有机溶剂（如乙醚、乙醇、丙酮、苯等）极易引燃，使用时必须远离明火，用毕立即盖紧瓶塞。

（5）不纯的氢气遇火易爆炸，操作时必须严禁接近明火。在点燃前，必须先检查并确保纯度。银氨溶液不能存留，因久置后易发生爆炸。某些强氧化剂（如氯酸钾、硝酸钾、高锰酸钾等）或其混合物不能研磨，否则会引起爆炸。

（6）试管加热时，切记不要将试管口对着自己或别人。倾注或加热液体时，不要俯视容器，以防溅出。不要俯向容器去嗅放出的气味，面部应远离容器，用手把离开容器的气流慢慢地扇向自己的鼻孔。

（7）浓酸、浓碱具有强腐蚀性，使用时要小心，切勿使其溅在皮肤或衣服上，眼睛更应注意防护，应配备必要的防护眼镜。稀释浓硫酸时，应将浓硫酸慢慢倒入水中，并边倒边搅拌，而不能相反进行，以避免迸溅。

（8）能产生有刺激性气味或有毒气体（如 H_2S、HF、Cl_2、CO、NO_2、SO_2、Br_2 等）的实验必须在通风橱内进行。

（9）有毒药品（如重铬酸钾、钡盐、铅盐、砷的化合物、汞的化合物，特别是氰化物）不得进入口内或接触伤口。剩余的废液也不能随便倒入下水道。

（10）金属汞易挥发，通过呼吸道进入人体内，逐渐积累会引起慢性中毒。所以做金属汞的实验应特别小心，不得把汞洒落在桌上或地上，一旦洒落，必须尽可能收集起来，并用硫磺粉盖在洒落的地方，使汞转变成不挥发的硫化汞。

（11）实验室内所有药品不得携出室外。用剩的有毒药品应交还给教师。

2. 实验室事故的处理

发生意外事故应保持镇静，不要惊慌失措；遇有烧伤、烫伤、割伤等，应立即报告教师，及时治疗。

（1）创伤　伤处不能用手抚摸，也不能用水洗涤。伤处如果有碎玻璃，应先挑出。轻伤立即用药棉轻轻揩净伤口，再涂碘酊或紫药水，必要时撒些消炎粉或敷些消炎膏，用绷带包扎。若伤口过大，应立即到医务室治疗。

（2）烫伤　不要用冷水洗涤伤处。伤处皮肤未破时可涂擦饱和 $NaHCO_3$ 溶液或用 $NaHCO_3$ 粉调成糊状敷于伤处，也可抹獾油或烫伤膏；如果伤处皮肤已破，可涂些紫药水或10%高锰酸钾溶液。

（3）酸腐蚀致伤　先用大量水冲洗，再用饱和 $NaHCO_3$ 溶液（或稀氨水、肥皂水）洗，最后再用水冲洗，如果酸溅入眼内，用大量水冲洗后，送医院诊治。

（4）碱腐蚀致伤　先用大量水冲洗，再用2%醋酸溶液或饱和硼酸溶液洗，最后用水冲洗。如果碱溅入眼中，用硼酸溶液洗。

（5）溴腐蚀致伤　用苯或甘油洗濯伤口，再用水洗。

（6）白磷灼伤　用5％硫酸铜或高锰酸钾溶液洗濯伤口，然后包扎。

（7）吸入刺激性或有毒气体　吸入氯气、氯化氢气体时，可吸入少量酒精和乙醚的混合蒸气使之解毒。吸入硫化氢或一氧化碳气体而感到不适时，应立即到室外呼吸新鲜空气。但应注意氯气、溴中毒不可进行人工呼吸，一氧化碳中毒不可施用兴奋剂。

（8）毒物进入口内　把5～10ml稀硫酸铜溶液加入一杯温水中，内服后，用手指伸入咽喉部，促使呕吐，吐出毒物，然后立即送医院。

（9）触电　立即切断电源，必要时进行人工呼吸。

（10）起火　起火后，要立即一面灭火，一面防止火势蔓延（如采取切断电源，移走易燃药品等措施）。灭火的方法要针对起火原因选用合适的方法。一般的小火可用湿布、石棉布或砂子覆盖燃烧物，即可灭火。火势大时可使用泡沫灭火器。但电器设备所引起的火灾，只能使用二氧化碳或四氯化碳灭火器灭火，不能使用泡沫灭火器，以免触电。实验人员衣服着火时，切勿惊慌乱跑，应赶快脱下衣服，用石棉布覆盖着火处，或者就地卧倒滚打。火势较大，应立即报火警。

（11）伤势较重者，应立即送医院。

为了对实验室内意外事故进行紧急处理，应该在每个实验室内都准备一个急救药箱。

三、无机化学实验常用仪器介绍

（一）试管、离心试管

1. 主要用途

（1）在常温或加热条件下用作少量试剂反应的容器，便于操作和观察。

（2）收集少量气体用。

（3）离心试管可用于沉淀分离。

2. 注意事项

（1）反应液体不超过试管容积的一半，防止振荡时液体溅出。加热时，液体不超过试管容积的三分之一，防止液体受热溢出。

（2）加热前试管外面要擦干，防止有水滴附在试管外壁而致使受热不均，使试管破裂。加热时要用试管夹。

（3）离心试管不可直接加热。

（二）烧杯

1. 主要用途

（1）常温或加热条件下，作大量物质反应的容器，反应物易混合均匀。

（2）配制溶液用。

（3）代替水槽用。

烧杯

2. 注意事项

（1）反应液体不得超过烧杯容量的三分之二，防止搅动时液体溅出或沸腾时液体溢出。

（2）加热前要将烧杯外壁擦干，烧杯底要垫上石棉网，防止玻璃受热不均匀而遭破裂。

（三）烧瓶

有平底烧瓶、圆底烧瓶和蒸馏烧瓶等。

1. 主要用途

圆底烧瓶：在常温或加热条件下，作反应物量多、且需长时间加热时的反应容器，因所盛液体是圆形，则受热面大，耐压大。

平底烧瓶：配制溶液或常温下代替圆底烧瓶使用。平底烧瓶因底平而放置平稳。

蒸馏烧瓶：液体蒸馏、少量气体发生装置用。

2. 注意事项

（1）盛放的液体不能超过烧瓶容量的三分之二，也不能太少，防止加热时喷溅或破裂。

（2）固定在铁架台上，加热时，烧瓶应放在石棉网上，不能直接加热。加热前外壁要擦干，防止受热不均匀而破裂。

（3）烧瓶放在桌面上，烧瓶底下面要有木环或石棉环，防止烧瓶滚动而打破。

圆底烧瓶　　　蒸馏烧瓶　　　平底烧瓶

（四）锥形瓶

1. 主要用途

作反应容器。由于振荡方便，适用于滴定操作。

2. 注意事项

（1）盛液不能太多，防止振荡时溅出液体。

（2）加热时，锥形瓶底下应垫石棉网或置于水浴中，防止受热不均而破裂。

（五）量筒

玻璃质。上口大下部小的叫量杯。

1. 主要用途

量取一定体积的液体。

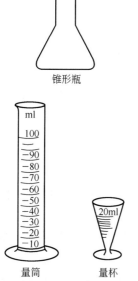

锥形瓶

量筒　　量杯

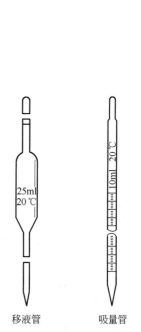

移液管　　吸量管

2. 注意事项

（1）应竖直放在桌面上，读数时，视线应和液面处于同一水平面，读取与弯月面最低处相切的刻度。

（2）不可加热，不可做实验（如溶解）容器。

（3）不可量取热溶液或热液体。

（六）吸量管、移液管

分刻度管型（吸量管）和单刻度大肚型（移液管）两种。此外还有完全流出式和不完全流出式。

1. 主要用途

可以精确移取一定体积的液体。

2. 注意事项

使用时，已洗干净的移液管要用少量所要移取的液体润洗三次，确保所取液体浓度或纯度不变。

（七）容量瓶

1. 主要用途

配制准确浓度的溶液时用。

2. 注意事项

（1）磨口瓶塞是配套的，不能互换。

（2）不能加热，不能代替试剂瓶用来存放溶液。

（3）溶质先在烧杯内全部溶解，然后定量转移到容量瓶中。

（八）滴定管

玻璃质，分酸式滴定管（具玻璃活塞）和碱式滴定管（具橡皮滴头）两种。

容量瓶

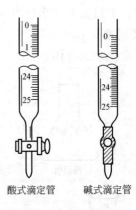

酸式滴定管　　碱式滴定管

1. 主要用途

滴定时用。

2. 注意事项

（1）使用时，已洗干净的滴定管要用少量要装的液体润洗三次，确保所取液体浓度或纯度不变。

（2）酸式滴定管旋塞应擦凡士林，使旋塞旋转灵活；碱式管下端橡皮管不能用洗液洗，因为洗液能腐蚀橡皮。

（3）酸式滴定管、碱式滴定管不能对调使用。因为酸液腐蚀橡皮，碱液腐蚀玻璃，使旋塞粘住而损坏。

（九）漏斗

1. 主要用途

（1）过滤液体。

（2）倾注液体。

（3）长颈漏斗常用来装配气体发生器，加入液体用。

2. 注意事项

（1）不可直接加热。

（2）滤纸要略小于漏斗的内径，防止滤液由边上漏液，过滤不完全。

（3）过滤时漏斗颈尖端必须紧靠承接滤液的容器壁，防止滤液溅出。

（4）用长颈漏斗加入液体时，漏斗颈应插入液面内。

漏斗

（十）分液漏斗

分液漏斗

1. 主要用途

（1）用于互不相溶的液-液分离。

（2）气体发生器装置中，加入液体用。

2. 注意事项

（1）不能加热。

（2）活塞上要涂一薄层凡士林，使用时，旋塞处不能漏液。

（3）分液时，下层液体从漏斗管流出，上层液体从上口倒出，防止液体分离不清。

（4）装气体发生器时，漏斗管应插入液面内（漏斗管不够长，可接管），防止气体自漏斗管喷出。

（十一）布氏漏斗和抽滤瓶

布氏漏斗为瓷质，抽滤瓶为玻璃质。两者配套使用。

1. 主要用途

用于无机制备中晶体或沉淀的减压过滤（利用抽气管或真空泵降低抽滤瓶中压力来减压过滤）。

2. 注意事项

（1）不能直接加热。

（2）滤纸要略小于漏斗的内径，防止滤液由边上漏液，过滤不完全。

抽滤瓶　　布氏漏斗

（3）先开抽气管，后过滤。过滤完毕后，先分开抽气管与抽滤瓶，后关闭抽气管，防止抽气管水流倒吸。

（十二）表面皿

1. 主要用途

盖在烧杯上，防止液体迸溅或其他用途。

2. 注意事项

不能用火直接加热，防止表面皿破裂。

（十三）蒸发皿

瓷质，也有玻璃、石英、铂制品，有平底和圆底两种。

1. 主要用途

口大底浅，蒸发速度大，常用作蒸发、浓缩溶液，随液体性质不同可选用不同质地的蒸发皿。

2. 注意事项

（1）能耐高温，但不宜骤冷，防止蒸发皿破裂。

（2）一般放在石棉网上加热，使受热均匀。

表面皿

蒸发皿

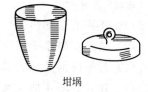

坩埚

（十四）坩埚

瓷质，也有石墨、石英、氧化锆、铁、镍或铂制品。

1. 主要用途

强热、煅烧固体用。随固体性质不同可选用不同质地的坩埚。

2. 注意事项

（1）放在泥三角上直接强热或煅烧。

（2）加热或反应完毕后用坩埚钳取下时，坩埚钳应预热，取下后应放置石棉网上。

（十五）铁架台、铁夹和铁圈

1. 主要用途

用于固定或放置反应容器。铁圈还可代替漏斗架使用。

2. 注意事项

（1）仪器固定在铁架台上时，仪器和铁架台的重心应落在铁架台底盘中部，防止站立不稳而翻倒。

（2）用铁夹夹持仪器时，应以仪器不能转动为宜，不能过紧或过松。过紧可能夹破仪器，过松仪器易脱落。

（3）加热后的铁圈不能撞击或摔落在地。

铁架台

（十六）研钵

瓷质，也有玻璃、玛瑙或铁制品。按固体的性质和硬度，选用不同的研钵。

1. 主要用途

（1）研碎固体物质。

（2）固体物质的混合。

2. 注意事项

（1）大块物质只能压碎，不能舂碎。防止击碎研钵和杵，且避免固体飞溅。

（2）放入量不宜超过研钵容积的三分之一，以免研磨时把物质甩出。

研钵

（3）易爆物质只能轻轻压碎，不能研磨。

（十七）试管架

1. 主要用途

放试管用。

2. 注意事项

加热后的试管应用试管夹夹住悬放于试管架上。

试管架

试管夹

(十八) 试管夹

1. 主要用途

夹持试管用。

2. 注意事项

(1) 夹在试管上端，便于摇动试管和防止加热时烧焦试管夹。

(2) 不要把拇指按在夹的活动部分，防止试管脱落。

(3) 一定要从试管底部套上和取下试管夹。

(十九) 三角架

1. 主要用途

放置较大或较重的加热容器。

2. 注意事项

(1) 放置加热容器 (水浴锅除外)，应先放石棉网，使加热容器受热均匀。

(2) 下面加热灯焰的位置要合适，一般用氧化焰加热，使加热温度高。

三角架

燃烧匙

泥三角

(二十) 燃烧匙

1. 主要用途

检验可燃性，进行固体燃烧反应用。

2. 注意事项

(1) 放入集气瓶时应由上而下慢慢地放入，且不要触及瓶壁。保证燃烧充分，防止集气瓶破裂。

(2) 硫磺、钾、钠燃烧实验，应在匙底垫上少许石棉或砂子。

(3) 用完立即洗净并将之干燥，避免腐蚀、损坏燃烧匙。

(二十一) 泥三角

1. 主要用途

灼烧坩埚时放置坩埚用。

2. 注意事项

（1）使用前应检查铁丝是否断裂，铁丝已断裂的泥三角不能使用。

（2）坩埚放置要正确，坩埚底应横着斜放在三个瓷管中的一个瓷管上。

（3）灼烧后，小心取下，不要摔落。

（二十二）药匙

1. 主要用途

拿取固体药品用。药勺两端各有一个勺，一大一小，根据用药量大小分别选用。

2. 注意事项

取用一种药品后，必须洗净，并用滤纸擦干后，才能取用另一种药品，防止玷污试剂。

药匙

石棉网

（二十三）石棉网

由铁丝编成，中间涂有石棉。有大小之分。

1. 主要用途

石棉是一种热的不良导体，它能使受热物体均匀受热，不致造成局部高温。

2. 注意事项

（1）使用时应先检查石棉网，石棉已脱落的石棉网不能用。

（2）不能与水接触，以免石棉脱落或铁丝生锈。

（3）不可卷折。如果卷折，石棉松脆，易损坏。

四、实验报告格式示例

无机化学性质实验报告

实验名称：_____ 室温 _____

姓名_____ 班级_____ 学号_____ 同组人_____ 指导教师_____ 日期_____

一、实验目的

二、实验内容

（用表格表示）

实验内容	实验现象	解释和反应式或结论和反应式

三、问题和讨论

总结实验收获和体会，分析实验中出现的"反常"现象。

指导教师签名_____

无机化学制备实验报告

实验名称：_____ 室温_____

姓名_____ 班级_____ 学号_____ 同组人_____ 指导教师_____ 日期_____

一、实验目的

二、实验原理（简述）

三、简单流程和实验现象

（可用图表表示）

四、实验结果

产品外观：

产　　量：

产　　率：

五、产品纯度检验

（可列表说明）

六、问题和讨论

对产率、纯度和操作中遇到的问题进行讨论。

指导教师签名_____

第二部分　无机化学实验基本操作

一、玻璃仪器的洗涤和干燥

（一）玻璃仪器的洗涤

为了使实验结果准确、产品纯净，实验时必须使用洁净的仪器，玻璃仪器洁净的标准是：清洁透明，水沿壁自然流下后，内壁上附着的水均匀，无条纹及水珠。若局部挂水珠或水流有拐弯现象，表明未洗干净。

玻璃仪器的洗涤方法应根据实验要求、污物的性质和玷污的程度来选用。常用方法如下。

1. 用水刷洗

先倒净仪器内的废液，再向容器中加入约占容器 1/2 的水，振荡后，把水倒掉，这样连洗几次。如果内壁附有不易洗掉的物质，要用试管刷刷洗。往玻璃仪器中加少量自来水，用试管刷轻轻刷洗，再用自来水荡洗几次，最后用蒸馏水洗涤 2～3 次。刷洗时，试管刷应轻轻转动和上下移动，用力不能过猛，防止将仪器底部戳破。仪器洗涤时，要节约用水，尽量转动仪器使水能充分荡洗内壁，遵循"少量多次"的洗涤原则。

用水刷洗可以使可溶性物质溶解，也可以除去尘土，使不溶物质脱落。

2. 用去污粉或合成洗涤剂刷洗

把要洗的仪器用少量水湿润，用试管刷蘸取少量去污粉或合成洗涤剂刷洗，再用自来水冲洗干净，最后用蒸馏水洗涤 2～3 次。

用去污粉或合成洗涤剂刷洗可以除去油污和有机物。

3. 用铬酸洗液洗涤

仪器严重玷污、不宜用刷子刷洗的仪器或所用仪器口小、管细，例如，移液管、滴定管、容量瓶等仪器，可以用铬酸洗液洗涤。

铬酸洗液是由重铬酸钾与浓硫酸混合而成的混合物，具有强的氧化性和腐蚀性，会灼伤皮肤，损坏衣服，使用时一定要注意安全，防止溅出。

用铬酸洗液洗涤仪器时，往仪器（仪器内应尽量不带水分以免将洗液稀释）内加入少量洗液，将仪器倾斜并慢慢转动，使仪器内壁全部为洗液湿润，再转动仪器，使洗液在仪器内壁流动，洗液流动几圈后，把洗液倒回原瓶。然后用自来水荡洗几次，把内壁上残留的洗液洗去，最后再用蒸馏水洗 2～3 次。

铬酸洗液具有强吸水性，应随时把瓶子盖紧，以防吸水降低去污能力。

铬酸洗液可反复使用，当溶液呈绿色时，表明洗液已失效，不能继续使用。铬酸洗液具有毒性，因此铬酸洗液不能直接倒入下水道，以免污染环境，此外，如果用别的洗涤方法能把仪器洗干净，就不要用铬酸洗液洗涤。

4. 特殊污物的洗涤

如果仪器壁上某些污物用上述方法仍然不能除去，可根据污物的性质，选用适当试剂处理。如银镜反应沾附的银可用 6mol/L 硝酸处理。

已经洗净的仪器，不能用布或纸擦干，以免布或纸的纤维留在仪器上，玷污仪器。要使仪器干燥，有以下几种方法。

（二）仪器的干燥

1. 晾干

不急用的仪器洗净后，可将其倒放在实验柜内或仪器架上，任其自然晾干。

2. 烤干或烘干

急用仪器洗净后，可将仪器中的水倒净，放在电烘箱内烘干。一些常用的烧杯、蒸发皿等仪器可置于石棉网上用小火烤干。试管则可以在酒精灯上直接用小火烤干，但必须使试管口向下倾斜（以免冷凝水倒流，使试管炸裂），并不断来回移动试管，烤到不见水珠后，使管口朝上，以便赶尽水气。

另外，一些仪器还可以用电热吹风机吹干。但一些带有刻度的计量仪器不能用上述加热的方法进行干燥，否则，会影响仪器的精密度，可采用有机溶剂干燥法。

二、物质的加热

加热常用的仪器有酒精灯、酒精喷灯和煤气灯，这里主要介绍酒精灯的使用。

（一）酒精灯的使用方法

酒精灯一般是玻璃制的，其灯罩带有磨口。通常加热的温度可达 670～773K，常用于加热温度不需太高的实验。酒精易燃，使用时必须注意安全。

酒精灯使用前应先检查灯芯，如果灯芯顶端已被烧焦或烧平，用镊子向上拉一下，剪去烧焦处，再拨正灯芯待用。

当灯内酒精量少于灯容量的 1/4 时，应添加酒精。添加酒精时，应利用漏斗，注意灯内酒精不能装得太满，一般不超过其总容量的 2/3 为宜。如果在酒精灯使用过程中发现酒精量少，应先把火焰熄灭，再添加酒精。严禁在酒精灯未熄灭的情况下添加酒精。

点燃时，应该用火柴点燃，切不可用点燃着的酒精灯直接去引燃另一只酒精灯。以免灯内的酒精洒出，引起燃烧甚至发生火灾。

熄灭酒精灯的火焰时，只要将灯罩盖上即可使火焰熄灭，切勿用嘴去吹。

酒精灯不用时，必须盖上灯罩以免酒精挥发。

（二）加热方法

实验室中加热最常使用的仪器是酒精灯，其火焰分焰心、内焰、外焰三部分，外焰温度最高，燃烧最充分，加热时应充分利用外焰。加热前应将器皿外壁擦干，加热后，器皿不能立即与潮湿的物体接触，以免因骤冷导致器皿炸裂。

1. 固体的加热

加热盛有固体的试管时，必须使试管口稍微向下倾斜，以免试管口冷凝的水珠倒流到灼热的试管底部，而使试管炸裂。加热时先使试管均匀受热，再集中加热装有固体物质的部位。

在蒸发皿中加热时，应注意充分搅拌，使受热均匀。

2. 液体的加热

加热试管中液体时，液体量不应超过试管容量的 1/3，加热时使用试管夹，使试管倾斜，与桌面约成 45°角，先使试管均匀受热，然后加热试管中上部，并不时上下移动。不要集中加热试管某一部位，以免液体溅出。试管口勿对着人，防止发生意外。

加热蒸发皿中液体时，液体量不应超过其容积的 2/3，以免加热时液体溅出。

注意：无论是固体还是液体，使用试管加热时一般直接放在火焰上，使用其他仪器加热时一般放在石棉网上，蒸发皿也可直接用火加热。

除上述直接加热的方法外，还有间接加热的方法，如水浴、沙浴等。

三、药品的取用

（一）固体药品的取用

固体药品装在广口瓶中，取用前应看清标签，先打开瓶塞，将瓶塞反放在实验台上，根据实验用量取用药品，取完药品后，一定要把瓶塞盖严，绝不允许将瓶盖张冠李戴。

1. 固体药品要用干净的药匙取用，用过的药匙立刻洗净、擦干待用。

2. 多取的药品，不能放回原瓶，应倒在指定容器中，因此，一定要根据实验用量取用药品，不要多取。

3. 往试管（特别湿试管）中加入粉末状固体药品时，将试管平放或倾斜，用药匙或将取出的药品放在对折的纸槽上，伸进试管约 2/3 处，然后把试管竖立，使药品全部落到试管底。见实验图 1(a) 和 （b）。

4. 加入块状固体时，应将试管倾斜，用镊子夹取颗粒放进试管口，使颗粒沿管壁慢慢滑下，以免碰破管底。见实验图 1(c)。

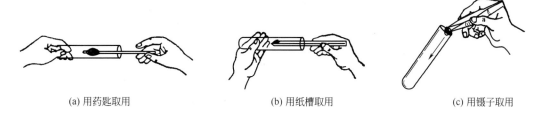

　　　　(a) 用药匙取用　　　　　　　　　(b) 用纸槽取用　　　　　　　　　(c) 用镊子取用

实验图 1　固体试剂的取用

（二）液体药品的取用

液体药品或溶液应盛在细口瓶或有滴管的滴瓶中，见光易分解的药品（如硝酸银、高锰酸钾）应盛在棕色瓶内。

1. 从滴瓶中取用少量药品时，先提起胶头滴管至液面以上，再按捏胶头排去空气，然后伸入液体中，放松拇指和食指吸入药品，再提起滴管，按捏胶头将液体滴入容器中。

使用滴瓶时，必须注意下列几点：①将药品滴入试管中时，必须用无名指和中指夹住滴管，将它悬空放在靠近试管口的正中上方，然后用大拇指和食指按捏橡皮头，使药品滴入试管中。滴管绝不能伸入所用的容器中，以免接触器壁而玷污药品，见实验图 2；②装有药品的滴管不得横放或使滴管口向上斜放在桌上，以免药品流入滴管的橡皮头内，腐蚀橡皮头；③滴加完毕后，应将滴管中剩余的药品挤入滴瓶中，放开橡皮头，将滴管放回滴瓶。

2. 从细口瓶中取用液体药品时，先将瓶塞取下，反放在桌面上，手握住试剂瓶上贴标签的一面，逐渐倾斜瓶子，使药品沿着洁净的试管壁流入试管或沿着洁净的玻璃棒注入烧杯中。注入所需量后，将试剂瓶口在容器口靠一下，再逐渐竖起瓶子，以免遗留在瓶口的液滴流到瓶的外壁。必须注意倒完药品后，瓶塞须立刻盖在原来的试剂瓶上，把试剂瓶放回原处，见实验图 3。

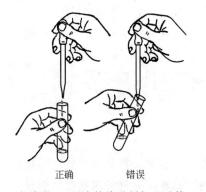
　　　正确　　　　错误

实验图 2　用滴管将试剂加入试管

实验图 3　液体的倾倒

3. 取用一定量的液体时，用量筒或移液管。

（1）量筒的使用　根据需要选用不同容量的量筒。用量筒量取液体时，应左手持量筒并以大拇指指示所需体积的刻度处，右手持试剂瓶，瓶口紧靠两口边缘，慢慢注入液体，到所需的刻度。读刻度时应手拿量筒的上部，让量筒竖直，使视线与量筒内液面的弯月形最低处保持水平，偏高或偏低都会造成误差，见实验图 4。

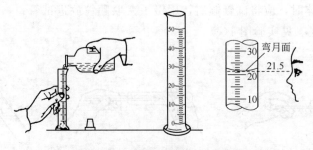

实验图 4　量筒的使用与正确读法

（2）移液管的使用　移液管是一种下部管口尖细的长形玻璃管，它是用来准确量取一定容积溶液的量器，根据移液管有无分度，可分为无刻度移液管和有刻度移液管（吸量管）。

① 使用方法 移液管在使用前，依次用洗液、自来水洗至内壁不挂水珠为止，再用少量蒸馏水、少量被量取的液体分别洗 2～3 次。

移取液体时，左手拿吸耳球，右手拇指及中指拿住移液管的上端标线以上部位，使管下端伸入液面下约 1cm 处（注意伸入液面不能过深也不能过浅）。这时，先把吸耳球内的空气压出，再把球的尖端对准移液管口，慢慢松左手，使液体吸入管内。眼睛应注意管内液面上升情况，并将移液管随溶液液面的下降而往下伸。当液面上升到刻度标线以上时，移去吸耳球，立即用右手的食指按住管口，将移液管直立移出液面，左手将承接液体的容器倾斜，将移液管垂直放入容器中，管的尖端靠在盛液体的器皿内壁上，稍微放松食指，用拇指和中指轻轻捻动管身，使液面平稳下降，直到液体的弯月面最低处与标线相切时，迅速用食指压紧管口，使液体不再流出。

取出移液管垂直放入准备接收液体的容器中，使管的尖端靠在器皿内壁上，让接收液体的容器倾斜而移液管保持直立。松开食指，使管内液体自然地顺壁流下，待液面不再下降，再等 15s 左右，取出移液管。见实验图 5。

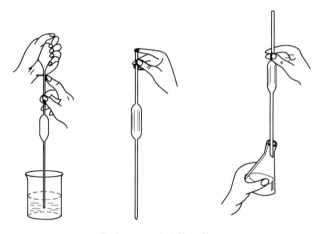

实验图 5　移液管的使用

② 注意事项 未标有"吹"字的移液管，移液管管尖最后留有的液体不要吹入容器，因为校正移液管的容量时，就没有考虑这一滴液体的体积。也有少数移液管，上面标有"吹"字，使用时，末端的液体必须吹出，不容许保留。

移液管用完后应洗净放好，如果尖嘴碰坏，则不能再用。

四、物质的称量——托盘天平的使用

托盘天平用于粗略的称量。它能迅速地称量物体的质量，但精确度不高。

（一）构造（见实验图 6）

托盘天平的横梁架在天平上。横梁的左右有两个盘子。横梁的中部有指针与刻度盘相对，根据指针在刻度盘左右摆动情况，可以看出天平是否处于平衡状态。

（二）称量

在称量物体之前，应检查天平是否平衡。检查的方法是：将游码拨到游码尺的"0"处，此时指针在刻度盘上左右摆动的格数应相等，且指针静止时应位于刻度盘的中间位置。如果

不平衡，可调节平衡调节螺丝，使之平衡。

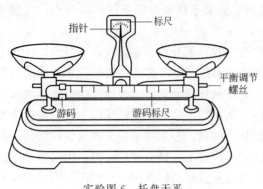

指针　　标尺

平衡调节螺丝

游码　　游码标尺

实验图6　托盘天平

称量物体时，左盘放称量物，右盘放砝码。砝码应用镊子夹取。添加砝码时，应先加质量大的砝码，再加质量小的砝码，5g以下的砝码用游码代替，直到平衡为止。

（三）称量时应注意以下几点

1. 称量物不能直接放在托盘上，要用称量纸。潮湿的或具有腐蚀性的药品则要放在表面皿或其他的容器中称量。

2. 不能称量热的药品，待药品冷却至室温后再称量。

3. 称量完毕，应将砝码放回砝码盘中。将游码拨到"0"位处，并将托盘放在一侧，以免天平摆动。

4. 应保持托盘天平的整洁，托盘上有药品或其他污染物时应立即清除。

五、物质的溶解、固液分离和蒸发

（一）溶解

溶解通常是指溶质与溶剂相混合形成溶液的过程。一般是将称好的固体放在烧杯中，倒入溶剂，并用玻璃棒轻轻搅拌加速溶解，必要时可采用加热来促进溶解。

（二）固液分离

固液分离一般有三种方法：倾泻法、过滤法和离心分离法。这里我们主要介绍倾泻法和过滤法。

1. 倾泻法

当沉淀的颗粒较大或密度较大时，静置后能很快沉降至容器的底部，可用倾泻法分离和洗涤沉淀。操作时先把烧杯倾斜地静置，待沉淀沉降至烧杯底角，将玻璃棒横搁在烧杯嘴上，将沉淀上部的清液沿玻璃棒缓慢地倾入另一只烧杯中，而沉淀留在原来烧杯的底部。如需洗涤沉淀，可在沉淀上加少量洗涤剂（一般为蒸馏水），充分搅拌，静置，沉降，再用倾泻法倾去洗涤液。如此重复操作2～3次，即可把沉淀洗涤干净。

2. 过滤

过滤是最常用的固-液分离法。过滤时，沉淀留在过滤器（如滤纸）上，溶液通过过滤器而进入容器中，所得的溶液称作滤液。

常用的过滤方法有常压、减压和热过滤三种。

（1）常压过滤　该法最简便、最常用，是用玻璃漏斗和滤纸，在常压的情况下进行过滤。滤纸的折法为：先将滤纸对折两次，拨开一层即成圆锥形，一边为一层，一边为三层，内角约为60°，见实验图7。

把滤纸放在漏斗内，然后使滤纸与漏斗壁紧贴，滤纸边缘应稍低于漏斗边缘，用少量蒸馏水润湿滤纸，赶去滤纸与漏斗壁之间的气泡。这样过滤时，漏斗颈内可充满滤液，即形成"水柱"，滤液以其自身的质量拖引漏斗内液体下漏，可使过滤速度加快。

将漏斗放在漏斗架上，下面放接受容器（如烧杯），使漏斗茎下端出口长的一边紧靠容器壁。将要过滤的溶液沿玻璃棒缓缓倾入漏斗中，注意玻璃棒靠在三层滤纸的一边，且漏斗

实验图 7　滤纸的准备

中的溶液的液面不得高于滤纸的边缘，最后将转移溶液完毕的容器用少量蒸馏水洗涤，洗涤液也要全部倾入漏斗中过滤。见实验图 8。

　　（2）减压过滤　减压过滤装置由布氏漏斗、抽滤瓶、安全瓶和水泵（或真空泵）组成，布氏漏斗不同于玻璃漏斗，它是瓷质的，中间有许多小孔，以便使溶液通过滤纸从小孔流出，见实验图 9。其原理是利用水泵（或真空泵）将抽滤瓶中的空气抽出，使其减压，造成布氏漏斗的液面与瓶内形成压力差，从而提高过滤速度。

实验图 8　过滤操作

　　过滤前，先将滤纸剪成直径略小于布氏漏斗内径的圆形，平铺在布氏漏斗瓷板上，用少量蒸馏水润湿滤纸，慢慢抽吸，使滤纸紧贴在瓷板上，然后进行过滤（布氏漏斗的颈口应与吸滤瓶的支管相对，便于吸滤）。溶液和沉淀的转移与常压过滤的操作相似。

　　过滤完毕，应先拔掉抽滤瓶上橡皮管，再关水龙头（或真空泵），否则水可能会倒流入抽气瓶中。若滤液要留用，必须在抽气管和抽滤瓶间加一安全瓶，以防滤液被自来水污染。

　　减压虽然可以加速过滤，并把沉淀抽吸得比较干燥，但不适用于胶状沉淀和颗粒太小的沉淀的过滤。因为胶状沉淀在快速过滤时易透过滤纸，颗粒太小的沉淀易在滤纸上形成一层密实的沉淀，溶液不易透过。

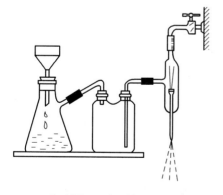

实验图 9　减压抽滤装置　　　　　　　　　实验图 10　蒸发

（三）蒸发

　　为了从滤液中提取纯净的固体，在实验室中，常在蒸发皿中进行蒸发，因其表面积较大，有利于提高蒸发速度。

蒸发时，加入液体的量不得超过其容量的 2/3，以防液体溅出；如果需要蒸发的液体量较多，蒸发皿一次盛不下，可随水分的不断蒸发而继续添加液体；蒸发过程中，要不断用玻璃棒搅拌液体，直到快要蒸干时，停止加热，利用余热将残留的少量水分蒸干，即可得到固体。蒸发后，注意不要使瓷蒸发皿骤冷，以免炸裂。见实验图 10。

六、容量瓶的使用

容量瓶是一种细颈梨形的平底玻璃瓶，带有磨口塞子。颈上有标线，一般表示在 20℃ 时，液体充满到标线时的体积。它主要是用来精确配制一定体积、一定浓度溶液的量器。

(一) 使用方法

1. 检漏

在使用容量瓶前应检查是否漏水。其方法是：注入自来水至标线附近，盖好瓶塞，右手托住瓶底，将其倒立 2min，观察瓶塞周围是否有水渗出。如果不渗水，再把塞子旋转 180°，塞紧、倒置如仍不渗水，则可使用。按常规操作把容量瓶洗涤干净，为避免调错塞子，应该用橡皮筋把塞子系在瓶颈上。

2. 移液

用固体溶质配制溶液时，先将准确称量的固体放入烧杯中用少量蒸馏水使之完全溶解，然后，将烧杯中的溶液沿玻璃棒小心地转移到容量瓶中，再用少量蒸馏水洗涤烧杯和玻璃棒 2～3次，并将每次的洗涤液注入容量瓶中。

3. 定容

往容量瓶中加蒸馏水至容量瓶体积的 2/3 时，按水平方向旋摇容量瓶几次，使溶液大体混匀，注意不能倒转容量瓶，继续加蒸馏水至接近标线 1cm 处，等 1～2min，使颈壁上的水流下，再使用细而长的滴管小心逐滴加入蒸馏水，直至溶液的弯月面最低处与标线相切为止。

4. 摇匀

盖紧瓶塞，左手食指压住瓶塞，右手的大、中、食三个指头托住瓶底，倒转容量瓶，使瓶内气泡上升到顶部，边倒转边摇动，如此反复倒转摇动多次，使瓶内溶液充分混合均匀。见实验图 11。

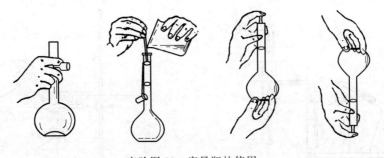

实验图 11　容量瓶的使用

另外，稀释溶液时，一般用移液管将一定体积的溶液移入容量瓶内，加入蒸馏水至标线，混匀即可。

(二) 注意事项

1. 配制溶液时，一定要将热的溶液冷却后，再转移到容量瓶中。

2. 容量瓶不是容器，应该将配制好溶液转移到试剂瓶中贮存。该试剂瓶应预先经过干燥或用少量该溶液淌洗 2～3 次。

3. 容量瓶用毕后应立即洗净，并在瓶口与玻璃塞间垫上纸片，以防下次使用时，塞子打不开。

七、滴定管的使用

滴定管是滴定时用来精确量度液体体积的量器，刻度由上而下，与量筒刻度相反。通常的滴定管容量为 50ml 和 25ml，最小刻度为 0.1ml，而读数可估计到 0.01ml。一般分为酸式滴定管和碱式滴定管两种。

1. 酸式滴定管

酸式滴定管的下端有一玻璃活塞，用以控制滴定过程中溶液的流出。酸式滴定管一般用来装酸性或氧化性滴定液，不宜装碱性溶液。

（1）准备　洗净后的滴定管在使用前应检查是否漏水、活塞转动是否灵活。酸式滴定管若漏水或活塞转动不灵活，此时，需将活塞取出，洗净活塞套及活塞并用滤纸碎片擦干，然后分别在活塞套的细端内壁和活塞的粗端表面各涂一层很薄的凡士林，也可在活塞孔的两端涂上一薄层凡士林。注意不要将凡士林涂在旋塞孔上、下两侧，以免旋转时堵塞孔眼。再将活塞插入活塞套中，然后，向同一方向旋转活塞，直到外面观察呈均匀透明状为止，最后把橡皮圈套在活塞的末端，以防活塞脱落打碎。见实验图 12。

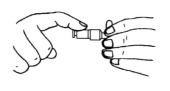

实验图 12　酸式滴定管活塞的涂油与安装

若发现活塞转动仍不灵活，或活塞内的油层出现纹路，表明涂的凡士林不够。若有油从塞隙缝溢出或挤入活塞孔，表明涂凡士林太多。遇到这些情况，活塞都必须重新涂凡士林安装。

（2）装液　装液前，滴定管需先用滴定液荡洗 2～3 次。装液时先把活塞关紧，左手三指握住滴定管上部无刻度处，滴定管可稍微倾斜，便于倒入溶液。把试剂瓶中的溶液摇匀后直接倒入滴定管中，倒入的溶液直至零刻度以上为止。

注意装液时不得借用漏斗、烧杯等任何别的容器，以免溶液浓度改变或引入杂质。

（3）滴定操作　先开启活塞，使溶液很快冲出，驱除管内气泡，调整管内液面至零刻度，将挂在下端尖管出口处的残余液滴除去，再将滴定管夹在滴定管夹上，酸式滴定管的活塞柄向右，滴定管保持垂直，准备滴定。把滴定管伸入锥形瓶或烧杯内，左手三指从滴定管后方向右伸出，拇指在前方与食指及中指操纵活塞，使滴定液逐滴加入。若在烧杯内滴定，则右手持玻棒不断轻轻搅动溶液；若在锥形瓶中滴定，则右手持瓶颈不断转动。见实验图 13。

2. 碱式滴定管

碱式滴定管的下端连接一橡皮管，内放玻璃珠，

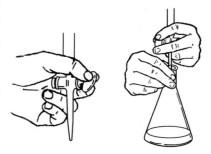

实验图 13　酸式滴定管滴定操作

可代替玻璃活塞以控制溶液的流出。一般用来装碱性溶液，不宜装酸或 $KMnO_4$ 和 I_2 等的氧化剂溶液。

（1）准备　使用前应检查橡皮管是否完好和玻璃珠大小是否合适，碱式滴定管是否漏水，是否能灵活控制液滴。若橡皮管已老化，玻璃珠过大（不易操作）或过小（漏水），应予更换。

其洗涤方法与酸式滴定管相同。在需要用铬酸洗液洗涤时，需将玻璃珠往上捏，使其紧贴滴定管的下端，防止洗液腐蚀橡皮管。用自来水或蒸馏水清洗时，应不断改变方位捏橡皮管和玻璃珠，使玻璃珠的四周都洗到。

完成上述操作后，滴定管先用滴定液荡洗 2～3 次，即可倒入滴定液直至零刻度以上，准备滴定操作使用。

（2）逐气泡法　当滴定液装入滴定管时，出口管还没有充满溶液，出口管中残余的气泡要清除掉，以免造成误差。

方法是：装满溶液后，用左手拇指和食指拿住玻璃珠所在部位并使橡皮管向上弯曲，出口管斜向上，然后轻轻挤捏在玻璃珠旁侧的橡皮管，使溶液从管口喷出将气泡带走，最后应将滴定管的外壁擦干。见实验图 14。

实验图 14　逐气泡法

（3）滴定操作　其操作与酸式滴定管相似，右手照上述方法持锥形瓶，左手拇指和食指捏住橡皮管中的玻璃珠所在部位稍上方，向右侧捏挤橡皮管，使橡皮管和玻璃珠之间形成一条缝隙，溶液即可流出。注意不能挤捏玻璃珠下方的橡皮管，否则空气进入易形成气泡。见实验图 15。

实验图 15　碱式滴定管滴定操作

3．读数

读数时，需将滴定管从滴定管架上拿下来，用右手大拇指和食指捏住滴定管上部无刻度处，使滴定管垂直，视线与管内液面在同一水平面，然后读数。

4．滴定操作注意事项

（1）滴定时，左手不能离开旋塞任其自流。刚开始滴定时，滴定速度可稍快，但不能形成"水线"。临近终点时，应该为加一滴或半滴。

（2）无论使用哪种类型的滴定管，都不要用右手操作，记住右手是用来摇动锥形瓶的。摇动锥形瓶时，应使溶液向同一方向、以滴定管口为圆心做圆周运动（左、右旋均可），但勿使瓶口触到滴定管，溶液绝不可溅出。

（3）滴定结束后，应弃去滴定管内剩余的溶液，不得将其倒回原试剂瓶中，以免玷污整瓶溶液。应把滴定管洗净，倒挂在滴定管架台上备用。

第三部分　实 验 内 容

实验一　无机化学实验基本操作的训练

一、实验目的

1. 认识无机化学实验的常用仪器。

2. 学会仪器的洗涤，托盘天平、酒精灯、量筒、移液管的使用，药品的取用、加热等基本操作。

二、实验用品

仪器：试管、试管刷、试管夹、试管架、烧杯、容量瓶、锥形瓶、广口瓶、细口瓶、滴瓶、胶头滴管、量筒、移液管、吸耳球、漏斗、玻璃棒、蒸发皿、酒精灯、石棉网、铁架台、铁夹、铁圈、药匙、镊子、表面皿、托盘天平。

固体药品：食盐、氯化铵。

液体药品：铬酸洗液、自来水、蒸馏水、酒精、0.1mol/L 氯化钠溶液、0.1mol/L 硝酸银溶液、高锰酸钾溶液。

其他：火柴、滤纸、去污粉、合成洗涤剂。

三、实验内容

1. 将领到的仪器进行辨认。

2. 将领到的玻璃仪器洗涤干净。

3. 用胶头滴管往量杯里加水到 1ml，记录 1ml 水大概有多少滴和观察在试管里，1mL 水的高度大概占试管的几分之几。（以后的实验中如果要加入 1ml 液体，可以不用量杯。）

4. 用量杯量取 2ml 氯化钠溶液，倒入试管中（观察试管里的溶液的高度大概占试管的几分之几），然后加入 3 滴硝酸银溶液。

5. 用托盘天平称取固体氯化钠 0.5g，放入试管中，然后加入 3ml 水（用量杯量取），振荡，最后，使用试管夹，在酒精灯上加热至沸。

6. 用托盘天平称取固体氯化铵 1g，放入试管中，在酒精灯上加热。（看见有白烟生成，立即停止加热。）

7. 用已洗净的 20ml 移液管精密移取 20.00ml 水于锥形瓶中，然后在酒精灯上加热至沸。

8. 用 10ml 移液管精密吸取 10.00ml 高锰酸钾溶液，置于 100ml 容量瓶内，然后，往容量瓶中小心地加蒸馏水，直至液面接近刻度 1cm 处，改用胶头滴管滴加蒸馏水，当溶液凹液面最低处恰好与刻度相切时，把玻璃塞盖紧，摇匀。

四、思考题

1. 用铬酸洗液洗涤玻璃仪器时应注意什么？

2. 在试管中加热液体（或固体）时应注意什么？

3. 托盘天平、酒精灯、容量瓶、移液管使用时应注意什么？

实验二 溶液的配制

一、实验目的

1. 学会配制溶液的方法。
2. 继续练习托盘天平、量筒（或量杯）、容量瓶、移液管等仪器的使用。

二、实验用品

仪器：托盘天平、烧杯、玻璃棒、量筒（或量杯）、滴管、表面皿、容量瓶、20ml 移液管等。

固体药品：NaCl、$K_2Cr_2O_7$。

液体药品：95%（体积分数）酒精、0.5mol/L HCl、蒸馏水。

三、实验原理

配制用物质的量浓度、体积分数或质量浓度等表示的溶液时，是先将定量的溶质与适量的溶剂混合，使溶质完全溶解后，再加入溶剂到所需的体积，最后混合均匀。

溶液的稀释是指向浓溶液中加入适量的溶剂使其变成稀溶液的操作过程。溶液稀释前后溶质的量保持不变。

$$c_浓 \times V_浓 = c_稀 \times V_稀$$

四、实验内容

（一）配制 50ml 的生理氯化钠溶液

（1）计算配制 0.9%（g/ml）生理氯化钠溶液 50ml，需要固体氯化钠多少克？

（2）用托盘天平称取所需的氯化钠。

（3）在干净的烧杯中加入少量蒸馏水，再倒入称得的氯化钠固体，用玻璃棒搅拌使其完全溶解，然后将溶液倒入 50ml 量筒中，用少量蒸馏水洗涤烧杯 2～3 次，每次淋洗的水也并入量筒中，加蒸馏水到总体积为 50ml，最后用玻璃棒搅拌均匀即得所需生理氯化钠溶液。

（4）回收溶液。

（二）配制 75%（体积分数）的酒精 50ml

（1）计算配制 75% 的酒精 50ml 需要 95% 的酒精多少毫升？

（2）用量筒量取所需体积的酒精，然后加蒸馏水稀释，溶液体积达到 50ml 为止，最后用玻璃棒搅拌均匀即得。

（3）回收溶液。

（三）配制 0.1mol/L 盐酸溶液 100ml

（1）计算配制 0.1mol/L 盐酸溶液 100ml 需要 0.5mol/L 盐酸多少毫升？

（2）取一支已洗净的移液管，用少量 0.5mol/L 盐酸荡洗 2～3 次，然后精确移取所需 0.5mol/L 盐酸于 100ml 容量瓶中，然后，往容量瓶中小心地加入蒸馏水，直至液面接近刻度 1cm 处，改用胶头滴管滴加蒸馏水，当溶液凹液面最低处恰好与刻度相切时，把玻璃塞盖紧，摇匀。

（4）回收溶液。

（四）配制 0.01mol/L 的重铬酸钾溶液 100ml

（1）计算配制 0.01mol/L $K_2Cr_2O_7$ 溶液 100ml，需要固体重铬酸钾多少克？

（2）用托盘天平称取所需的重铬酸钾。（注意：这只是操作练习，实际上用容量瓶配制溶液时，不应该用托盘天平称量。）

（3）在烧杯中加入约 20ml 蒸馏水，将称得的重铬酸钾倒入烧杯中，用玻璃棒搅拌使其溶解，然后，将烧杯中的溶液沿玻璃棒小心地转移到容量瓶中，再用少量蒸馏水洗涤烧杯和玻璃棒 2～3 次，并将每次的洗涤液注入容量瓶中，往容量瓶中小心地加蒸馏水，直至液面接近刻度 1cm 处，改用胶头滴管滴加蒸馏水，当溶液凹液面最低处恰好与刻度相切时，把玻璃塞盖紧，摇匀。

（4）回收溶液。

五、思考题

1. 能否在量筒、容量瓶中直接溶解固体试剂？为什么？

2. 已洗净的移液管还要用待吸液荡洗 2～3 次，容量瓶也需要吗？为什么？

实验三　硫酸亚铁铵的制备

一、实验目的

1. 了解硫酸亚铁铵晶体的制备方法。

2. 练习托盘天平的使用以及加热（水浴加热）、溶解、过滤（减压过滤）、蒸发、结晶、干燥等基本操作。

二、实验原理

铁溶于稀硫酸后生成硫酸亚铁。

$$Fe + H_2SO_4 =\!=\!= FeSO_4 + H_2 \uparrow$$

若在硫酸亚铁溶液中加入等物质的量的硫酸铵，能生成硫酸亚铁铵，其溶解度较硫酸亚铁小；蒸发浓缩所得溶液，可制取浅绿色硫酸亚铁铵晶体。

$$FeSO_4 + (NH_4)_2SO_4 + 6H_2O =\!=\!= (NH_4)_2SO_4 \cdot FeSO_4 \cdot 6H_2O$$

一般亚铁盐在空气中易被氧化，但在形成复盐硫酸亚铁铵后却比较稳定，在空气中不易被氧化。此晶体叫做摩尔（Mohr）盐，在定量分析中常用来作配制亚铁离子的标准溶液。

三、实验用品

仪器：锥形瓶（150ml）、烧杯、电炉、石棉网、量筒、玻璃棒、水浴锅（可用大烧杯代替）、布氏漏斗、吸滤瓶、玻璃抽气管、温度计、蒸发皿、托盘天平、滤纸。

固体药品：铁屑、硫酸铵。

液体药品：3mol/L 硫酸、10％碳酸钠、95％酒精。

四、实验内容

1. 铁屑的净化（去油污）[1]

　　用托盘天平称取 2.0g 铁屑，放入锥形瓶中，加入 15ml 10％碳酸钠溶液，缓缓加热约 10min，将铁屑上面的碱性溶液倒去，再用水把铁屑洗干净。

　　2．硫酸亚铁的制备

　　往盛有 2.0g 清洁铁屑的锥形瓶中加入 15ml 3mol/L H_2SO_4 溶液，在水浴中加热，使铁屑与硫酸反应到基本上不再有气泡产生为止[2]，趁热抽滤，用 5ml 热水洗涤锥形瓶及漏斗上的残渣，滤液转至蒸发皿中。将残渣取出，用滤纸碎片吸干，称重，从而算出溶液中所溶解的铁屑重量（若残渣很少，其质量可略而不计）。

　　根据化学方程式计算所需 $(NH_4)_2SO_4$ 的用量（假设所溶解的铁屑是纯铁）。用托盘天平称取所需的 $(NH_4)_2SO_4$ 晶体并将其配制成饱和溶液［根据实验温度，$(NH_4)_2SO_4$ 的溶解度来配制[3]］，然后倒入上面所制得的硫酸亚铁溶液中，搅拌均匀。在水浴上蒸发、浓缩至溶液表面刚出现薄层的结晶时为止；放置，让其慢慢冷却，即有硫酸亚铁铵晶体析出。用布氏漏斗抽滤，尽可能使母液与晶体分离完全；再用少量 95％酒精洗涤二次，洗去晶体表面附着的水分，继续抽滤，将晶体取出，摊在两张干净的吸水纸（或滤纸）之间，轻压以吸干母液。用托盘天平称重。计算理论产量和产率。

　　注：[1] 若铁屑清洁，此步骤可略。

　　[2] 在溶解铁屑的过程中，会产生大量氢气及少量有毒气体（如 PH_3、H_2S 等），应注意通风，不能用酒精灯加热，避免发生事故。

　　[3] 不同温度时，$(NH_4)_2SO_4$ 的溶解度列于实验表 1 中。

实验表 1　不同温度时硫酸铵的溶解度

温度/℃	溶解度/(g/100g 水)	温度/℃	溶解度/(g/100g 水)	温度/℃	溶解度/(g/100g 水)
0	70.6	30	78.0	80	95.3
10	73.0	40	81.0	100	103.3
20	75.4	60	88.0		

五、思考题

　　1．本实验中所需硫酸铵的质量和硫酸亚铁铵的理论产量应怎样计算？试列出计算的式子。

　　2．为什么制备硫酸亚铁铵晶体时，溶液必须呈酸性？

实验四　化学反应速率和化学平衡

一、实验目的

　　1．掌握浓度、温度和催化剂对化学反应速率的影响。

　　2．熟悉浓度和温度对化学平衡的影响。

二、实验原理

　　根据浓度、温度和催化剂对化学反应速率的影响，我们通过增大反应物的浓度、升高反应体系的温度和加入催化剂，使化学反应速率加快。

　　在其他条件不变时，增大反应物的浓度，平衡向正反应的方向移动；增加生成物的浓度，平衡向逆反应的方向移动。

在其他条件不变时，升高温度，化学平衡向吸热反应的方向移动；降低温度，化学平衡向放热反应的方向移动。

三、实验用品

仪器：试管、烧杯、量筒、酒精灯、铁架台、秒表、火柴、木条、NO_2 平衡双球（里面事先装有 NO_2 和 N_2O_4 的混合气体）。

固体药品：MnO_2 粉末、KCl。

液体药品：0.1mol/L $Na_2S_2O_3$、0.1mol/L H_2SO_4、1mol/L $KSCN$、1mol/L $FeCl_3$、3% H_2O_2。

四、实验内容

（一）浓度、温度和催化剂对化学反应速率的影响

1. 浓度对化学反应速率的影响

取两支大试管，分别编成 1 号、2 号，并按下表的体积分别加入 0.1mol/L $Na_2S_2O_3$ 溶液和蒸馏水，充分振荡。再另取两支试管各加入 0.1mol/L H_2SO_4 2ml，然后将 H_2SO_4 溶液分别同时注入 1 号、2 号试管内，开始记时并充分振荡，到出现浑浊时停止记时。比较出现浑浊的快慢。根据实验结果说明浓度对化学反应速率的影响。

试　　管	0.1mol/L $Na_2S_2O_3$/ml	H_2O/ml	0.1mol/L H_2SO_4/ml	出现浑浊所需时间/s
1	2	4	2	
2	6	0	2	

$$Na_2S_2O_3 + H_2SO_4 =\!=\!= Na_2SO_4 + S\downarrow + SO_2\uparrow + H_2O$$
（淡黄色）

2. 温度对化学反应速率的影响

取两支大试管分别编成 1 号、2 号，分别加入 0.1mol/L $Na_2S_2O_3$ 溶液 2ml，再取两支试管分别加入 2ml 0.1mol/L H_2SO_4 溶液。然后将它们分成两组，每组都包含盛有 0.1mol/L $Na_2S_2O_3$ 和 0.1mol/L H_2SO_4 溶液的试管各一支。在室温下将第一组的两支试管中的溶液混合，记下出现浑浊所需的时间。将另一组的两个试管放入盛有水的烧杯中，加热，当水的温度比室温高 20℃ 以上，迅速将两个试管中的溶液混合、并继续放在原来的烧杯中，记下出现浑浊所需的时间。根据实验结果可得到什么结论呢？

试　　管	0.1mol/L $Na_2S_2O_3$	0.1mol/L H_2SO_4	反应温度	出现浑浊所需时间
1	2ml	2ml	室温	
2	2ml	2ml	比室温高 20℃ 以上	

3. 催化剂对化学反应速率的影响

取一支试管加入 2ml 3% H_2O_2 溶液，观察有没有气泡产生，然后加入少量 MnO_2 粉末，再观察现象，并用带火星的木条伸到试管内，看有何现象发生？

$$2H_2O_2 \xrightarrow{MnO_2} 2H_2O + O_2\uparrow$$

（二）浓度、温度和压强对化学平衡的影响

1. 浓度对化学平衡的影响

在 50ml 烧杯中加入蒸馏水约 20ml，然后滴加 1mol/L KSCN 溶液和 1mol/L FeCl₃ 溶液各 5 滴，混合均匀后得到红色溶液。再把此溶液分成三份，分别倒入三支试管中。向第一支试管中加入 5 滴 1mol/L KSCN 溶液，振荡；向第二支试管中加入少量固体 KCl，振荡；第三支试管作为对照。比较这三支试管中溶液的颜色，可得到什么结论？

$$FeCl_3 + 6KSCN \Longrightarrow 3KCl + K_3[Fe(SCN)_6]$$
$$\text{（血红色）}$$

2. 温度对化学平衡的影响

取装备好的平衡双球（实验图 16）（里面事先装有 NO_2 和 N_2O_4 的混合气体）。

$$2NO_2 \Longrightarrow N_2O_4 + 热量$$
$$红棕色 \qquad 无色$$

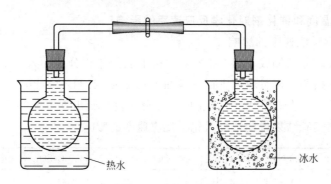

实验图 16　平衡双球装置

将两端小球分别浸入盛有热水、冰水的两个大烧杯中，观察两球内气体的颜色变化，可得到什么结论？

五、思考题

1. 实验室利用 $KClO_3$ 制取氧气时，要加热和加入二氧化锰，二氧化锰和加热在此反应中起什么作用？

2. $2NO_2 \Longrightarrow N_2O_4 + 热量$，有什么办法可使平衡向正反应方向移动？

实验五　电解质溶液

一、实验目的

1. 加深对电解质有关知识的了解。
2. 学会用酸碱指示剂及 pH 试纸测定溶液的酸碱性。
3. 加深对盐类水解的原理的理解。

二、实验原理

强电解质在水溶液中几乎完全电离；弱电解质在水溶液中，只能部分电离，存在电离平衡。

溶液的酸碱性主要是由溶液中 H^+ 与 OH^- 浓度的相对大小决定的。而 pH 值为：

$$pH = -lg[H^+]$$

室温时，溶液酸碱性与 pH 值之间的关系为：

酸性溶液　　$[H^+] > [OH^-]$　$[H^+] > 1.0 \times 10^{-7} mol/L$　$pH < 7.0$

中性溶液　　$[H^+] = [OH^-]$　$[H^+] = 1.0 \times 10^{-7} mol/L$　$pH = 7.0$

碱性溶液　　$[H^+] < [OH^-]$　$[H^+] < 1.0 \times 10^{-7} mol/L$　$pH > 7.0$

测定溶液 pH 值，常用 pH 试纸。要求精确测定溶液 pH 值时，要采用 pH 计。

盐类（除强酸强碱盐外）在水溶液中都会发生水解。盐类水解程度的大小，主要由盐类的本性决定。此外还受温度、盐的浓度和酸度等因素的影响。

三、实验用品

仪器：试管、试管夹、白色点滴板、黑色点滴板、镊子。

固体试剂：锌粒、$FeCl_3$ 固体。

液体药品：0.01mol/L 的 HCl、HAc；0.1mol/L 的 HCl、HAc、NaOH、$NH_3 \cdot H_2O$、NaCl、NaAc、NH_4Cl、NH_4Ac、Na_2CO_3、$Al_2(SO_4)_3$、$NaHCO_3$；1mol/L 的 HCl、HAc；6mol/L 的 HCl。

指示剂：甲基橙、酚酞、石蕊试液，pH 试纸。

四、实验内容

（一）强弱电解质的比较

（1）在两支试管中，分别加入 1ml 0.01mol/L HCl 溶液和 1ml 0.01mol/L HAc 溶液，再各加入 1 滴甲基橙试液，比较两支试管中溶液的颜色有什么区别。

（2）在两支试管中，分别加入 1ml 1mol/L HCl 溶液和 1ml 1mol/L HAc 溶液，再各加入一粒锌粒，比较两支试管中反应情况有什么不同。写出反应方程式。

通过上述实验，比较盐酸和醋酸酸性的强弱。

（二）溶液的酸碱性与酸碱指示剂

1. 常用指示剂在不同酸碱性溶液中的颜色

（1）在白色点滴板的三个空穴中，分别加入 2 滴蒸馏水、2 滴 0.1mol/L HCl 溶液和 2 滴 0.1mol/L NaOH 溶液，然后再分别加入 1 滴甲基橙指示剂，观察溶液的颜色，并记录在下表中。

（2）在白色点滴板的三个空穴中，分别加入 2 滴蒸馏水、2 滴 0.1mol/L HCl 溶液和 2 滴 0.1mol/L NaOH 溶液，然后再分别加入 1 滴酚酞指示剂，观察溶液的颜色，并记录在下表中。

溶液	甲 基 橙	酚 酞
蒸馏水		
盐酸		
氢氧化钠溶液		

2. 用 pH 试纸测定溶液的酸碱性

取 pH 试纸 5 小片，分别放入黑色点滴板的空穴内，在试纸上分别滴加 0.1mol/L 的下列被测液各 1 滴，观察试纸的颜色变化，并与标准比色卡进行对照，判断溶液的 pH 值，将结果填入下表中。将 pH 测得值与理论计算值进行比较。

试　剂		HCl	HAc	蒸馏水	NH₃·H₂O	NaOH
pH 值	测得值					
	计算值					

将上面溶液按 pH 值由大到小顺序排列：

（三）盐类的水解

1. 盐溶液的 pH 值

用 pH 试纸分别测定浓度为 0.1mol/L NaAc、Na₂CO₃、NH₄Cl、NH₄Ac、NaCl 溶液的 pH 值，将结果填入下表中。写出能水解的盐的水解离子方程式。

试　剂	pH 值（测得值）	溶液的酸碱性	盐的水解离子方程式
NaAc			
Na₂CO₃			
NH₄Cl			
NH₄Ac			
NaCl			

2. 影响盐类水解的因素

（1）在试管中加入 1ml 0.1mol/L NaAc 溶液和 1 滴酚酞指示剂，观察溶液的颜色，再用小火加热溶液，观察溶液颜色的变化，并解释。

（2）取少量的 FeCl₃ 固体放入小烧杯中，加 10ml 水溶解，观察溶液的颜色。然后将溶液分成四份分别倒入四支试管中。

第一份留作对照。

第二份用小火加热，观察溶液颜色的变化，说明温度对盐类水解的影响。

第三份中加入 1～2 滴 6mol/L HCl 溶液并摇匀，观察现象。

第四份中加入 1～2 滴 6mol/L NaOH 溶液，观察现象，再加入几滴 6mol/L HCl 溶液并摇匀，观察现象。解释原因。

3. 能水解盐类间的相互反应

在试管中加入 1ml 0.1mol/L Al₂(SO₄)₃ 溶液，然后加入 1ml 0.1mol/L NaHCO₃ 溶液，有何现象？（现象若不明显，可微热。）写出反应方程式。

五、思考题

1. 以甲基橙、酚酞为例说明，酸碱指示剂在溶液中呈现酸（碱）色时，溶液是否一定是酸（碱）性的？

2. 实验室配制 FeCl₃、Al₂(SO₄)₃ 溶液时，不是直接溶解在水中，而是将固体溶解在其相应的酸中，然后再适当稀释，为什么？

3. 有的盐溶液中加酸可以抑制盐的水解，而有的盐溶液则需加碱才可以抑制盐的水解，为什么？

实验六　缓 冲 溶 液

一、实验目的

1. 掌握同离子效应的原理。
2. 掌握缓冲溶液的配制及性质。

二、实验原理

同离子效应能使弱电解质的电离度降低。

缓冲溶液能抵抗外加少量酸、碱或水的稀释，而保持溶液 pH 值几乎不变。

配制缓冲溶液的原则是：选择合适的缓冲对，使缓冲对的弱酸（或弱碱）的 pK_a（或 pK_b）尽可能与所配缓冲溶液的 pH（或 pOH）相等或相近，以保证缓冲体系在总浓度一定时，具有较大的缓冲能力。为了有较大的缓冲能力，一般选用储备液的浓度范围为 0.05～0.5mol/L。

三、实验用品

仪器：试管、试管夹、酒精灯、烧杯、移液管、量筒、酸度计。

固体药品：NaAc、NH_4Cl。

液体药品：0.1mol/L 的 HAc、$NH_3 \cdot H_2O$、HCl、NaOH；0.5mol/L 的 HAc、NaAc。

指示剂：甲基橙指示剂、酚酞指示剂。

四、实验内容

（一）同离子效应

1. 在试管中加入 2ml 0.1mol/L HAc 溶液和 1 滴甲基橙指示剂，摇匀，观察溶液的颜色。再加入少量的固体 NaAc，振荡使 NaAc 溶解，观察溶液颜色有何变化，解释原因。

2. 在试管中加入 2ml 0.1mol/L $NH_3 \cdot H_2O$ 溶液和 1 滴酚酞指示剂，摇匀，观察溶液的颜色。再加入少量的固体 NH_4Cl，振荡使 NH_4Cl 溶解，观察溶液颜色有何变化，解释原因。

（二）缓冲溶液

1. 缓冲溶液的配制

用移液管分别吸取 0.5mol/L HAc 和 0.5mol/L NaAc 溶液各 25.00ml，置于 100ml 干燥洁净的小烧杯中，混匀后，用酸度计测定该缓冲溶液的 pH 值，并与计算值进行比较。

2. 缓冲溶液的缓冲作用

将上面配制的缓冲溶液分成三份，一份加入 2 滴 0.1mol/L HCl 溶液，一份加入 2 滴 0.1mol/L NaOH 溶液，一份加入 2ml 蒸馏水，混匀后，分别用酸度计测定其 pH 值。将测定数据填入下表，并解释。

溶 液 编 号	pH 值（测定值）
0.5mol/L HAc 和 0.5mol/L NaAc 溶液各 25.00ml 的混合液	
向缓冲液中加入 2 滴 0.1mol/L HCl 溶液	
向缓冲液中加入 2 滴 0.1mol/L NaOH 溶液	
向缓冲液中加入 2ml 蒸馏水	

五、思考题

1. 人喝了少量的食醋或吃了碱性食物，血液的 pH 值几乎不变，为什么？

2. 将 10ml 0.1mol/L HCl 溶液加到 10ml 0.2mol/L $NH_3 \cdot H_2O$ 溶液中，所得溶液是否具有缓冲作用？如将 10ml 0.2mol/L HCl 溶液加到 10ml 0.1mol/L $NH_3 \cdot H_2O$ 溶液中，所得溶液是否具有缓冲作用？为什么？

〔附〕pHS-25 型酸度计使用说明

1. 仪器装置（实验图 17）

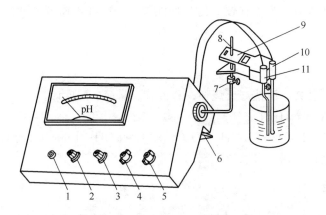

实验图 17　pHS-25 型酸度计

1—电源指示灯；2—温度补偿器；3—定位调节器；4—功能选择器（选择）；
5—量程选择器（范围）；6—仪器支架；7—电极杆固定圈；8—电极杆；
9—电极夹；10—pH 玻璃电极；11—甘汞参比电极

按图所示的方式，支好仪器背部的支架 6，装上电极杆 8，电极夹 9，并按实验需要的位置旋紧固定圈 7，然后装上电极 10、11。在打开电源开关前，把量程选择器 5 置于中间位置。

2. 仪器的检查

（1）电极导线不要插入电极插座。

（2）将"选择"4 置于"＋mV"或"－mV"。

（3）打开电源开关，电源指示灯 1 亮。电表上的指针仍在未开机时的位置。

（4）将"范围"5 置于"0～7"挡，电表的示值应为 0mV(±10mV) 位置。

（5）将"选择"4 置 pH 挡，转动定位调节器 3，电表 pH 示值应小于 6。

（6）将"范围"5 置"7～14"挡，转动定位调节器 3，电表 pH 示值应大于 8。

仪器经过以上步骤检验，若都能符合要求，即表示仪器的工作基本正常。

3. 仪器的 pH 校定

pH 玻璃电极在使用前必须在蒸馏水中浸泡 24h 以上，参比电极在使用前必须拔去橡皮塞和橡皮套。仪器的 pH 校定按以下步骤进行。

（1）打开电源开关，将仪器预热 30min。

（2）把玻璃电极和甘汞电极的导线分别插入电极插座。用蒸馏水清洗电极，再用滤纸轻轻擦干，把电极放入盛有已知 pH 值的标准缓冲溶液的烧杯中。

（3）调节温度补偿器 2，使所指向的温度与溶液的温度相同。

（4）将"范围"5 指向所用标准缓冲溶液 pH 值所处范围的一挡。

（5）转动定位调节器 3，使电表指针指向该缓冲溶液的准确 pH 值。

校定所选用的标准缓冲溶液的 pH 值应同被测样品的 pH 值接近，这样能减少测量误差。

仪器的 pH 校定后，将"范围"5 旋向中间位置。注意，pH 已校定的仪器，其定位调节器 3、温度补偿器 2、"选择"4 都不应再动。

4. 样品 pH 值测定

经过 pH 校定的仪器，即可用来测定样品的 pH 值。测定方法如下：用蒸馏水清洗电极，用滤纸轻轻擦干后，将电极插在盛有待测溶液的烧杯内，轻轻摇动烧杯。将"范围"5 旋向被测液可能在的 pH 值范围，此时仪器指针所示的数值，就是样品溶液的 pH 值。

5. 测量完毕，关上电源，拔去插头，取下电极，用蒸馏水洗干净。

实验七　胶体溶液

一、实验目的

1. 了解胶体溶液的制备。
2. 掌握胶体溶液的性质和使溶胶聚沉的方法。
3. 熟悉高分子化合物对胶体的保护作用。

二、实验用品

仪器：试管、试管夹、酒精灯、玻璃棒、小烧杯、小电筒、石棉网、铁架台。
固体药品：明胶。
液体药品：硫的无水酒精饱和溶液；95％酒精；蛋白质溶液。
1mol/L 溶液：$FeCl_3$、KCl、$AgNO_3$、K_2SO_4、K_3PO_4。

三、实验原理

制备胶体溶液的方法基本上有两种：一种是分散法，一种是凝聚法。

使胶体破坏即聚沉的方法有：加入少量电解质；加入带相反电荷的胶体溶液；加热和加入亲水性强的有机溶剂等。

高分子化合物对胶体有保护作用。

四、实验内容

(一) 胶体的制备（保留备用）

1. 制备硫的水溶胶

取一支试管，加入 2ml 水，逐滴加入硫的无水酒精饱和溶液 3～4 滴，并不断振荡，有何现象发生？利用小电筒检验自制的硫的水溶胶是否具有丁达尔现象。

2. 制备氢氧化铁溶胶

在小烧杯中加入 25ml 蒸馏水，加热至沸，然后在不断搅拌下逐滴加入 1mol/L $FeCl_3$ 溶液 2ml，加完后再煮沸约 2min，当溶液出现明显的红棕色时，表明 $Fe(OH)_3$ 溶胶已生成，应立即停止加热。（如果有红棕色沉淀生成，就要重新制备。）

3. 制备明胶的胶体溶液

取一支试管，加入 5ml 蒸馏水和约 0.2g 明胶，放置 15min，然后加热，并不断振荡，使明胶分散成明胶的胶体溶液。冷却后，利用小电筒检验自制的明胶溶液是否具有丁达尔现象。

（二）胶体溶液的聚沉

1. 加入电解质使胶体溶液聚沉

（1）取 3 支试管，分别加入自制的氢氧化铁溶胶各 1ml，再分别滴加 3 滴 1mol/L K_3PO_4、1mol/L K_2SO_4 和 1mol/L KCl 溶液，比较 3 支试管中溶胶聚沉的快慢，解释原因。

（2）取 2 支试管，一支试管加入自制的氢氧化铁溶胶 1ml，逐滴加入 1mol/L K_2SO_4 溶液至溶胶聚沉，记下加入 K_2SO_4 溶液的滴数。另一支试管加入自制的明胶溶液 1ml，逐滴加入同样滴数的 1mol/L K_2SO_4 溶液，观察现象。继续加入大量 K_2SO_4 溶液，观察现象，解释原因。

2. 加入带相反电荷的胶体溶液

取 1 支试管，加入硫的水溶胶 1ml，然后逐滴加入自制的氢氧化铁溶胶，有何现象，解释原因。

3. 加热　取 2 支试管，第一支试管加入自制的氢氧化铁溶胶 1ml，第二支试管加入蛋白质溶液 1ml，都加热至沸，有何现象，解释原因。

（三）高分子化合物对胶体的保护作用

取两支试管，分别加入明胶溶液和蒸馏水各 1ml，各加入 1mol/L KCl 溶液 5 滴，摇匀，再各滴加 1mol/L $AgNO_3$ 溶液 2 滴，振荡。观察两支试管中的现象是否相同？为什么？

五、思考题

1. 胶体溶液的稳定因素有哪些？使胶体溶液聚沉有什么方法？
2. 电解质对胶体溶液和高分子化合物溶液的聚沉有什么不同？
3. 高分子化合物溶液为什么对胶体具有保护作用？
4. 两种不同品牌的墨水能否混用？为什么？
5. 制备氢氧化铁溶胶时要煮沸，当溶液出现明显的红棕色时，要立即停止加热，为什么？

实验八　常见离子的鉴别试验

一、实验目的

1. 熟悉常见无机离子的有关性质。
2. 初步掌握常见无机离子的鉴定方法。

二、实验原理

常见无机离子的鉴别是医药卫生方面工作者必须掌握的知识，这些知识在药品制剂的质量控制和安全用药方面都有极为重要的应用。对于任何用于人体的药物，都必须按照《中华人民共和国药典》规定的项目进行全面的质量检验，其中无机药物的鉴别和无机杂质检查大多是根据离子鉴别反应的原理设计的。

本实验列举了 2005 版药典附录Ⅲ中一些无机离子的一般鉴别试验，反应原理见实验表 2。

实验表 2　28 种常见无机离子的鉴别反应

离子	试剂和反应条件	反 应 现 象	反 应 方 程 式
Li^+	① 碳酸钠试液（氢氧化钠试液碱化），煮沸 氯化铵试液 ② 焰色反应 ③ 稀硫酸或可溶性硫酸盐溶液	白色沉淀 沉淀在氯化铵试液中可溶 火焰显胭脂红色 不生成沉淀（与锶盐区别）	$2Li^+ + CO_3^{2-} = Li_2CO_3 \downarrow$
Na^+	① 醋酸氧铀锌试液（玻璃棒摩擦试管内壁） ② 焰色反应	黄色沉淀 火焰显鲜黄色	$Na^+ + Zn^{2+} + 3UO_2^{2+} + 9Ac^- + 9H_2O =$ $NaAc \cdot Zn(Ac)_2 \cdot 3UO_2(Ac)_2 \cdot 9H_2O \downarrow$
K^+	① 四苯硼钠溶液，醋酸 ② 焰色反应	白色沉淀 火焰显紫色（隔蓝色玻璃透视）	$K^+ + B(C_6H_5)_4^- = K[B(C_6H_5)_4] \downarrow$
Ag^+	① 稀盐酸 氨水，稀硝酸 ② 铬酸钾	白色沉淀 沉淀在氨水中可溶，加稀硝酸酸化后，沉淀复生成 砖红色沉淀，硝酸中可溶	$Ag^+ + Cl^- = AgCl \downarrow$（白） $AgCl + 2NH_3 = [Ag(NH_3)_2]^+ + Cl^-$ $2Ag^+ + CrO_4^{2-} = Ag_2CrO_4 \downarrow$
NH_4^+	① 过量氢氧化钠试液，加热 ② 碱性碘化汞钾试液	有氨臭气味的气体使润湿的红色石蕊试纸变蓝，并使硝酸亚汞试液湿润的滤纸显黑色 红棕色沉淀	$NH_4^+ + OH^- \overset{\triangle}{=\!=\!=} NH_3 \uparrow + H_2O$ $NH_4^+ + 2[HgI_4]^{2-} + 4OH^- =$ $Hg_2ONHI \downarrow + 7I^- + 3H_2O$
Mg^{2+}	① 氨试液 氯化铵试液，磷酸氢二钠试液 ② 氢氧化钠试液 碘水	白色沉淀 沉淀在氯化铵试液中溶解，再加磷酸氢二钠试液，生成白色沉淀 白色沉淀，加过量的氢氧化钠试液，沉淀不溶 白色沉淀加碘试液，沉淀转成红棕色	$Mg^{2+} + 2NH_3 \cdot H_2O = Mg(OH)_2 \downarrow + 2NH_4^+$ $Mg^{2+} + HPO_4^{2-} + NH_3 \cdot H_2O + 5H_2O =$ $MgNH_4PO_4 \cdot 6H_2O \downarrow$ $Mg^{2+} + 2OH^- = Mg(OH)_2 \downarrow$
Ca^{2+}	① 草酸铵，醋酸，稀盐酸 ② 焰色反应	白色沉淀，沉淀不溶于醋酸，但可溶于稀盐酸 火焰显砖红色	$Ca^{2+} + C_2O_4^{2-} = CaC_2O_4 \downarrow$ $CaC_2O_4 + 2HCl = CaCl_2 + H_2C_2O_4$
Ba^{2+}	① 稀硫酸 ② 焰色反应	白色沉淀，沉淀在盐酸和硝酸中均不溶解 火焰显黄绿色	$Ba^{2+} + SO_4^{2-} = BaSO_4 \downarrow$
Fe^{2+}	① 铁氰化钾试液，稀盐酸，氢氧化钠试液 ② 邻二氮菲的乙醇溶液	深蓝色沉淀，沉淀在稀盐酸中不溶，但加氢氧化钠试液，生成棕色沉淀 深红色	$3Fe^{2+} + 2[Fe(CN)_6]^{3-} =$ $Fe_3[Fe(CN)_6]_2 \downarrow$

离子	试剂和反应条件	反应现象	反应方程式
Fe^{3+}	① 亚铁氰化钾试液,稀盐酸,氢氧化钠试液	深蓝色沉淀,沉淀在稀盐酸中不溶,但加氢氧化钠试液,生成棕色沉淀	$4Fe^{3+}+3[Fe(CN)_6]^{4-}\Longrightarrow$ $Fe_4[Fe(CN)_6]_3\downarrow$
	② 硫氰酸铵试液	溶液显血红色	$Fe^{3+}+nSCN^-\Longrightarrow[Fe(NCS)_n]^{3-n}$
Cu^{2+}	① 氨试液	淡蓝色沉淀,再加过量氨试液,沉淀溶解,生成深蓝色溶液	$Cu^{2+}+2NH_3\cdot H_2O\Longrightarrow Cu(OH)_2\downarrow+2NH_4^+$ $Cu(OH)_2+4NH_3\Longrightarrow[Cu(NH_3)_4]^{2+}+2OH^-$
	② 亚铁氰化钾试液	溶液显红棕色或生成红棕色沉淀	$2Cu^{2+}+[Fe(CN)_6]^{4-}\Longrightarrow Cu_2[Fe(CN)_6]\downarrow$
Zn^{2+}	① 稀硫酸,0.1%硫酸铜溶液,硫氰酸汞铵试液	紫色沉淀	
	② 亚铁氰化钾试液	白色沉淀,沉淀在稀盐酸中不溶	$2Zn^{2+}+[Fe(CN)_6]^{4-}\Longrightarrow Zn_2[Fe(CN)_6]\downarrow$
Hg_2^{2+}	① 氢氧化钠试液	黑色沉淀	$Hg_2^{2+}+2OH^-\Longrightarrow HgO\downarrow+Hg\downarrow+H_2O$
	② 碘化钾试液	沉淀颜色:黄绿色→灰绿色→灰黑色	$Hg_2^{2+}+2I^-\Longrightarrow Hg_2I_2\downarrow$ $Hg_2I_2+2I^-\Longrightarrow[HgI_4]^{2-}+Hg\downarrow$
Hg^{2+}	① 氢氧化钠试液	黄色沉淀	$Hg^{2+}+2OH^-\Longrightarrow HgO\downarrow+H_2O$
	② 碘化钾试液	猩红色沉淀,沉淀能在过量碘化钾试液中溶解	$Hg^{2+}+2I^-\Longrightarrow HgI_2\downarrow$ $HgI_2+2I^-\Longrightarrow[HgI_4]^{2-}$
Sn^{2+}	磷钼酸铵试纸	试纸显蓝色	
Al^{3+}	① 氢氧化钠试液	白色胶状沉淀,沉淀能在过量氢氧化钠试液中溶解	$Al^{3+}+3OH^-\Longrightarrow Al(OH)_3\downarrow$ $Al(OH)_3+OH^-\Longrightarrow AlO_2^-+2H_2O$
	② 氨试液 茜素磺酸钠指示液	白色胶状沉淀 沉淀显樱红色	$Al^{3+}+3NH_3\cdot H_2O\Longrightarrow Al(OH)_3\downarrow+3NH_4^+$ $\Big\downarrow$茜素 S(紫色) 红色$\downarrow$
Sb^{3+}	① 醋酸酸化,水浴加热,硫代硫酸钠试液	橙红色沉淀	$2Sb^{3+}+3S_2O_3^{2-}\overset{\triangle}{\Longrightarrow}Sb_2OS_2\downarrow+4SO_2\uparrow$
	② 盐酸酸化,硫化氢,硫化铵试液,硫化钠试液	橙色沉淀,沉淀在硫化铵试液或硫化钠试液中溶解	$2Sb^{3+}+3H_2S\Longrightarrow Sb_2S_3\downarrow+6H^+$
Bi^{3+}	① 碘化钾试液	红棕色溶液或暗棕色沉淀,沉淀在过量碘化钾试液中溶解成黄棕色溶液,再加水稀释,又生成橙色沉淀	$Bi^{3+}+3I^-\Longrightarrow BiI_3\downarrow$ $BiI_3+I^-\Longrightarrow[BiI_4]^-$
	② 稀硫酸酸化,10%硫脲溶液	溶液显深黄色	
Cl^-	① 稀硝酸酸化,硝酸银试液,氨试液	白色沉淀,沉淀加氨试液即溶解,再加稀硝酸酸化后,沉淀复生成	$Ag^++Cl^-\Longrightarrow AgCl\downarrow$ $AgCl+2NH_3\Longrightarrow[Ag(NH_3)_2]^++Cl^-$
	② 二氧化锰,硫酸,碘化钾淀粉试纸	气体使湿润的碘化钾淀粉试纸变蓝色	
Br^-	① 硝酸银试液	淡黄色沉淀,沉淀在氨试液中微溶,在硝酸中几乎不溶	$Ag^++Br^-\Longrightarrow AgBr\downarrow$
	② 氯水,三氯甲烷	三氯甲烷层显黄色或红棕色	$2Br^-+Cl_2\Longrightarrow Br_2+2Cl^-$
I^-	① 硝酸银试液	黄色沉淀,氨水或硝酸中均不溶	$Ag^++I^-\Longrightarrow AgI\downarrow$ $2I^-+Cl_2\Longrightarrow I_2+2Cl^-$
	② 少量氯水,三氯甲烷	三氯甲烷层显紫色	
	③ 少量氯水,淀粉指示液	溶液显蓝色	

离子	试剂和反应条件	反 应 现 象	反应方程式
BO_2^-	① 盐酸酸化,姜黄试纸,氨试液 ② 甲醇,硫酸	姜黄试纸显棕红色,干燥后用氨试液润湿变为绿黑色 点火燃烧,火焰边缘显绿色	[注:姜黄是一种植物色素,硼酸使姜黄色素变为玫瑰青色素(红棕色),遇碱变为绿黑色] $H_3BO_3 + 3CH_3OH \rightleftharpoons B(OCH_3)_3 + 3H_2O$
NO_3^-	① 浓硫酸,沿试管壁加入硫酸亚铁试液,(勿振摇) ② 硫酸,铜丝,加热 ③ 高锰酸钾	两液层,溶液界面上可见棕色环 红棕色的蒸气 紫色不退去(与亚硝酸盐区别)	$NO_3^- + 3Fe^{2+} + 4H^+ = NO + 3Fe^{3+} + 2H_2O$ $Fe^{2+} + NO = [Fe(NO)]^{2+}$ $Cu + 2NO_3^- + 4H^+ \xrightarrow{\triangle} Cu^{2+} + 2NO_2 \uparrow + 2H_2O$
HCO_3^-	① 盐酸,氢氧化钙试液 ② 硫酸镁,煮沸 ③ 酚酞指示液	气体使澄清的石灰水变混浊 白色沉淀 溶液不变色或仅显微红色	$HCO_3^- + H^+ = CO_2 \uparrow + H_2O$ $Ca(OH)_2 + CO_2 = CaCO_3 \downarrow + H_2O$ $2HCO_3^- + Mg^{2+} = MgCO_3 \downarrow + H_2O + CO_2 \uparrow$
CO_3^{2-}	① 盐酸,氢氧化钙 ② 硫酸镁 ③ 酚酞指示液	气体使澄清的石灰水变混浊 白色沉淀 溶液显深红色	$CO_3^{2-} + 2H^+ = CO_2 \uparrow + H_2O$ $Ca(OH)_2 + CO_2 = CaCO_3 \downarrow + H_2O$ $2CO_3^{2-} + 2Mg^{2+} + H_2O =$ $\qquad Mg_2(OH)_2CO_3 \downarrow + CO_2 \uparrow$
SO_3^{2-} HSO_3^-	① 盐酸,硝酸亚汞试液 ② 碘水	产生刺激性特臭的气体,使硝酸亚汞试液润湿的滤纸显黑色 碘的颜色即消退	$SO_3^{2-} + 2H^+ = SO_2 \uparrow + H_2O$ $Hg^{2+} + SO_2 + 2H_2O = 2Hg \downarrow + SO_4^{2-} + 4H^+$ $SO_3^{2-} + I_2 = SO_4^{2-} + 2I^-$
SO_4^{2-}	① 氯化钡 ② 醋酸铅 ③ 盐酸	白色沉淀,沉淀在盐酸或硝酸中均不溶解 白色沉淀,沉淀在醋酸铵试液或氢氧化钠试液中溶解 不生成白色沉淀(与硫代硫酸盐区别)	$Ba^{2+} + SO_4^{2-} = BaSO_4 \downarrow$ $Pb^{2+} + SO_4^{2-} = PbSO_4 \downarrow$
PO_4^{3-}	① 硝酸银 ② 氯化铵镁 ③ 钼酸铵,硝酸,加热	浅黄色沉淀,沉淀在氨试液或稀硝酸中均易溶解 白色结晶性沉淀 黄色沉淀,沉淀在氨试液中溶解	$3Ag^+ + PO_4^{3-} = Ag_3PO_4 \downarrow$(黄) $Ag_3PO_4 + 2H^+ = 3Ag^+ + H_2PO_4^-$ $PO_4^{3-} + 12MoO_4^{2-} + 3NH_4^+ + 24H^+ \xrightarrow{\triangle}$ $\qquad (NH_4)_3PO_4 \cdot 12MoO_3 \cdot 12H_2O \downarrow$

三、实验用品

仪器:试管、试管夹、烧杯、点滴板、玻璃棒、导管、铂丝、酒精灯。

固体药品:氯化钠、二氧化锰、铜片、硼酸钠。

液体药品:氯水、碘水、浓盐酸、浓硫酸、碱性碘化汞钾、饱和草酸铵、甲醇、三氯甲烷。

6mol/L 的溶液:盐酸、硝酸、醋酸、氢氧化钠、氨水。

2mol/L 的溶液:盐酸、硝酸、氢氧化钠、氨水。

1mol/L 的溶液:盐酸、硫酸钠、氯化钡。

0.5mol/L 的溶液:硝酸钠、硫酸亚铁。

0.1mol/L 的溶液:氯化锂、氯化钠、氯化钾、氯化钙、氯化镁、氯化钡、氯化亚铁、氯化铁、氯化铵、溴化钠、溴化钾、碘化钾、碳酸氢钠、碳酸钠、硝酸银、硝酸亚汞、硝酸汞、磷酸钠、亚硫酸钠、亚硫酸氢钠、稀硫酸、硫酸铝、硫酸镁、硫酸铜、硫代硫酸钠、硫氰酸铵、亚铁氰化钾、铁氰化钾、铬酸钾。

稀盐酸、稀硝酸

指示剂：酚酞、淀粉指示液。

其他：硝酸亚汞溶液湿润的滤纸、红色石蕊试纸。

四、实验内容

（一）锂盐、钠盐、钾盐、镁盐、钙盐、钡盐

1. 取试管 1 支，加入 0.1mol/L 氯化锂溶液 5 滴，再加 2mol/L 氢氧化钠溶液 5 滴碱化后，加入 0.1mol/L 碳酸钠溶液 5 滴，煮沸，观察现象。写出离子方程式。

2. 取试管 1 支，加入 0.1mol/L 氯化镁溶液 5 滴，再加 2mol/L 氢氧化钠溶液数滴，观察沉淀的颜色，再加过量的 2mol/L 氢氧化钠溶液，观察沉淀是否溶解。写出离子方程式。

3. 取试管 1 支，加入 0.1mol/L 氯化钙溶液 10 滴，再加等量饱和的草酸铵溶液，观察沉淀的颜色，然后将沉淀分成两份，一份沉淀加入 5 滴 2mol/L 盐酸，另一份沉淀加入 5 滴 6mol/L 醋酸，观察沉淀是否溶解。写出离子方程式。

4. 取试管 1 支，加入 0.1mol/L 氯化钡溶液 10 滴，再加等量的 0.1mol/L 稀硫酸，观察沉淀的颜色，然后将沉淀分成两份，一份沉淀加入 5 滴 2mol/L 盐酸，另一份沉淀加入 5 滴 2mol/L 硝酸，观察沉淀是否溶解。写出离子方程式。

5. 焰色反应

用一顶端弯成小圈的铂丝，蘸以浓盐酸溶液在酒精灯上灼烧至无色，再蘸取少量 0.1mol/L 氯化锂溶液在氧化焰中灼烧，观察火焰的颜色。实验完毕后，再按上述步骤以同样方法检验 0.1mol/L 氯化钠、氯化钾、氯化钙、氯化钡溶液，观察它们的颜色有何不同。注意当钾盐中混有少量钠盐时，钾盐的紫色火焰可能被钠盐的黄色火焰所掩盖，所以观察钾盐的颜色时须隔蓝色玻璃透视方能辨别。

（二）铝盐

取试管 1 支，加入 0.1mol/L 硫酸铝溶液 5 滴，再加 2mol/L 氢氧化钠 5 滴，观察现象，继续加入氢氧化钠溶液有何变化？写出有关反应方程式。

（三）亚铁盐、铁盐

1. 取试管 1 支，加入 0.1mol/L 氯化亚铁溶液 5 滴，再加 1～2 滴 0.1mol/L 铁氰化钾溶液，观察现象。

2. 取试管 1 支，加入 0.1mol/L 氯化铁溶液 5 滴，再加 1～2 滴 0.1mol/L 亚铁氰化钾溶液，观察现象。

取试管 1 支，加入 0.1mol/L 氯化铁溶液 5 滴，再加 0.1mol/L 硫氰酸铵溶液数滴，观察溶液颜色。

（四）铜盐、银盐、汞盐

1. 取试管 1 支，滴入 0.1mol/L 硫酸铜溶液 2ml，再加 2mol/L 氨水 1 滴，观察现象，继续加入氨水溶液，有何变化？

2. 取试管 1 支，加入 0.1mol/L 硝酸银溶液 5 滴，再加 2mol/L 盐酸 2 滴，观察现象，再加 6mol/L 氨水，有何变化？

取试管 1 支，加入 0.1mol/L 硝酸银溶液 5 滴，再加 0.1mol/L 铬酸钾溶液 2 滴，观察现象。

3. 取试管 2 支，分别滴入 0.1mol/L 硝酸汞和 0.1mol/L 硝酸亚汞溶液 5 滴，均再加 2mol/L 氢氧化钠溶液 2 滴，观察现象，写出反应式。

取试管 2 支，分别滴入 0.1mol/L 硝酸汞和 0.1mol/L 硝酸亚汞溶液 2 滴，均再加 0.1mol/L 碘化钾溶液少许，观察沉淀的颜色，继续加入过量碘化钾溶液，观察现象有何不同，解释现象，写出有关反应式。

（五）硼酸盐

取少量硼酸钠晶体，放在蒸发皿内，加入 5 滴浓硫酸和 1ml 甲醇混匀后点燃，观察火焰边缘的颜色。

（六）碳酸盐、碳酸氢盐

1. 取试管 2 支，分别加入 0.1mol/L 碳酸钠、0.1mol/L 碳酸氢钠 2ml，均再加 2mol/L 盐酸数滴，观察现象。将每个试管产生的气体分别通入澄清的石灰水中，观察石灰水的变化。

2. 取试管 2 支，分别加入 0.1mol/L 碳酸钠和 0.1mol/L 碳酸氢钠 1ml，均再加 0.1mol/L 硫酸镁溶液数滴，观察现象，溶液煮沸后，又有何变化？写出有关反应方程式。

3. 取试管 2 支，分别加入 0.1mol/L 碳酸钠和 0.1mol/L 碳酸氢钠 1ml，均再加酚酞指示液 2 滴，观察溶液颜色，解释现象。

（七）铵盐、硝酸盐、磷酸盐

1. 取试管 1 支，加入 0.1mol/L 氯化铵溶液 2ml，再加 6mol/L 氢氧化钠溶液约 10 滴，加热，用湿润的红色石蕊试纸放在试管口检验反应产生的气体。

2. 取试管 1 支，加入 0.5mol/L 硝酸钠溶液 5 滴，再小心加入等量的浓硫酸，冷却后，沿管壁加入 0.5mol/L 硫酸亚铁溶液约 10 滴，观察两层溶液交界面上棕色环的形成。

取试管 1 支，加入 0.5mol/L 硝酸钠溶液 5 滴，再加入浓硫酸少量和铜片，加热，观察试管口气体的生成和颜色。

3. 取试管 1 支，加入 0.1mol/L 磷酸钠溶液 2ml，再加入 5 滴 0.1mol/L 硝酸银溶液，观察沉淀的颜色，然后将沉淀分成两份，一份沉淀加入 5 滴 6mol/L 氨水，另一份沉淀加入 5 滴 6mol/L 硝酸，观察沉淀是否溶解。

（八）亚硫酸盐、亚硫酸氢盐、硫酸盐

1. 取试管 2 支，分别加入 0.1mol/L 亚硫酸钠和 0.1mol/L 亚硫酸氢钠 1ml，均再加 1mol/L 盐酸数滴，观察现象。用硝酸亚汞溶液湿润的滤纸条，放在试管口检验反应产生的气体。

取试管 2 支，分别加入 0.1mol/L 亚硫酸钠和 0.1mol/L 亚硫酸氢钠 1ml，均再加碘水数滴，观察颜色是否退去，写出反应方程式。

2. 取试管 1 支，加入 1mol/L 硫酸钠溶液 1ml，再加等量的 1mol/L 氯化钡溶液，观察沉淀的生成，并检验沉淀在稀盐酸和稀硝酸中是否溶解，写出反应式。

（九）氯化物、溴化物、碘化物

1. 取试管 3 支，分别加入 0.1mol/L 氯化钠、0.1mol/L 溴化钠和 0.1mol/L 碘化钾 2ml，然后均再加 0.1mol/L 硝酸银溶液 5 滴，观察析出沉淀的颜色和状态。将上面每支试管中生成的沉淀分成两份，分别检验它们在 6mol/L 硝酸和 6mol/L 氨水中是否溶解，写出有关反应式。

2. 取试管 2 支，分别加入 0.1mol/L 溴化钾 1ml、0.1mol/L 碘化钾 1ml，均再加适量氯水和三氯甲烷 1ml，振摇，观察三氯甲烷层的颜色（水层在上面，三氯甲烷层在下面）。写出有关反应式。另取试管 2 支，用淀粉指示液代替三氯甲烷进行同样的实验，观察现象，解释原因。

五、思考题

1. 用焰色反应能鉴别哪些离子？如何操作？反应现象是什么？

2. 能与银离子生成沉淀且沉淀难溶于 6mol/L 硝酸的离子有哪些？

3. 如何区别铁盐和亚铁盐、汞盐和亚汞盐？

4. 为什么硫酸盐中很少含有亚硫酸盐，而亚硫酸盐中常含有硫酸盐？如何检验硫酸盐中的亚硫酸盐？又如何检验亚硫酸盐中的硫酸盐？

实验九　纯化水的制备和检查

一、实验目的

1. 通过实验了解离子交换法制取纯化水的基本原理和操作步骤。

2. 掌握纯化水水质检验的方法。

二、离子交换法制备纯化水的基本原理

离子交换法是利用离子交换树脂与水中的杂质离子进行选择性的离子交换，获得纯化水的制备方法。

离子交换树脂是有机高分子聚合物，它是由交换剂本体和交换基团两部分组成的。例如：阳离子交换树脂（简称阳树脂），它带有酸性交换基因，能与阳离子进行交换，最常用的如 732 型苯乙烯强酸性阳离子交换树脂，极性基团为磺酸基，可用简式 $R—SO_3^- H^+$（氢型）或 $R—SO_3^- Na^+$（钠型）表示。阴离子交换树脂（简称阴树脂），它带有碱性交换基因，能与阴离子进行交换，最常用的如 717 型苯乙烯强碱性阴离子交换树脂，极性基因为季铵基团，可用简式 $R—N^+(CH_3)_3 OH^-$（羟型）或 $R—N^+(CH_3)_3 Cl^-$（氯型）表示。

当制备纯化水时，常采用氢型强酸性阳树脂和羟型强碱性阴树脂。阴、阳树脂在水中是解离的。氢型的阳树脂 $R—SO_3^- H^+$ 解离成 $R—SO_3^-$ 和 H^+；羟型的阴树脂 $R—N^+(CH_3)_3 OH^-$ 解离成 $R—N^+(CH_3)_3$ 和 OH^-，若原水中含有 K^+、Na^+、Ca^{2+}、Mg^{2+} 等阳离子和 SO_4^{2-}、Cl^-、HCO_3^-、$HSiO_3^-$ 等阴离子，当原水通过阳树脂层时，水中阳离子被树脂所吸附，树脂上的 H^+ 被置换到水中，其反应如下：

$$R—SO_3^- H^+ + \begin{cases} Na^+ \\ K^+ \\ \frac{1}{2}Ca^{2+} \\ \frac{1}{2}Mg^{2+} \end{cases} \begin{cases} \frac{1}{2}SO_4^{2-} \\ Cl^- \\ HCO_3^- \\ HSiO_3^- \end{cases} \rightleftharpoons R—SO_3^- \begin{cases} Na^+ \\ K^+ \\ \frac{1}{2}Ca^{2+} \\ \frac{1}{2}Mg^{2+} \end{cases} + H^+ \begin{cases} \frac{1}{2}SO_4^{2-} \\ Cl^- \\ HCO_3^- \\ HSiO_3^- \end{cases}$$

接着把水再通过阴树脂层时，水中阴离子被树脂所吸附，树脂上的阴离子 OH^- 被置换到水中，并和水中的 H^+ 结合成水，其反应如下：

$$R—N^+(CH_3)_3 OH^- + H^+ \begin{cases} \frac{1}{2}SO_4^{2-} \\ Cl^- \\ HCO_3^- \\ HSiO_3^- \end{cases} \rightleftharpoons R—N^+(CH_3)_3 \begin{cases} \frac{1}{2}SO_4^{2-} \\ Cl^- \\ HCO_3^- \\ HSiO_3^- \end{cases} + H_2O$$

如此原水不断地通过阳、阴树脂层进行交换，即得到纯化水。

三、实验用品

仪器：试管、烧杯、离子交换柱、T型管、螺旋夹、酒精灯、吸量管。
固体药品：717型强碱性阴离子交换树脂、732型强酸性阳离子交换树脂。
液体药品：稀硫酸、氨水、氢氧化钙试液、氯化铵试液、草酸铵饱和溶液、碱性碘化汞钾试液、95%乙醇、高锰酸钾滴定液（0.02mol/L）、0.1mol/L硝酸银、1mol/L氯化钡、2mol/L盐酸、2mol/L氢氧化钠、6mol/L硝酸。
指示剂：甲基红指示液、溴麝香草酚蓝指示液。
其他：玻璃纤维、橡皮管。

四、实验内容

（一）新树脂的处理与转型（实验老师负责）

新树脂常混有低聚可溶性杂质及其他有机、无机杂质，因此用前必须进行预处理。此外，树脂出厂的型式阳树脂为钠型、阴树脂为氯型，故需用酸碱处理分别转型为氢型和羟型后才能使用。处理与转型的过程见实验图18。

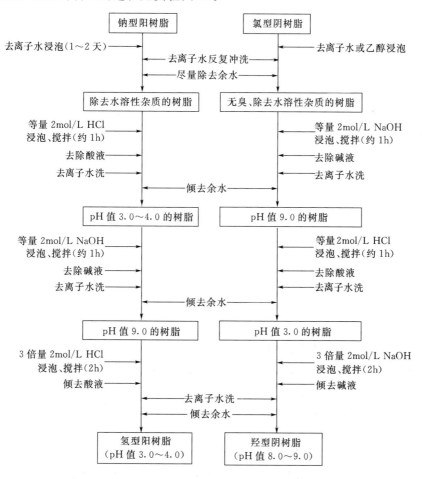

实验图18　新树脂处理与转型的流程图

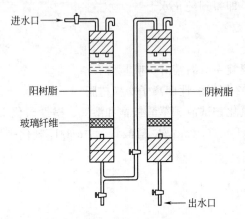

进水口 →

阳树脂 ——

—— 阴树脂

玻璃纤维 ——

出水口 ←

实验图 19　离子交换装置

（二）装柱

离子交换装置是由两根离子交换柱串联组成，左边柱中装阳树脂，右边柱中装阴树脂，两柱之间通过 T 型管和橡皮管相连接，见实验图 19。装树脂前，先在柱子底部垫上玻璃纤维，以支撑树脂，并将下端出水口处用夹子夹住。然后将已处理好的阴、阳树脂分别与水混合，加入相应的柱中，加至离柱口 2～3cm 处。装柱时尽可能使树脂紧密，柱内不留气泡，树脂加好后，用水封住树脂，串联交换柱。

（三）纯化水的制备

制备流程为：自来水→阳离子交换柱→阴离子交换柱→纯化水。即将自来水慢慢注入交换柱中，调节螺旋夹，控制流速，等流过约 150ml 后，取水样，作如下水质检验，直至合格为止。

五、水质检验

1. 酸碱度

取水样 10ml，加甲基红指示液 2 滴，不得显红色；另取 10ml，加溴麝香草酚蓝指示液 5 滴，不得显蓝色。

2. 氯化物、硫酸盐与钙盐

取水样，分置三支试管中，每管各 50ml。第一管中加硝酸 5 滴与硝酸银试液 1ml，第二管中加氯化钡试液 2ml，第三管中加草酸铵试液 2ml，均不得发生浑浊。

3. 二氧化碳

取水样 25ml，置 50ml 具塞量筒中，加氢氧化钙试液 25ml，密塞振摇，放置，1h 内不得发生混浊。

4. 易氧化物

取水样 100ml，加稀硫酸 10ml，煮沸后，加高锰酸钾滴定液（0.02mol/L）0.10ml，再煮沸 10min，粉红色不得完全消失。

5. 其他

详见《中华人民共和国药典》。

六、思考题

1. 装柱时为什么要使交换柱内不留有气泡？若有气泡，该如何操作？

2. 为什么需制备的水先经过阳离子交换树脂处理，后经过阴离子交换树脂处理？反过来如何？

3. 为什么要先让流出液流出 150ml 以后，才能开始收集产品检验？

附：

树脂的再生

离子交换树脂长期使用后，阳、阴树脂交换基团上起交换作用的 H^+ 和 OH^- 逐渐被水中的 Ca^{2+}、Mg^{2+}、SO_4^{2+}、Cl^- 等杂质离子所饱和，而渐渐失去交换能力，这就需要进行再生处理。

树脂的再生，即利用酸、碱溶液中的 H^+ 和 OH^- 离子分别与失活的树脂相作用，将所吸附的阳、阴离子置换下来。如此，阳、阴树脂又重新获得交换能力。

阳树脂再生：

$$R-SO_3^- \begin{cases} K^+ \\ Na^+ \\ \frac{1}{2}Ca^{2+} \\ \frac{1}{2}Mg^{2+} \end{cases} + HCl \longrightarrow R-SO_3^- H^+ + \begin{cases} K^+ \\ Na^+ \\ \frac{1}{2}Ca^{2+} \\ \frac{1}{2}Mg^{2+} \end{cases} Cl^-$$

阴树脂再生：

$$R-N^+(CH_3)_3 \begin{cases} \frac{1}{2}SO_4^{2-} \\ Cl^- \\ HCO_3^- \\ HSiO_3^- \end{cases} + NaOH \longrightarrow R-N^+(CH_3)_3 OH + Na^+ \begin{cases} \frac{1}{2}SO_4^{2-} \\ Cl^- \\ HCO_3^- \\ HSiO_3^- \end{cases}$$

按阴离子交换树脂用碱浸，阳离子交换树脂用酸浸的处理要求，将树脂浸泡半小时，再按照前面实验中所述的"树脂处理"的要求处理树脂后，即可重复使用。

实验十 药用氯化钠的制备、鉴别和检查

一、实验目的

1. 掌握药用氯化钠的制备原理和方法。
2. 练习和巩固称量、溶解、过滤、沉淀、蒸发、浓缩等基本操作。
3. 初步了解药品的鉴别、检查方法。

二、实验用品

仪器：托盘天平、烧杯、试管、量筒、吸量管、玻璃棒、酒精灯、铂丝、石棉网、漏斗、漏斗架、布氏漏斗、抽滤瓶、蒸发皿等。

固体药品：粗食盐。

液体药品：25％氯化钡、饱和碳酸钠溶液、1mol/L 硫酸、浓盐酸、0.25mol/L 草酸铵试液、稀硫酸、氨试液、0.1mol/L 硝酸银、蒸馏水。

6mol/L 的溶液：盐酸、硝酸、氨水。

2mol/L 的溶液：盐酸、氢氧化钠。

0.02mol/L 的溶液：盐酸、氢氧化钠。

指示剂：pH 试纸、溴麝香草酚蓝指示液。

其他：滤纸。

三、实验原理

药用氯化钠是以粗食盐为原料进行提纯的。粗食盐中除有少量泥沙等不溶性杂质外，还有可溶性杂质如 K^+、Ca^{2+}、Mg^{2+}、Fe^{3+}、SO_4^{2-}、CO_3^{2-}、Br^-、I^- 等。不溶性杂质可采

用过滤的方法除去，可溶性杂质则选用适当的试剂使生成难溶性化合物后过滤除去。例如氯化钡溶液、碳酸钠溶液、氢氧化钠溶液可分别除去 SO_4^{2-}、Ca^{2+}、Mg^{2+} 等离子，其反应式如下：

$$Ba^{2+} + SO_4^{2-} = BaSO_4 \downarrow$$
$$Ca^{2+} + CO_3^{2-} = CaCO_3 \downarrow$$
$$Ba^{2+} + CO_3^{2-} = BaCO_3 \downarrow$$
$$2Mg^{2+} + 2OH^- + CO_3^{2-} = Mg_2(OH)_2CO_3 \downarrow$$

过量的碳酸钠和氢氧化钠则可用盐酸中和除去，其反应式如下：

$$CO_3^{2-} + 2H^+ = CO_2 \uparrow + H_2O$$
$$OH^- + H^+ = H_2O$$

少量可溶性杂质（如 K^+、Br^-、I^- 等），由于含量很少，可用浓缩结晶法使其残留在母液中而除去。

四、实验内容

（一）食盐精制

1. 加热灼烧，破坏有机物等杂质

在托盘天平上称取粗食盐 40g，置蒸发皿中，放在石棉网上炒至无爆裂声，冷却备用。

2. 溶解粗食盐、用过滤法除去不溶性杂质

把炒好的粗盐放到烧杯中，加水 100ml，用玻璃棒搅拌，观察食盐能否完全溶解。再加水 30ml，加热并搅拌，至食盐完全溶解为止。趁热用倾泻法过滤，得滤液甲，滤液甲移入烧杯中，滤渣弃去。

3. 选用适当的试剂除去钙、镁、硫酸根等可溶性杂质

将滤液甲加热至近沸，滴加 25%氯化钡溶液，边加边搅拌，直至不再有沉淀生成为止（约 10ml）。为了检验沉淀是否完全，可停止加热，待沉淀沉降后，用滴管吸取上清液置于试管中，加 2 滴 6mol/L 盐酸酸化，再加 1～2 滴氯化钡溶液，如仍有混浊现象，则继续滴加氯化钡溶液直至无混浊为止。继续煮沸 5min，使沉淀颗粒长大。稍冷，用倾泻法过滤，弃去沉淀，得滤液乙，滤液乙移入烧杯中。

将滤液乙加热至近沸，逐滴加入饱和碳酸钠溶液至不再有沉淀生成（检查方法同上）。再加入 2mol/L 氢氧化钠溶液，调节溶液 pH 值至 10～11。继续加热煮沸 2min，稍冷，用倾泻法过滤弃去沉淀，得滤液丙。

4. 用浓缩结晶的方法将钾、溴等少量可溶性杂质留在母液中除去

将滤液丙移入蒸发皿内，滴加 2mol/L HCl，调节溶液 pH 值至 3～4。加热蒸发浓缩，要不断搅拌，至滤液浓缩到糊状稠液时停止加热，趁热抽滤至干。

5. 重结晶

将上面的氯化钠固体加适量蒸馏水，不断搅拌至溶解为止。如上法进行蒸发浓缩，趁热抽滤。

6. 烘干、计算

把晶体转移到干燥的蒸发皿中，在石棉网上用小火烤干。冷却后称产品的质量，计算产率。

实验流程如实验图 20。

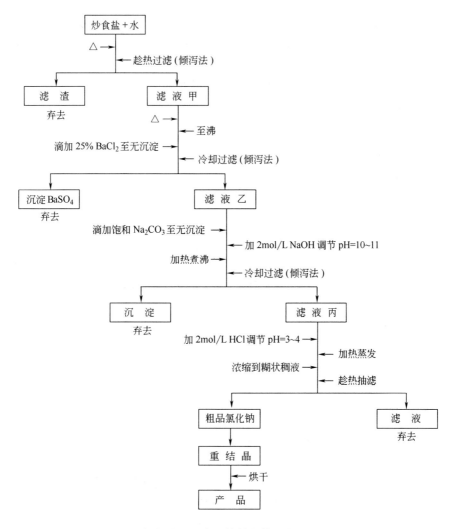

实验图 20 食盐精制的简要流程

(二) 鉴别反应

1. 钠盐

取铂丝，用盐酸湿润后，蘸取本品，在无色火焰中燃烧，火焰即显鲜黄色。

2. 氯化物

取本品溶液，加硝酸使成酸性后，加硝酸银试液，即生成白色凝乳状沉淀；分离，沉淀加氨试液即溶解，再加硝酸，沉淀复生成。

(三) 检查

1. 酸碱度

取本品 5.0g（放入一只小烧杯中），加水 50ml 溶解后，加溴麝香草酚蓝指示液 2 滴，如显黄色，加氢氧化钠滴定液（0.02mol/L）0.10ml，应变为蓝色；如显蓝色或绿色，加盐酸滴定液（0.02mol/L）0.20ml，应变为黄色。

2. 溶液的澄清度

取本品 5.0g（放入一只小烧杯中），加水 25ml 溶解后，溶液应澄清。

3. 钡盐

取本品 4.0g（放入一只小烧杯中），加水 20ml 溶解后，滤过，滤液分为两等份，一份中加稀硫酸 2ml，另一份中加水 2ml，静置 15min，两液应同样澄清。

4. 钙盐

取本品 2.0g（放入一支大试管中），加水 10ml 使溶解，加氨试液 1ml，摇匀，加草酸铵试液 1ml，5min 内不得发生浑浊。

5. 其他

详见《中华人民共和国药典》2005 年版。

五、思考题

1. 在精制食盐的实验中，加入氯化钡和碳酸钠溶液的顺序是否可以改变？为什么？

2. 为什么用碳酸钠溶液除去 Ca^{2+}、Mg^{2+} 等杂质，而不用别的可溶性碳酸盐？除去 CO_3^{2-} 为什么要用盐酸而不用别的强酸？

实验十一　药用碳酸氢钠的鉴别和检查

一、实验目的

1. 初步了解药品的质量检查方法。
2. 掌握 Na^+ 和 HCO_3^- 的鉴别方法。

二、实验原理

钠盐在高温无色火焰中灼烧时，钠盐的火焰呈亮黄色，以此可鉴别 Na^+。

碳酸氢盐主要性质如下。

1. 碳酸氢盐与强酸反应，生成 CO_2，CO_2 能使氢氧化钙溶液变混浊，反应方程式如下：

$$NaHCO_3 + HCl \rule[0.4ex]{1.2em}{0.4pt} NaCl + H_2O + CO_2 \uparrow$$
$$CO_2 + Ca(OH)_2 \rule[0.4ex]{1.2em}{0.4pt} CaCO_3 \downarrow + H_2O$$

2. 碳酸氢盐在加热的情况下，易转化为难溶于水的碳酸盐。反应方程式如下：

$$2NaHCO_3 + MgSO_4 \rule[0.4ex]{1.2em}{0.4pt} Na_2SO_4 + Mg(HCO_3)_2$$

$$Mg(HCO_3)_2 \xrightarrow{\triangle} MgCO_3 \downarrow + CO_2 \uparrow + H_2O$$

3. 碳酸氢盐易水解，例如碳酸氢钠溶液呈一定的碱性，加热后碱性可增强。

三、实验用品

仪器：酸度计、试管、试管夹、比色管、试管架、烧杯、量筒、酒精灯、铂丝、玻璃棒、软木塞（连有玻璃导管）。

固体药品：碳酸氢钠。

液体药品：1mol/L 碳酸氢钠、2mol/L 盐酸。

6mol/L：盐酸、氢氧化钠。

0.1mol/L：碳酸氢钠、硫酸镁。

浓盐酸、氢氧化钠试液、氨试液、草酸铵试液、标准钙溶液。

指示剂：酚酞试液、红色石蕊试纸、pH 试纸。

四、实验内容

（一）鉴别

1. Na^+ 的鉴别

焰色反应

取一根顶端弯成小圈的铂丝，蘸浓盐酸在酒精灯上灼烧至无色，然后蘸取 1mol/L 碳酸氢钠溶液，在无色火焰中燃烧，观察火焰的颜色。

2. HCO_3^- 的鉴别

取试管一支，加入 1mol/L 碳酸氢钠溶液 2ml，再加入少量 2mol/L 盐酸，观察溶液中是否有气泡生成，迅速将反应生成的气体导入澄清的石灰水中，观察现象并写出有关反应式。

取试管一支，加入 1mol/L 碳酸氢钠溶液 1ml，再加入几滴 0.1mol/L 硫酸镁溶液，观察现象。再将溶液煮沸，又有何现象发生？写出有关反应式。

取试管一支，加入 0.1mol/L 碳酸氢钠溶液 1ml，滴 1 滴酚酞指示液，观察溶液的颜色，在小火上将此溶液加热，观察溶液颜色有何变化？解释原因。

（二）检查

（1）溶液的澄清度　取本品 1.0g（放入一支大试管中），加水 20ml 溶解后，溶液应澄清（供注射用）。

（2）碱度　取本品 0.2g（放入一只小烧杯中），加水 20ml 使溶解，水溶液的 pH 值用酸度计测定，pH 值应不高于 8.6。

（3）铵盐　取本品 1.0g（放入一支试管中），加氢氧化钠试液 10ml，加热，发生的蒸气遇湿润的红色石蕊试纸不得变蓝色。

（4）钙盐　取本品 1.0g（放入一支比色管中），加新沸过冷水 50ml 溶解后，加氨试液 1ml 与草酸铵试液 2ml，摇匀，放置 1h，如发生浑浊，与标准钙溶液（由老师配制）1.0ml 制成的对照液比较，不得更浓。（供注射用）

（5）其他　详见《中华人民共和国药典》2005 年版。

五、思考题

1. 进行焰色反应时，铂丝为什么要先用浓盐酸灼烧？
2. 在本实验中，你能用两种方法鉴别碳酸钠和碳酸氢钠吗？

实验十二　实 验 考 核

一、考核目的

1. 巩固和考查在无机化学实验中学过的有关知识。
2. 考查学生对无机化学实验技能的掌握程度，如常用仪器的使用技能、实验操作技能、实验的记录和设计技能。

二、考核方法

把试题分别编号，用抽签的方式，分批逐个在实验室中进行考核。操作后，教师给学生当场评分，并指出其优点和不足之处。

三、考核内容

根据考核目的，结合各校各专业所开的实验，确定考核的具体要求和内容。

（一）实验操作技能考核内容（供参考）

1. 把固体药品放入试管中（药品分大颗粒、粉末两种）。

2. 用胶头滴管取液体药品。

3. 用量筒量取液体药品。

4. 用移液管移取液体药品。

5. 用酒精灯加热盛有固体或液体的试管。

6. 用托盘天平称取药品（药品 NaCl）。

7. 常压过滤的操作（可用水代替混合物）。

8. 减压抽滤的操作（可用水代替混合物）。

9. 容量瓶的检漏、移液、定容、摇匀等操作（可用水代替溶液）。

（实验操作技能考核题目请参考实验一和实验二）

（二）实验设计技能考核内容（供参考）

《中华人民共和国药典》2005 年版收载的无机药物的鉴别和检查。

由教师指定题目，学生根据题目查阅《中华人民共和国药典》2005 年版，设计实验的具体方案，经指导老师审阅同意后，由学生独立完成。

附　　录

附录Ⅰ　　国际单位制的 7 个基本单位

物理量	单位名称	单位符号		物理量	单位名称	单位符号	
		中文	国际			中文	国际
长度	米	米	m	热力学温度	开尔文	开	K
质量	千克(公斤)	千克(公斤)	kg	物质的量	摩尔	摩	mol
时间	秒	秒	s	发光强度	坎德拉	坎	cd
电流	安培	安	A				

附录Ⅱ　　一些弱酸、弱碱的电离平衡常数（25℃）

物　　质	K_a 或 K_b	物　　质	K_a 或 K_b
甲酸 HCOOH	$K=1.77\times10^{-4}$	亚硝酸 HNO$_2$	$K=7.2\times10^{-4}$
醋酸 CH$_3$COOH	$K=1.75\times10^{-5}$	过氧化氢 H$_2$O$_2$	$K=2.4\times10^{-12}$
草酸 H$_2$C$_2$O$_4$	$K_1=5.36\times10^{-2}$	氢硫酸 H$_2$S	$K_1=1.1\times10^{-7}$
	$K_2=5.35\times10^{-5}$		$K_2=1.3\times10^{-13}$
硼酸 H$_3$BO$_3$	$K=5.8\times10^{-10}$	亚硫酸 H$_2$SO$_3$	$K_1=1.3\times10^{-2}$
铝酸 H$_3$AlO$_3$	$K=6.3\times10^{-12}$		$K_2=6.2\times10^{-8}$
碳酸 H$_2$CO$_3$	$K_1=4.4\times10^{-7}$	氢氟酸 HF	$K=6.6\times10^{-4}$
	$K_2=4.8\times10^{-11}$	次氯酸 HClO	$K=2.9\times10^{-8}$
硅酸 H$_2$SiO$_3$	$K_1=1.7\times10^{-10}$	次溴酸 HBrO	$K=2.5\times10^{-9}$
	$K_2=1.6\times10^{-12}$	次碘酸 HIO	$K=2.3\times10^{-11}$
磷酸 H$_3$PO$_4$	$K_1=7.1\times10^{-3}$	氢氰酸 HCN	$K=6.2\times10^{-10}$
	$K_2=6.3\times10^{-8}$	铬酸 H$_2$CrO$_4$	$K_1=0.10$
	$K_3=4.2\times10^{-13}$		$K_2=3.2\times10^{-7}$
砷酸 H$_3$AsO$_4$	$K_1=6.0\times10^{-3}$	氨水 NH$_3\cdot$H$_2$O	$K=1.7\times10^{-5}$
	$K_2=1.0\times10^{-7}$		
	$K_3=3.2\times10^{-12}$		

附录Ⅲ　　难溶电解质的溶度积（25℃）

难溶电解质		K_{sp}	难溶电解质		K_{sp}
氯化银	AgCl	1.8×10^{-10}	硫化银	Ag$_2$S	6.3×10^{-50}
溴化银	AgBr	5.0×10^{-13}	碳酸银	Ag$_2$CO$_3$	8.1×10^{-12}
碘化银	AgI	8.3×10^{-17}	草酸银	Ag$_2$C$_2$O$_4$	3.4×10^{-11}
氰化银	AgCN	1.2×10^{-18}	铬酸银	Ag$_2$CrO$_4$	1.1×10^{-12}
氢氧化银	AgOH	2.0×10^{-8}	磷酸银	Ag$_3$PO$_4$	1.4×10^{-16}
硫酸银	Ag$_2$SO$_4$	1.4×10^{-5}	氢氧化铝	Al(OH)$_3$	1.3×10^{-33}

续表

难溶电解质		K_{sp}	难溶电解质		K_{sp}
硫酸钡	$BaSO_4$	1.1×10^{-10}	碘化亚汞	Hg_2I_2	4.5×10^{-29}
亚硫酸钡	$BaSO_3$	8.0×10^{-7}	硫化亚汞	Hg_2S	1.0×10^{-47}
碳酸钡	$BaCO_3$	5.1×10^{-9}	硫化汞	HgS(红)	4.0×10^{-53}
草酸钡	BaC_2O_4	1.6×10^{-7}		HgS(黑)	1.6×10^{-52}
铬酸钡	$BaCrO_4$	1.2×10^{-10}	氢氧化镁	$Mg(OH)_2$	1.8×10^{-11}
氟化钡	BaF_2	1.0×10^{-6}	碳酸镁	$MgCO_3$	3.5×10^{-8}
氢氧化钡	$Ba(OH)_2$	5.0×10^{-3}	氢氧化锰	$Mn(OH)_2$	1.9×10^{-13}
氢氧化钙	$Ca(OH)_2$	5.5×10^{-6}	硫化锰	MnS(结晶)	2.5×10^{-13}
氟化钙	CaF_2	5.3×10^{-9}		MnS(无定形)	2.5×10^{-10}
草酸钙	$CaC_2O_4 \cdot H_2O$	4.0×10^{-9}	碳酸锰	$MnCO_3$	1.8×10^{-11}
磷酸钙	$Ca_3(PO_4)_2$	2.0×10^{-29}	硫化镍	$NiS(\alpha)$	3.2×10^{-19}
硫酸钙	$CaSO_4$	9.1×10^{-6}		$NiS(\beta)$	1.0×10^{-24}
亚硫酸钙	$CaSO_3$	6.8×10^{-8}		$NiS(\gamma)$	2.0×10^{-26}
碳酸钙	$CaCO_3$	2.8×10^{-9}	碳酸镍	$NiCO_3$	6.6×10^{-9}
硫化镉	CdS	8.0×10^{-27}	氯化铅	$PbCl_2$	1.6×10^{-5}
碳酸镉	$CdCO_3$	5.2×10^{-12}	溴化铅	$PbBr_2$	4.0×10^{-5}
氢氧化铬	$Cr(OH)_3$	6.3×10^{-31}	碘化铅	PbI_2	7.1×10^{-9}
硫化钴	$CoS(\alpha)$	4.0×10^{-21}	氟化铅	PbF_2	2.7×10^{-8}
	$CoS(\beta)$	2.0×10^{-25}	硫化铅	PbS	8.0×10^{-28}
碳酸钴	$CoCO_3$	1.4×10^{-13}	氢氧化铅	$Pb(OH)_2$	1.2×10^{-15}
氢氧化钴	$Co(OH)_2$	1.6×10^{-44}	硫酸铅	$PbSO_4$	1.6×10^{-8}
氯化亚铜	$CuCl$	1.2×10^{-6}	碳酸铅	$PbCO_3$	7.4×10^{-14}
溴化亚铜	$CuBr$	5.3×10^{-9}	草酸铅	PbC_2O_4	4.8×10^{-10}
碘化亚铜	CuI	1.1×10^{-12}	铬酸铅	$PbCrO_4$	2.8×10^{-13}
氢氧化铜	$Cu(OH)_2$	2.2×10^{-20}	氢氧化亚锡	$Sn(OH)_2$	1.4×10^{-28}
硫化亚铜	Cu_2S	2.5×10^{-48}	氢氧化锡	$Sn(OH)_4$	1.0×10^{-56}
硫化铜	CuS	6.3×10^{-36}	硫化亚锡	SnS	1.0×10^{-25}
碳酸铜	$CuCO_3$	1.4×10^{-10}	硫酸锶	$SrSO_4$	3.2×10^{-7}
氢氧化亚铁	$Fe(OH)_2$	8.0×10^{-16}	碳酸锶	$SrCO_3$	1.1×10^{-10}
氢氧化铁	$Fe(OH)_3$	4.0×10^{-38}	氢氧化锌	$Zn(OH)_2$	1.2×10^{-17}
硫化亚铁	FeS	6.3×10^{-18}	硫化锌	$ZnS(\alpha)$	1.6×10^{-24}
碳酸亚铁	$FeCO_3$	3.2×10^{-11}		$ZnS(\beta)$	2.5×10^{-22}
氯化亚汞	Hg_2Cl_2	1.3×10^{-18}	碳酸锌	$ZnCO_3$	1.4×10^{-11}

附录Ⅳ　部分酸、碱和盐在水中的溶解性

阳离子 / 阴离子	氢离子	铵离子	金属离子																	
	H^+	NH_4^+	K^+	Na^+	Ba^{2+}	Ca^{2+}	Mg^{2+}	Al^{3+}	Mn^{2+}	Zn^{2+}	Cr^{3+}	Fe^{2+}	Fe^{3+}	Sn^{2+}	Pb^{2+}	Bi^{3+}	Cu^{2+}	Hg_2^{2+}	Hg^{2+}	Ag^+
氢氧根 OH^-		溶挥	溶	溶	溶	微溶	不	不	不	不	不	不	不	不	不	不	不	—	—	—
NO_3^-	溶挥	溶	溶	溶	溶	溶	溶	溶	溶	溶	溶	溶	溶	溶	溶	溶	溶	溶	溶	溶
酸根 Cl^-	溶挥	溶	溶	溶	溶	溶	溶	溶	溶	溶	溶	溶	溶	溶	微溶	—	溶	不	溶	不
SO_4^{2-}	溶	溶	溶	溶	不	微溶	溶	溶	溶	溶	溶	溶	溶	溶	不	溶	溶	微溶	溶	微溶
S^{2-}	溶挥	溶	溶	溶	—	—	—	—	不	不	—	不	—	不	不	不	不	不	不	不

续表

阴离子\酸根	氢离子 H⁺	铵离子 NH₄⁺	金属离子 K⁺	Na⁺	Ba²⁺	Ca²⁺	Mg²⁺	Al³⁺	Mn²⁺	Zn²⁺	Cr³⁺	Fe²⁺	Fe³⁺	Sn²⁺	Pb²⁺	Bi³⁺	Cu²⁺	Hg₂²⁺	Hg²⁺	Ag⁺
SO_3^{2-}	溶挥	溶	溶	溶	不	不	微溶	—	不	不	—	不	—	—	不	不	不	不	不	不
CO_3^{2-}	溶挥	溶	溶	溶	不	不	微溶	—	不	不	—	不	不	—	不	不	不	不	不	不
SiO_3^{2-}	微溶	溶	溶	溶	不	不	不	不	不	不	不	不	—	不	—	不	—	—	—	不
PO_4^{3-}	溶	溶	溶	溶	不	不	不	不	不	不	不	不	不	不	不	不	不	不	不	不

注："溶"表示此种物质能溶于水；"不"表示不溶于水；"微溶"表示微溶于水；"挥"表示挥发性酸；"—"表示此种物质不存在或碰到水就分解。

参 考 文 献

1　郑筱萸，蒋作君，邵明立. 中华人民共和国药典. 2005版，北京：化学工业出版社，2005.1

2　陆永城主编. 无机化学. 北京：中国医药科技出版社，1996.1

3　侯新初主编. 无机化学. 北京：中国医药科技出版社，1996.6

4　高职高专化学教材编写组. 无机化学. 第2版. 北京：高等教育出版社，2000

5　许虹主编. 无机化学. 北京：化学工业出版社，2004

6　何国光主编. 无机化学. 成都：四川科学技术出版社，1997.6

7　刘晶莹主编. 无机化学. 北京：中国医药科技出版社，2004.1

8　刁凤兰主编. 无机化学. 北京：人民卫生出版社，2002.8

9　人民教育出版社化学室编著. 化学. 广东：人民教育出版社，2002

10　毕殿州主编. 药剂学. 第4版，北京：人民卫生出版社，2001.4

11　宋光泉主编. 通用化学实验技术. 广州：广东高等教育出版社，1998.9

12　高宏，高荣哲，刘爱原. 美容药剂学. 北京：人民军医出版社，2002.10

13　许善锦主编. 无机化学. 第3版，北京：人民卫生出版社，2000

14　王承德主编. 药剂学. 北京：中国医药科技出版社，1997

15　彭夷安主编. 无机化学实验. 北京：中国医药科技出版社，1998.7

全国医药中等职业技术学校教材可供书目

	书　名	书号	主编	主审	定　价
1	中医学基础	7876	石　磊	刘笑非	16.00
2	中药与方剂	7893	张晓瑞	范　颖	23.00
3	药用植物基础	7910	秦泽平	初　敏	25.00
4	中药化学基础	7997	张　梅	杜芳麓	18.00
5	中药炮制技术	7861	李松涛	孙秀梅	26.00
6	中药鉴定技术	7986	吕　薇	潘力佳	28.00
7	中药调剂技术	7894	阎　萍	李广庆	16.00
8	中药制剂技术	8001	张　杰	陈　祥	21.00
9	中药制剂分析技术	8040	陶定阄	朱品业	23.00
10	无机化学基础	7332	陈　艳	黄　如	22.00
11	有机化学基础	7999	梁绮思	党丽娟	24.00
12	药物化学基础	8043	叶云华	张春桃	23.00
13	生物化学	7333	王建新	苏怀德	20.00
14	仪器分析	7334	齐宗韶	胡家炽	26.00
15	药用化学基础（一）（第二版）	04538	常光萍	侯秀峰	22.00
16	药用化学基础（二）	7993	陈　蓉	宋丹青	24.00
17	药物分析技术	7336	霍燕兰	何铭新	30.00
18	药品生物测定技术	7338	汪穗福	张新妹	29.00
19	化学制药工艺	7978	金学平	张　珩	18.00
20	现代生物制药技术	7337	劳文艳	李　津	28.00
21	药品储存与养护技术	7860	夏鸿林	徐荣周	22.00
22	职业生涯规划（第二版）	04539	陆祖庆	陆国民	20.00
23	药事法规与管理（第二版）	04879	左淑芬	苏怀德	28.00
24	医药会计实务（第二版）	06017	董桂真	胡仁昱	15.00
25	药学信息检索技术	8066	周淑琴	苏怀德	20.00
26	药学基础	8865	潘　雪	苏怀德	21.00
27	药用医学基础（第二版）	05530	赵统臣	苏怀德	39.00
28	公关礼仪	9019	陈世伟	李松涛	23.00
29	药用微生物基础	8917	林　勇	黄武军	22.00
30	医药市场营销	9134	杨文章	杨　悦	20.00
31	生物学基础	9016	赵　军	苏怀德	25.00
32	药物制剂技术	8908	刘娇娥	罗杰英	36.00
33	药品购销实务	8387	张　蕾	吴阎云	23.00
34	医药职业道德	00054	谢淑俊	苏怀德	15.00
35	药品 GMP 实务	03810	范松华	文　彬	24.00
36	固体制剂技术	03760	熊野娟	孙忠达	27.00
37	液体制剂技术	03746	孙彤伟	张玉莲	25.00
38	半固体及其他制剂技术	03781	温博栋	王建平	20.00
39	医药商品采购	05231	陆国民	徐　东	25.00
40	药店零售技术	05161	苏兰宜	陈云鹏	26.00
41	医药商品销售	05602	王冬丽	陈军力	29.00
42	药品检验技术	05879	顾　平	董　政	29.00
43	药品服务英语	06297	侯居左	苏怀德	20.00
44	全国医药中等职业技术教育专业技能标准	6282	全国医药职业技术教育研究会		8.00

欲订购上述教材，请联系我社发行部：010-64519684，010-64518888

如果您需要了解详细的信息，欢迎登录我社网站：www.cip.com.cn

元 素 周 期 表

IUPAC 2013

氧化态（单质的氧化态为0，未列入；常见的为红色）

以 $^{12}C=12$ 为基准的原子量（注▲的是半衰期最长同位素的原子量）

图例说明（元素格）

95 — 原子序数	
Am▲ — 元素符号（红色的为放射性元素）	
镅 — 元素名称（注▲的为人造元素）	
$5f^77s^2$ — 价层电子构型	
243.06138(2)▲ — 素的原子量	

+2 +3 +4 +5 +6（Am 氧化态）

区域分类：
- sf区元素 · pf区元素
- df区元素 · dsf区元素
- ff区元素 · 稀有气体

电子层：K L M N O P Q

族 / 周期

族	IA	IIA	IIIB	IVB	VB	VIB	VIIB	VIIIB(VIII)			IB	IIB	IIIA	IVA	VA	VIA	VIIA	VIIIA(0)
	1	2	3	4	5	6	7	8 9 10			11	12	13	14	15	16	17	18

周期 1

| 1 **H** 氢 $1s^1$ 1.008 | | | | | | | | | | | | | | | | | 2 **He** 氦 $1s^2$ 4.002602(2) |

周期 2

| 3 **Li** 锂 $2s^1$ 6.94 | 4 **Be** 铍 $2s^2$ 9.0121831(5) | | | | | | | | | | | 5 **B** 硼 $2s^22p^1$ 10.81 | 6 **C** 碳 $2s^22p^2$ 12.011 | 7 **N** 氮 $2s^22p^3$ 14.007 | 8 **O** 氧 $2s^22p^4$ 15.999 | 9 **F** 氟 $2s^22p^5$ 18.998403163(6) | 10 **Ne** 氖 $2s^22p^6$ 20.1797(6) |

周期 3

| 11 **Na** 钠 $3s^1$ 22.98976928(2) | 12 **Mg** 镁 $3s^2$ 24.305 | | | | | | | | | | | 13 **Al** 铝 $3s^23p^1$ 26.9815385(7) | 14 **Si** 硅 $3s^23p^2$ 28.085 | 15 **P** 磷 $3s^23p^3$ 30.973761998(5) | 16 **S** 硫 $3s^23p^4$ 32.06 | 17 **Cl** 氯 $3s^23p^5$ 35.45 | 18 **Ar** 氩 $3s^23p^6$ 39.948(1) |

周期 4

| 19 **K** 钾 $4s^1$ 39.0983(1) | 20 **Ca** 钙 $4s^2$ 40.078(4) | 21 **Sc** 钪 $3d^14s^2$ 44.955908(5) | 22 **Ti** 钛 $3d^24s^2$ 47.867(1) | 23 **V** 钒 $3d^34s^2$ 50.9415(1) | 24 **Cr** 铬 $3d^54s^1$ 51.9961(6) | 25 **Mn** 锰 $3d^54s^2$ 54.938044(3) | 26 **Fe** 铁 $3d^64s^2$ 55.845(2) | 27 **Co** 钴 $3d^74s^2$ 58.933194(4) | 28 **Ni** 镍 $3d^84s^2$ 58.6934(4) | 29 **Cu** 铜 $3d^{10}4s^1$ 63.546(3) | 30 **Zn** 锌 $3d^{10}4s^2$ 65.38(2) | 31 **Ga** 镓 $4s^24p^1$ 69.723(1) | 32 **Ge** 锗 $4s^24p^2$ 72.630(8) | 33 **As** 砷 $4s^24p^3$ 74.921595(6) | 34 **Se** 硒 $4s^24p^4$ 78.971(8) | 35 **Br** 溴 $4s^24p^5$ 79.904 | 36 **Kr** 氪 $4s^24p^6$ 83.798(2) |

周期 5

| 37 **Rb** 铷 $5s^1$ 85.4678(3) | 38 **Sr** 锶 $5s^2$ 87.62(1) | 39 **Y** 钇 $4d^15s^2$ 88.90584(2) | 40 **Zr** 锆 $4d^25s^2$ 91.224(2) | 41 **Nb** 铌 $4d^45s^1$ 92.90637(2) | 42 **Mo** 钼 $4d^55s^1$ 95.95(1) | 43 **Tc**▲ 锝 $4d^55s^2$ 97.90721(3)▲ | 44 **Ru** 钌 $4d^75s^1$ 101.07(2) | 45 **Rh** 铑 $4d^85s^1$ 102.90550(2) | 46 **Pd** 钯 $4d^{10}$ 106.42(1) | 47 **Ag** 银 $4d^{10}5s^1$ 107.8682(2) | 48 **Cd** 镉 $4d^{10}5s^2$ 112.414(4) | 49 **In** 铟 $5s^25p^1$ 114.818(1) | 50 **Sn** 锡 $5s^25p^2$ 118.710(7) | 51 **Sb** 锑 $5s^25p^3$ 121.760(1) | 52 **Te** 碲 $5s^25p^4$ 127.60(3) | 53 **I** 碘 $5s^25p^5$ 126.90447(3) | 54 **Xe** 氙 $5s^25p^6$ 131.293(6) |

周期 6

| 55 **Cs** 铯 $6s^1$ 132.90545196(6) | 56 **Ba** 钡 $6s^2$ 137.327(7) | 57~71 **La~Lu** 镧系 | 72 **Hf** 铪 $5d^26s^2$ 178.49(2) | 73 **Ta** 钽 $5d^36s^2$ 180.94788(2) | 74 **W** 钨 $5d^46s^2$ 183.84(1) | 75 **Re** 铼 $5d^56s^2$ 186.207(1) | 76 **Os** 锇 $5d^66s^2$ 190.23(3) | 77 **Ir** 铱 $5d^76s^2$ 192.217(3) | 78 **Pt** 铂 $5d^96s^1$ 195.084(9) | 79 **Au** 金 $5d^{10}6s^1$ 196.966569(5) | 80 **Hg** 汞 $5d^{10}6s^2$ 200.592(3) | 81 **Tl** 铊 $6s^26p^1$ 204.38 | 82 **Pb** 铅 $6s^26p^2$ 207.2(1) | 83 **Bi** 铋 $6s^26p^3$ 208.98040(1) | 84 **Po**▲ 钋 $6s^26p^4$ 208.98243(2)▲ | 85 **At**▲ 砹 $6s^26p^5$ 209.98715(5)▲ | 86 **Rn**▲ 氡 $6s^26p^6$ 222.01758(2)▲ |

周期 7

| 87 **Fr**▲ 钫 $7s^1$ 223.01974(2)▲ | 88 **Ra**▲ 镭 $7s^2$ 226.02541(2)▲ | 89~103 **Ac~Lr** 锕系 | 104 **Rf**▲ 𬬻 $6d^27s^2$ 267.122(4)▲ | 105 **Db**▲ 𬭊 $6d^37s^2$ 270.131(4)▲ | 106 **Sg**▲ 𬭳 $6d^47s^2$ 269.129(3)▲ | 107 **Bh**▲ 𬭶 $6d^57s^2$ 270.133(2)▲ | 108 **Hs**▲ 𬭛 $6d^67s^2$ 270.134(2)▲ | 109 **Mt**▲ 䥑 $6d^77s^2$ 278.156(5)▲ | 110 **Ds**▲ 𫟼 281.165(4)▲ | 111 **Rg**▲ 𬬭 281.166(6)▲ | 112 **Cn**▲ 鿔 285.177(4)▲ | 113 **Nh**▲ 鿭 286.182(5)▲ | 114 **Fl**▲ 𫓧 289.190(4)▲ | 115 **Mc**▲ 镆 289.194(6)▲ | 116 **Lv**▲ 𫟷 293.204(4)▲ | 117 **Ts**▲ 鿬 293.208(6)▲ | 118 **Og**▲ 鿫 294.214(5)▲ |

★ 镧系

| 57 **La** 镧 $5d^16s^2$ 138.90547(7) | 58 **Ce** 铈 $4f^15d^16s^2$ 140.116(1) | 59 **Pr** 镨 $4f^36s^2$ 140.90766(2) | 60 **Nd** 钕 $4f^46s^2$ 144.242(3) | 61 **Pm**▲ 钷 $4f^56s^2$ 144.91276(2)▲ | 62 **Sm** 钐 $4f^66s^2$ 150.36(2) | 63 **Eu** 铕 $4f^76s^2$ 151.964(1) | 64 **Gd** 钆 $4f^75d^16s^2$ 157.25(3) | 65 **Tb** 铽 $4f^96s^2$ 158.92535(2) | 66 **Dy** 镝 $4f^{10}6s^2$ 162.500(1) | 67 **Ho** 钬 $4f^{11}6s^2$ 164.93033(2) | 68 **Er** 铒 $4f^{12}6s^2$ 167.259(3) | 69 **Tm** 铥 $4f^{13}6s^2$ 168.93422(2) | 70 **Yb** 镱 $4f^{14}6s^2$ 173.045(10) | 71 **Lu** 镥 $4f^{14}5d^16s^2$ 174.9668(1) |

★ 锕系

| 89 **Ac**▲ 锕 $6d^17s^2$ 227.02775(2)▲ | 90 **Th**▲ 钍 $6d^27s^2$ 232.0377(4) | 91 **Pa**▲ 镤 $5f^26d^17s^2$ 231.03588(2) | 92 **U**▲ 铀 $5f^36d^17s^2$ 238.02891(3) | 93 **Np**▲ 镎 $5f^46d^17s^2$ 237.04817(2)▲ | 94 **Pu**▲ 钚 $5f^67s^2$ 244.06420(4)▲ | 95 **Am**▲ 镅 $5f^77s^2$ 243.06138(2)▲ | 96 **Cm**▲ 锔 $5f^76d^17s^2$ 247.07035(3)▲ | 97 **Bk**▲ 锫 $5f^97s^2$ 247.07031(4)▲ | 98 **Cf**▲ 锎 $5f^{10}7s^2$ 251.07959(3)▲ | 99 **Es**▲ 锿 $5f^{11}7s^2$ 252.0830(3)▲ | 100 **Fm**▲ 镄 $5f^{12}7s^2$ 257.09511(5)▲ | 101 **Md**▲ 钔 $5f^{13}7s^2$ 258.09843(3)▲ | 102 **No**▲ 锘 $5f^{14}7s^2$ 259.1010(7)▲ | 103 **Lr**▲ 铹 $5f^{14}6d^17s^2$ 262.110(2)▲ |